全平台网店美工全面精通

商品拍摄 + 视觉设计 + 店铺装修 + 视频制作

郭 珍 ◎ 编著

清華大学出版社
北 京

内 容 简 介

10大专题内容、130多个知识点，内容涵盖“商品拍摄＋视觉设计＋店铺装修＋视频制作”，助你轻松掌握网店美工的所有核心技能！

57个典型案例、110多分钟视频，和你分享淘宝、天猫、拼多多、京东、抖音、快手、视频号、B站等热门电商平台的美工设计经验！

本书分为两大部分，美工技巧部分重点介绍了美工入门知识、商品拍摄技巧、视觉设计技巧、店铺装修技巧、图片处理技巧、视频剪辑技巧等内容，帮助读者掌握美工设计的核心技能；实战案例部分重点介绍了淘宝、天猫、京东、拼多多、抖音、快手、B站、视频号等电商平台的综合案例，帮助读者掌握平面设计与视频制作的实操技能。

本书内容通俗易懂、结构清晰合理，适合基础薄弱的网店美工初学者，或者正在从事网店美工设计的设计师，以及对店铺装修感兴趣的网店卖家、短视频带货达人、设计爱好者阅读，同时还可以作为大中专院校及各类社会培训班的教学参考用书。

图书在版编目(CIP)数据

全平台网店美工全面精通：商品拍摄+视觉设计+店铺装修+视频制作 / 郭珍编著. —北京：清华大学出版社，2023.2（2024.8 重印）

ISBN 978-7-302-62547-6

Ⅰ.①全… Ⅱ.①郭… Ⅲ.①图像处理软件 ②网店—设计 Ⅳ.①TP391.413 ②F713.361.2

中国国家版本馆CIP数据核字(2023)第022748号

责任编辑：韩宜波
封面设计：杨玉兰
责任校对：翟维维
责任印制：沈　露
出版发行：清华大学出版社
　　网　　址：https://www.tup.com.cn, https://www.wqxuetang.com
　　地　　址：北京清华大学学研大厦A座　　**邮　　编：**100084
　　社 总 机：010-83470000　　**邮　　购：**010-62786544
　　投稿与读者服务：010-62776969，c-service@tup.tsinghua.edu.cn
　　质量反馈：010-62772015，zhiliang@tup.tsinghua.edu.cn
印 装 者：北京博海升彩色印刷有限公司
经　　销：全国新华书店
开　　本：190mm×260mm　　**印　　张：**13.25　　**字　　数：**322千字
版　　次：2023年3月第1版　　**印　　次：**2024年8月第2次印刷
定　　价：69.00 元

产品编号：095414-01

国家统计局的相关数据显示，2021 年全国电商交易额高达 42.3 万亿元，同比增长 19.6%，近两年平均增长率达到了 10.2%。另外，根据中商产业研究院预测，2022 年我国的电子商务交易规模可达 42.93 万亿元。

而众多网店中的部分盈利商家，除了具有较强的店铺运营能力外，还拥有优秀的网店美工。高颜值网店不仅是品牌的象征和商品价值的展现，同时也是促进店铺销量的关键因素之一。火爆的电商行业带动了一个产业链的发展，同时诞生出大量的职位，如网店运营、网店美工、网店客服、物流配送等，但从职位的需求、薪资和工作内容来看，网店美工无疑是电商产业链排名前 3 的职位之一。

尤其随着近年来抖音、快手、视频号、B 站等短视频电商平台的崛起，淘宝、天猫、京东、拼多多等电商平台的竞争也变得越来越激烈，网店的美工设计，也就是店铺的装修与广告设计，成为提升客流量与转化率的关键因素。如何通过图片和视频的恰当搭配与布局，让店铺中的商品从众多竞争对手中脱颖而出，吸引用户点击、浏览并下单购买，这是每个商家在进行网店美工设计时必须要重点考虑的问题。

本书既讲解了淘宝、天猫、京东、拼多多这 4 大主流电商平台的网店美工技能，又详细介绍了抖音、快手、视频号、B 站这 4 大短视频电商平台的网店视觉设计技巧；既有店招、店铺首页、商品主图、商品详情页、广告海报等图片设计案例，也有产品宣传动态视频的制作案例，这是短视频盛行时代的一个新的刚需。

同时，本书也是笔者对自己多年从事电商美工设计工作和从业的一个总结。围绕网店美工设计的实操技能，编写了这本集理论方法与实操技能于一体的全平台网店美工核心技术手册，旨在帮助读者快速提升工作效率。

商家在各种电商平台上成功开店后，通常会通过运营推广和店铺装修这两种方式，来增加店铺中的商品销量，而通过视觉营销来吸引用户注意，就是一种最经济实惠的方式。当然，商家想要在此方面有所突破，就不能忽视网店美工的作用。

如今，网店对于美工技能的要求越来越高，不仅要实时掌握手机端的店铺装修规则，而且还要紧跟互联网的流行趋势，掌握店铺美工设计所需的各类图片和视频的设计标准，以及商品摄影、视觉设计和店铺装修等知识，而本书正是从这些角度出发，帮助读者拓展自己的创意思维，快速提高网店美工的设计水平。

特别提示：本书在编写时，收录的实际操作图片是基于当前各种图片处理软件和视频剪辑软件界面截取的，但图书从编辑到出版需要一段时间，在这段时间里，软件界面与功能可能会有所调整与变化，比如会发生某些功能的增删，这是软件开发者所做的更新，请读者在阅读时，根据书中的思路，举一反三，进行学习。

本书提供了实例的素材文件、效果文件以及视频文件，扫一扫下面的二维码，推送到自己的邮箱后下载获取。

素材文件

效果文件

视频文件

本书由郭珍编著，其他参与编写的人员还有龙飞、苏高、胡杨等人，在此表示衷心的感谢。

由于作者知识水平有限，书中难免有疏漏之处，恳请广大读者批评、指正。

编　者

目录

CONTENTS

第 3 章

视觉设计：营造消费氛围促进下单…………39

第 4 章

店铺装修：做出精美店铺吸引客流……57

第 5 章

图片美工：让店铺商品更夺人眼球…………87

补水美白 养护套装
优惠价99.9
立即购买

剪映全面精通
视频剪辑+滤镜调色+美颜瘦脸+卡点配乐+电影字幕

天天
美食
美味和实惠，为您呈现

燕脂
汉服

第1章 美工入门：快速提升网店设计能力

章前知识导读

美工是店铺运营中的重要一环，网店设计的好坏，会直接影响用户对店铺的最初印象。首页、主图、详情页等设计得美观、丰富，才能激发用户继续了解商品的欲望，也才有可能被商品描述打动，从而产生购买欲望并下单。

新手重点索引

- 了解网店美工的入门知识
- 网店美工设计的关键要点
- 塑造统一的店铺装修风格

效果图片欣赏

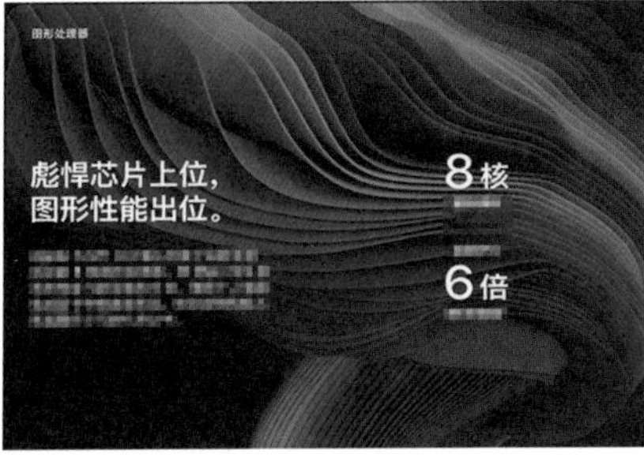

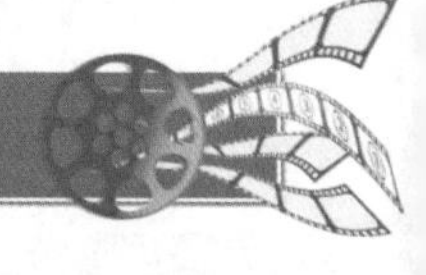

1.1 网店美工入门知识

如今，电子商务越来越发达，很多传统行业也在逐步地实现电商化，同时运营方式也与时俱进，网店美工便是电商中常用的一种运营方式，它不仅能够帮助商家设计出个性化的专属网店，提升商品的销量，还能为商家打造品牌、塑造自身形象贡献一己之力。

1.1.1 网店美工的概念

网店美工实际上就是通过整体的设计，将网店中各个区域的图像、文字、视频和直播等内容进行美化，并利用链接的方式对店铺页面中的各种信息进行扩展。图 1-1 所示为小米配件店铺的首页效果。

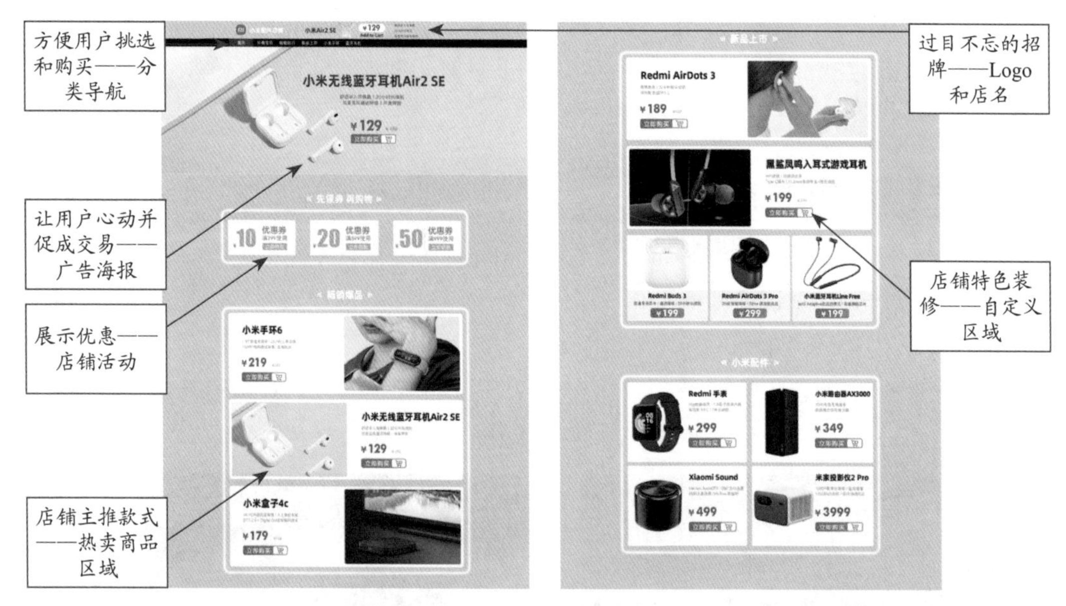

图 1-1 小米配件店铺的首页效果

在各种电商平台上，平台方面已经对店铺中的某些模块位置进行了初步的规划，商家只需对每个模块进行精致的设计与美化，让单一的页面呈现出丰富的视觉效果，也就是对店铺进行美工设计。图 1-2 所示为拼多多平台的店铺装修功能，采用的是模块化设计方式。

网店其实都是由一个个单独的网页组合起来的，而且每个商品都有一个单独的详情页面，这些页面都是需要美化与修饰的，需要加入大量的图文和视频信息，通过让用户掌握这些信息来达成交易。网店美工就是对店铺中的图片、文字、视频、直播等内容进行艺术化的设计与编排，使其呈现出美的视觉效果，并且能够影响用户的消费决策。

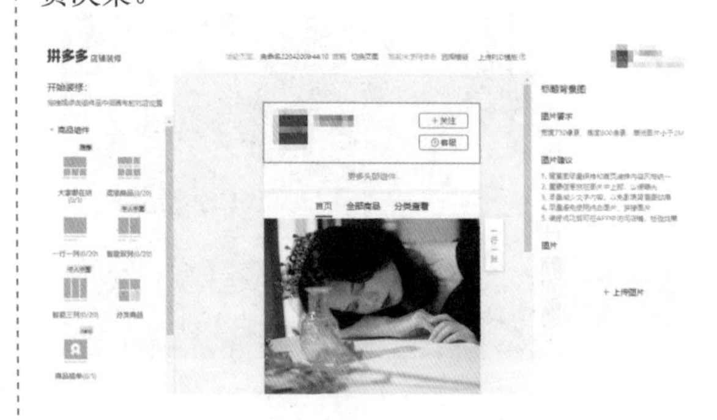

图 1-2 拼多多平台的店铺装修功能

1.1.2　网店美工的作用

很多商家对于网店美工不够重视，店铺装修非常简单，有的甚至不做装修，他们觉得美工无法为店铺带来直接收益，而且要付出很多的运营成本。下面主要就来分析我们为什么要做网店美工，以及它到底有什么作用。

首先，我们要了解美工的本质原理。人类大脑在获得各种信息时，通常会先消化那些路径划分好的东西，同时视觉冲击可以增强消费欲望。网店美工可以提升用户浏览店铺时的舒适度，进而提升转化效果，促使商家的经营数据上涨。

“美工意识”其实也是一种“运营意识”，那些重视网店美工的商家通常会形成持续的装修行为。一个优秀的店铺装修页面，能够更好地呈现店铺近期的主推热门款式、店铺的经营范围、店铺公告、品牌商标等信息，以及引导用户完成收藏、加购（即添加商品到购物车）和下单等行为。

网店美工是店铺运营所必须的，但在网店美工的意义、目标和内容上一直存在着众多不同的观点，然而不论是一个实体店面，还是一个网店，它们作为一个用户进行交易的场所，其美工设计的核心都是用于促进交易，其主要作用有以下 3 点。

1．展示店铺信息，增强用户信任

对于实体店铺来说，装修设计不仅能够丰富店铺的外在形象，同时还可以塑造更加完美的商品形象，加深消费者对店铺的印象。精美的实体店铺装修设计如图 1-3 所示。

图 1-3　精美的实体店铺装修设计

同样，网店的美工设计，也可以起到一个品牌识别的作用。商家创建一个网店时，需要设定自己店铺的名称、独具特色的 Logo、区别于其他店铺的色调和装修视觉风格。

从图 1-4 所示的网店首页的装修图片中，我们可以提取出很多重要的信息，包括店铺的名称、Logo、店铺配色风格、销售的商品等。有规划且独具风格的店铺装修设计，能够给用户带来良好的第一印象，这个第一印象直接决定了用户对店铺是否信任，而信任感又是触发成交的关键因素。

图 1-4 网店首页装修图

> **专家指点**
>
> 通过对店铺 Logo 和整体装修风格的设计，一方面容易让用户记住该店名或品牌，并产生心理上的认同；另一方面，也可以作为一个企业的 CIS（Corporate Identity System，企业形象识别系统），能够让店铺与其他竞争对手产生区别。

2．展示商品详情，吸引用户购买

在店铺的装修页面中，用户在首页能够获得的信息非常有限，鉴于网络营销的特点，平台都会对单个商品的展现提供单独的页面，即商品详情页面（简称商品详情、商详页或详情页）。

商品详情页面的装修会直接影响商品的销售和转换率，用户之所以对某个商品产生购买欲望，通常是因为那些直观的、权威的信息打动了他。因此，将一些必要、有效且丰富的商品信息进行组合和编排，能够加深用户对商品的了解程度。

图 1-5 所示为两组不同的商品详情页面装修效果，一组是以平铺直叙的文字方式呈现商品的信息，而另一组则通过合理的图片处理和简要的文字说明来表达，通过对比可以发现后者更能打动用户。

主体	被套尺寸	长220cm；宽240cm
	枕套尺寸	长48cm；宽74cm
	产品净重	2.5kg
	床单尺寸	长270cm；宽245cm

包装清单　被套*1 床单*1 中枕套*2 精美包装*1

图 1-5 不同类型的商品详情页装修效果

图 1-5　不同类型的商品详情页装修效果（续）

通过对商品详情页进行装修，可以让用户更加直观明了地掌握商品信息，从而决定是否购买该商品。从图 1-6 所示的商品详情页面中，用户可以了解衣服的材质、透气性等无法触摸的信息。

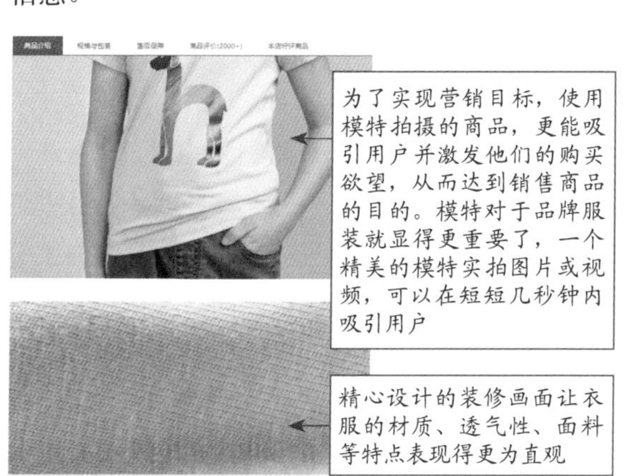

图 1-6　商品详情页中展现的商品信息

3．实现视觉营销，提升店铺转化率

店铺转化率就是所有到达店铺并产生购买行为的人数，与所有到达店铺的人数之间的比率。店铺转化率提升了，生意也会更上一层楼。影响店铺转化率的因素主要有：店铺装修、活动搭配、商品展示、客户服务、用户评论等。其中，店铺装修、活动搭配、商品展示等都可以通过美工设计来实现，可见美工能够直接对店铺转化率产生影响。

在进行店铺装修和商品推广的过程中，商家还要注意图 1-7 所示的问题。其中，“活动页面”中的信息可以通过店铺装修来完成，由此可见，网店美工与店铺转化率之间的关系非常紧密。

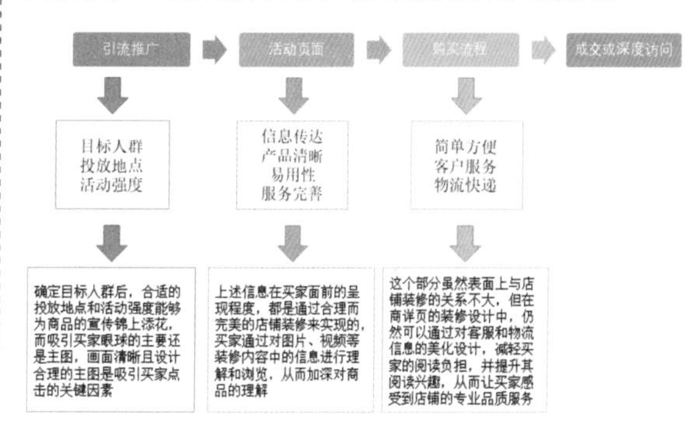

图 1-7　装修和推广的过程中需要注意的问题

因此商家不能忽视网店美工，这会直接影响店铺的转化率，也就是影响店铺的交易量。商家要从各方面强化店铺的美工设计。好的网店美工设计不但能够提升店铺的档次，还可以让用户感受到在此店铺购物能够有良好的售后保障。

1.1.3　网店美工的重要性

网店如果没有进行美工设计的话，也照样可以销售商品，因为每个店铺在创建时就有自己默认的、简单的装修，如图 1-8 所示。那么有的人会发出这样的疑问，既然可以卖东西，那么为什么还要费尽力气去装修店铺呢？

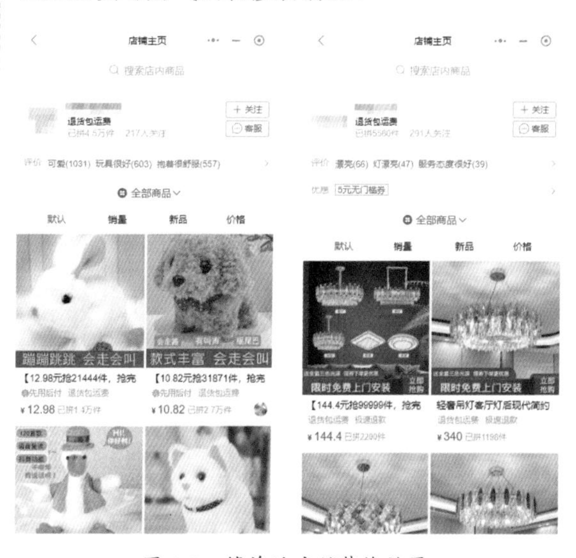

图 1-8　简单的店铺装修效果

对店铺进行装修，主要是由于其购物方式的特殊性。在实体店铺中，用户可以用五官去感知商品的特点以及店铺的档次，通过眼睛看、嘴巴尝、手摸、鼻子闻、耳朵听和试穿试用等方式来实现对商品的了解。

但是，在电商平台购物的话，用户就只能通过眼睛去看商家发布的文字、图片、视频和直播等内容，去感受商品的使用效果。因此，商家必须通过合理且美观的店铺装修来吸引用户的眼球，让自己的店铺从众多店铺中脱颖而出。

1.1.4　合格的美工应具备的能力

店铺美工人员（简称美工）就是店铺装修和视觉营销的策划者，他既是技术岗位，又是营销岗位，通过制作各种素材来解决用户的咨询问题，同时还可以吸引用户点击和购买商品，解决店铺的销量难题。

因此，店铺的美工是否合格，很大程度上影响了店铺的整体发展。网店美工必须以用户为导向，用图片、文字、视频和直播等内容去表达他们的消费需求，从而达到营销的目的。要做到这一点，店铺美工必须具备以下几种能力，如图 1-9 所示。

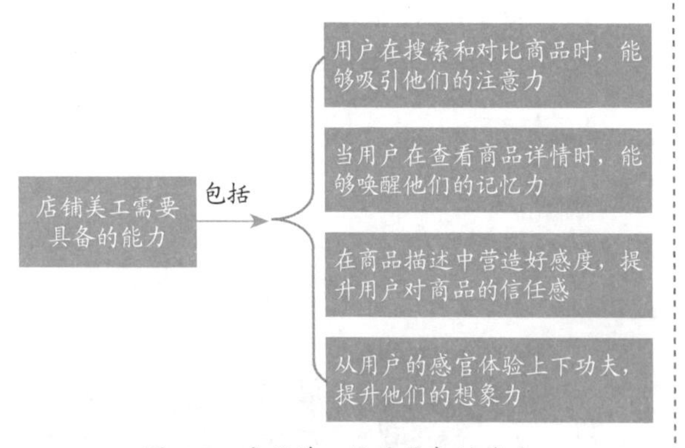

图 1-9　店铺美工需要具备的能力

第一点是注意力，美工人员可以从用户痛点和情感共鸣两方面出发，来营造商品的吸睛点。图 1-10 所示为 4 款水果，第 1 款水果之所以能够排在首位，且销量达到 10 万＋件，就是因为它切中了用户买水果时的痛点，那便是“新鲜”，从主图上的广告词中就能体现出来。同时，排在第 2 位的水果也紧扣这个用户痛点，广告词为“现摘速发”，因此销量也达到了 10 万＋件。

图 1-10　通过用户痛点来提升用户注意力的示例

第二点是记忆力，美工人员可以从促销活动和场景营销这两方面入手。促销活动可以刺激用户消费，而场景营销则有很强的代入感，能够唤醒用户的记忆。图 1-11 所示的这款商品，就是采用促销活动的形式来增加用户的记忆，广告词为“前 30 分钟下单 第二件半价”，优惠力度非常大。

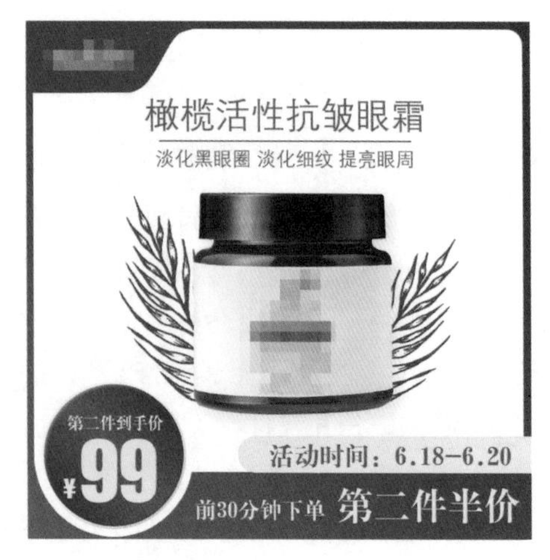

图 1-11　促销活动的示例

第三点是信任感，美工人员可以从数据展示、真人体验、产地标签和权威证明等方面入手，来打造商品的真实感，让用户产生信任。图 1-12 所示为毛巾被商品，就是展示商品标签信息的方式，让用户了解商品的材质和做工。

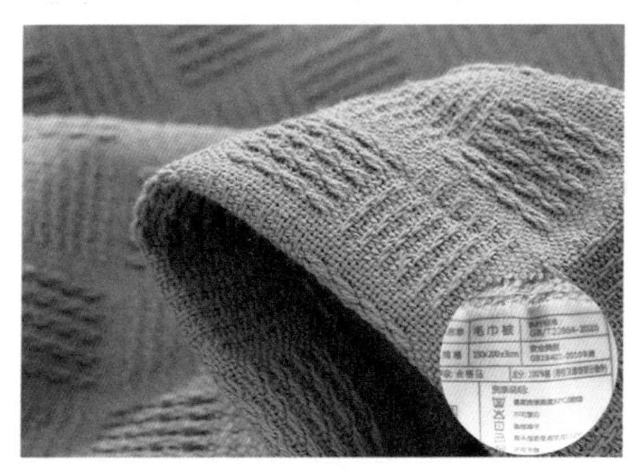

图 1-12　展示商品标签的示例

第四点是想象力，美工人员可以从视觉、听觉、味觉、嗅觉、触觉等方面来打造商品特色，提供更多的想象空间，增强用户的感官体验，让他对商品欲罢不能。

专家指点

对于用户来说，他们花费在购物上的时间是计入购物成本当中的。因此，商家需要像实体店一样增加网店的空间利用率，以及提升商品信息与用户的有效接触范围，要实现这两个目的，需要做到以下两点。

- 增加店铺空间的使用率，通过美工设计让店铺能够容纳更多的商品信息，并缩短用户理解这些信息的路径。
- 在商品之间的关联和商品分类的优化上多下功夫，从而给予用户最大的选购空间。

图 1-13 所示为沙发的效果图，就是通过模特坐下的场景图，从视觉想象力让用户感受其填充物的柔软和舒适度。图 1-14 所示为米粉的效果图，就是通过味觉想象力来勾起用户的食欲，让用户通过图片来想象自己体验该商品时的情景。

图 1-13　视觉想象力示例

图 1-14　味觉想象力示例

1.1.5　网店美工的展示效果

在这个“看脸”的时代，颜值决定了第一印象，对于商家来说，如何让自己的店铺快速在众多店铺中突围？美工设计不失为一个新的破局思路。下面从用户角度，带大家感受店铺有无美工的区别。

图 1-15 所示为一个有美工的店铺首页。首先映入眼帘的是展现店铺 Logo 和店名，接下来是活动商品和热卖商品，最下方则是全部商品列表。通过图文模板的搭配，同时运用热区图片、Z 字形构图和瀑布流等图文设计方式，更好地展

现整个店铺的商品，这样的店铺装修很容易给人带来良好的第一印象。

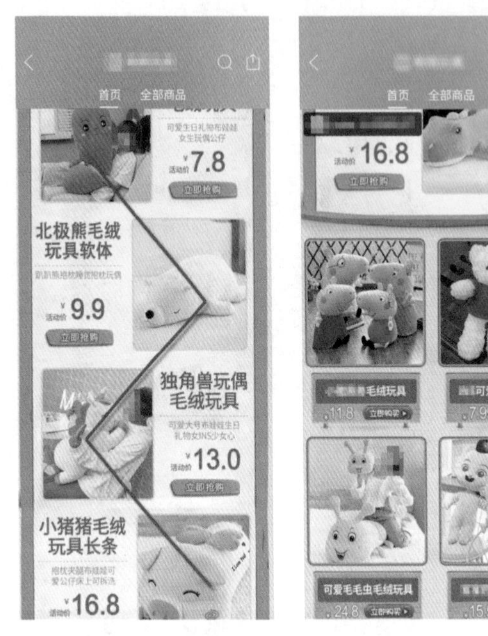

图 1-15　有美工的店铺示例

这个店铺的装修不仅图片精美、排版有序，而且配色风格也很可爱，与主营商品非常相搭。同时，整个店铺首页的装修能够很好地塑造出店铺的形象，风格也是非常清晰、明了、统一。对于有需求的用户来说，通常会收藏这家店铺，从而对它进行持续的关注。

下面再带大家看一下无美工的店铺，如图 1-16 所示。整个店铺几乎是没有进行装修，只是简单地列出了全部商品。当然，这种店铺并不能说不好，而是缺少记忆点，难以让用户记住，他们可能随便看看就关闭了，也不会想要去收藏店铺，这样就会在无形之中失去很多潜在的用户和店铺流量。

图 1-16　没有美工的店铺示例

专家指点

下面总结了网店美工设计的 4 点好处。

- 好的店铺装修设计，不仅可以提升品牌识别度，同时也可以塑造店铺的独特风格。
- 装修精美的店铺，不仅能够更好地传递商品信息，同时还能体现出店铺自身的经营理念和企业文化，而且这些都会给店铺的形象加分，也更加有利于塑造店铺品牌。
- 商家可以自定义装修店铺，通过店铺首页中的醒目位置展现主推商品或促销商品，并提高主推商品与用户的接触概率，有助于商品销量的提升。
- 从用户的感官角度来看，他们进入店铺的第一眼看到的便是店铺装修页面，此时用户如果对于店铺中销售的商品并不了解，则更加无法客观地去评定这些商品的质量。但是，好的店铺装修却可以给用户留下美好的第一印象，从而让用户对店铺甚至是其中的商品产生好感。

1.2 网店美工设计的关键要点

商家只有注重网店的美工设计，才能保证良好的视觉营销效果。网店美工设计的关键要点主要分为 3 大类型，即点、线、面，本节将对这些设计元素进行详细介绍。

1.2.1 点元素的设计要点

点，是最简单的视觉图形，当它被合理运用时就能产生良好的视觉效果。在电商平台的美工设计中随处可见点元素的运用，如图 1-17 所示。

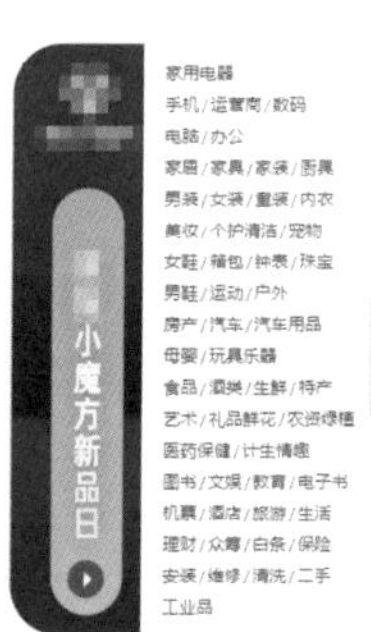

图 1-17　电商平台中的点元素

例如某品牌的圆点连衣裙，如图 1-18 所示。这件连衣裙以墨绿色为底，加以白圆点进行点缀，圆点视觉元素的运用，在增加商品亮点的同时，通过对点的有序排列，还给用户带来了良好的视觉感受，能够快速抓住用户的眼球。

再例如，某品牌设计的一款牛皮信封包，黑色与黄色两种色彩的视觉碰撞，能够给人带来优雅温婉的视觉感受。同时，圆形的金属扣置于视觉中心，所塑造的视觉焦点让牛皮信封包有着经久耐看的视觉效果，完美体现了牛皮信封包的设计特色，如图 1-19 所示。

图 1-18　圆点连衣裙

图 1-19　牛皮信封包

1.2.2 线元素的设计要点

线和点不同之处在于，线构成的视觉效果是流动性的，富有动感。在电商平台中，通过线条营造富有动感的视觉效果，能有效地突出商品个性。图 1-20 所示为采用柔和的线条组成的视觉效果图，多根曲线加上线条间的明暗层次变化，给人一种舒适的视觉感受，同时也能够在用户心中留下深刻印象。

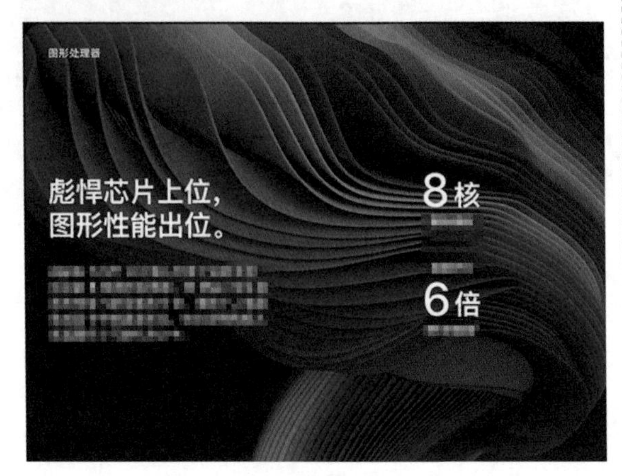

图 1-20 富有动感的线条广告

1.2.3 面元素的设计要点

面是点放大后的呈现形式，通常包含各种不同的形状，如三角形、正方形、圆形以及不规则的形状等。

图 1-21 所示为小米智能电视的广告图，它通过不同颜色和形状的面，来分割文字和商品信息，用黄色的梯形面来展示红色的文字，同时用电视机屏幕的面来展现其画面效果，给人带来一种舒适的视觉效果，能够更好地吸引用户的目光。

图 1-21 小米智能电视的广告图

企业与商家在网店的美工设计中可以采用不同平面的拼接、组合来突出商品的卖点，从而使商品的视觉效果更加丰富。不同板块的衔接、不同色彩的组合带来的强烈视觉对比，向用户呈现出良好的视觉效果，从而达到视觉营销的目的。

1.3 塑造统一的店铺装修风格

很多商家虽然投入大量的推广成本来获得高展现量，但点击率和转化率却跟不上，这可能是其店铺装修出了问题。好的商品主图、商品视频、商品详情页等装修设计，可以直接刺激用户的视觉感官，让他们对商品产生了解的兴趣和购买的欲望。

无论是实体店还是网店，装修的好坏、是否能吸引用户的眼球、是否能突出商品的特色，都是至关重要的。店铺装修风格的确定，涉及整体运营的思考，即商家在确定店铺装修风格之前，需要认真思考自己所销售的商品，最突出的是哪一点。

对于店铺装修风格的设定，需要每个商家去认真思考。本节将从多个方面进行分析，介绍如何塑造统一的店铺装修风格。

1.3.1 明确店铺风格的定位

商家在进行店铺装修前，首先要确定店铺的整体风格，然后再去选择合适的装修模板或者美工团队进行设计，这样才能使店铺装修事半功倍。

什么是店铺风格呢？在各种电商平台上，有千千万万的用户，他们的喜好都不尽相同，但是平台上也存在很多有共同爱好的用户群，商家可以通过特定的店铺风格来吸引这些用户群。因此，店铺风格就是目标消费群体共同爱好的一种体现。

商家之所以要打造店铺风格，主要是为了实现以下两个目标。

- 提升店铺的整体美观度。
- 吸引更多的目标消费群体。

例如，一家做汉服的店铺，店铺的装修风格也是复古风，那么对于喜欢复古风的用户来说，这样的店铺对他们就有很大的吸引力，如图 1-22 所示。

图 1-22　复古风的店铺装修示例

当商家把商品特色、用户画像和店铺风格定位后，即可根据这些元素塑造统一的店铺风格。

图 1-23 所示为 4 种常见的店铺装修风格。商家可以从有共同爱好的用户群的关注点出发，规划店铺装修，做好用户进店的第一印象，让他们被特定的店铺风格所吸引，进而关注店铺或者购买商品。

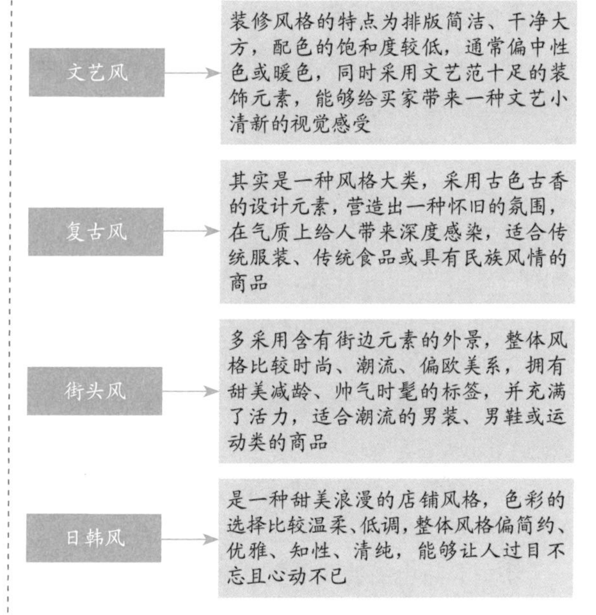

图 1-23　常见的店铺装修风格

1.3.2　店铺整体的配色设计

色彩、文案、图案是决定店铺风格的主要设计元素，商家可以通过店铺装修中的各种细节，如店铺名称、字体、装饰元素、模特、Logo 等方式呈现出来。

在色彩方面，商家不能随意选择店铺的主色调，每一种颜色都有不同的内涵和视觉效果，能够给人带来不同的心理感受。图 1-24 所示为色相环（Color Circle），其中包含了很多种颜色。同时，不同风格偏好的人群对于色彩的喜好也是不同的，因此商家需要先了解每种颜色的含义及感官体验，然后系统地分析店铺目标消费人群的心理特征，找到他们更喜欢的色彩。

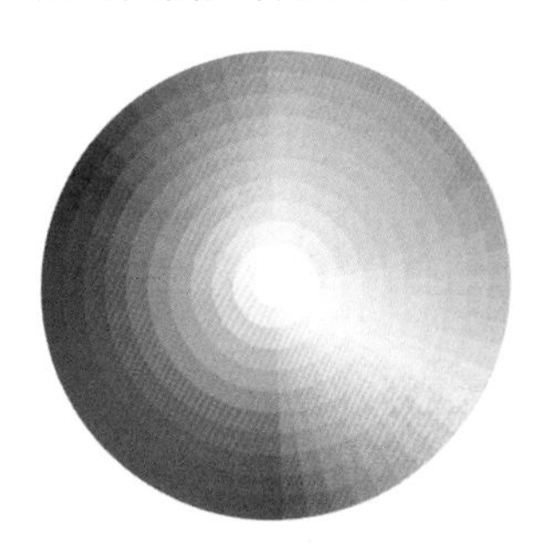

图 1-24　色相环

商家在选择和确定店铺装修的色调前，可以从店铺中销售的商品色彩入手，也可以根据店铺装修确定的关键词入手。例如，确定店铺的装修风格为时尚男装，则可以选择黑色、灰色等一些纯度和明度较低的色彩来对装修的图片进行配色。总之，色调的选择必须能够真正体现自己商品的特点或者营销的特色。

另外，店铺风格不能简单地堆砌单一的色彩，这样会给人带来单调、压抑的视觉感受。商家需要选择合理的辅色进行搭配，这样才能充分发挥主色调的视觉体验效果，同时色系不要太多，要注意轻重缓急，通常 3 种色系以内为最佳，这样不会产生喧宾夺主和色彩杂乱的现象。

下面介绍店铺装修风格中的常用色彩。

（1）白色或浅灰色：这两种颜色在店铺装修中通常作为背景色出现，可以表现出天真、纯洁、自由、空灵、广阔、大气的视觉感受，同时也容易搭配其他元素，体现出一种高级感，如图 1-25 所示。

（2）黑色：是一种流行色，象征着高贵、稳重、庄严、神秘、科技感，如很多电器、相机、手表、手机等店铺都是采用黑色来设计的，有助于商品质感的表现，如图 1-26 所示。

图 1-25　浅灰色的装修风格

图 1-26　黑色的装修风格

（3）黄色：格外显眼，象征着太阳的光芒，是灿烂、光明、辉煌、喜悦、高贵、骄傲的体现，具有一种明朗、愉快的视觉效果，还可以起到强调突出的作用，常用于主图中的特价等需要强调的文案，如图 1-27 所示。

（4）红色：纯红色的“红度”是最为强烈的，可以用来表示热，能加速脉搏的跳动，同时具有强烈、热烈、积极、冲动、前进、热情、危险、活力、震撼、喜庆的视觉效果，极易引起注意和使人产生冲动，如图 1-28 所示。

图 1-27　主图中的黄色文案

图 1-28　红色的装修风格

（5）绿色：是一种极为清爽的颜色，不仅能给人带来安全感，而且还具有镇定、平静情绪的作用，象征着自由和平、新鲜舒适，可以让人产生焕然一新的感觉，如图 1-29 所示。

（6）粉色：是娇柔可爱、甜美青春的代表，能够给人带来美好回忆的感觉，适合青春甜美系的商品，如图 1-30 所示。

图 1-29　绿色的装修风格

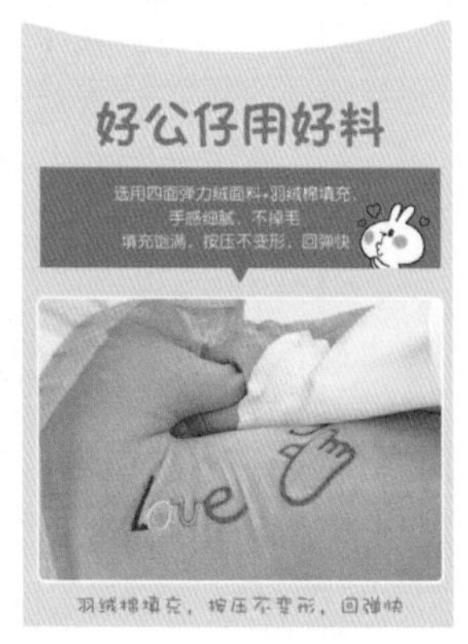

图 1-30　粉色的装修风格

> **专家指点**
>
> 在网店的装修元素中，色彩是一个非常重要的因素，它能够与用户的生理和心理产生反应，从而更好地将商品信息传递给用户。商家可以使用与商品相搭配的独特色彩，让用户产生亲近感，同时引导他们进行消费行为。另外，色彩还具有传达、识别与象征的作用，但需要跟文字和图像相互配合，更好地对商品信息进行说明，让用户更易理解。

（7）蓝色：纯净的蓝色可以让人联想到天空和大海，呈现出沉稳、文静、理智、准确、安详与洁净的视觉感受，适合强调科技、效率的商品或品牌形象，如图 1-31 所示。

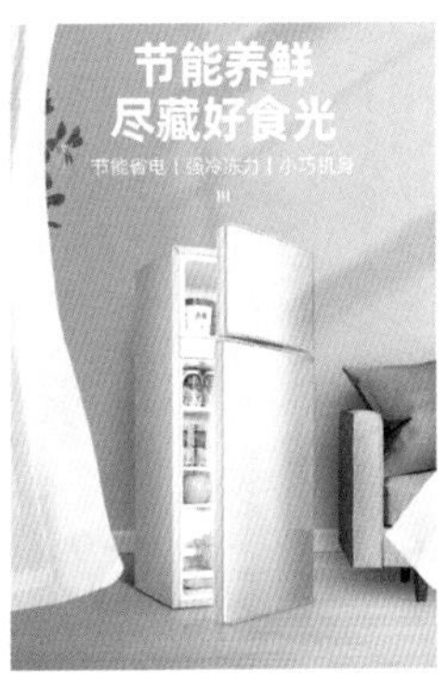

图 1-31　蓝色的装修风格

在店铺装修中，运用各种色彩的目的，通常都是为了刺激用户的视觉感受，使其产生心灵共鸣。为了帮助商家挑选适合自己店铺风格的颜色，下面总结了一些相关技巧，如图 1-32 所示。

挑选适合自己店铺风格的颜色技巧
- 根据品牌形象及 Logo 确定颜色，让整体更为和谐
- 根据商品的主要色调来选择店铺装修风格的主色调
- 根据店铺消费人群特点提炼符合其心理需求的颜色
- 参考竞争对手的颜色，可以查看同类目的店铺风格
- 根据活动主题确定颜色，如大促期间可使用红色

图 1-32　选出适合自己店铺风格的颜色技巧

1.3.3　设计风格统一的字体

字体在店铺装修中的作用非常大，能够体现出一定的情感，从而打动用户，让他们对店铺或商品产生某种认同感或归属感，是塑造店铺风格和视觉效果的重要内容。字体的设计主要包括字体的选择、店铺名称、品牌或店铺标语等方面。

1．字体的选择

在店铺装修中，文字的表现与图片、视频的展示同等重要，它可以对商品信息和界面功能等进行及时的说明和指引，并且通过合理的设计和编排，让信息的传递更加准确。

字体在店铺装修中随处可见，不同的字体类型可以传达出不同层次的信息，让用户快速抓住商家要表达的要点，同时让他们从字体中感受到一种独特的店铺风格，如可爱、优雅、简洁、古典等。

常见的字体风格有线型、手写型、书法型及规整型等。不管是何种字体，其本身都具有一定的情感。在选择字体时，一定要符合店铺装修本身要表达的内容和精神，让店铺风格表里如一，增强文案的感染力。

当然，店铺装修页面中的文字变化形式也可以不拘一格，商家可以根据文字本身的结构去进行创意设计，自主规范笔画的长短、粗细或曲直，同时也可以采用透视、立体、投影以及空心等设计方法，增强文字的美观度和装饰性。

在设计店铺装修中的文字效果时，商家可以巧用字号、粗细和底纹的变化，使文字更加具有层次感，而且可以使文字信息在造型上富有乐趣，从而给用户带来一定的视觉舒适感，并可以更加快捷地接受文字信息，如图 1-33 所示。

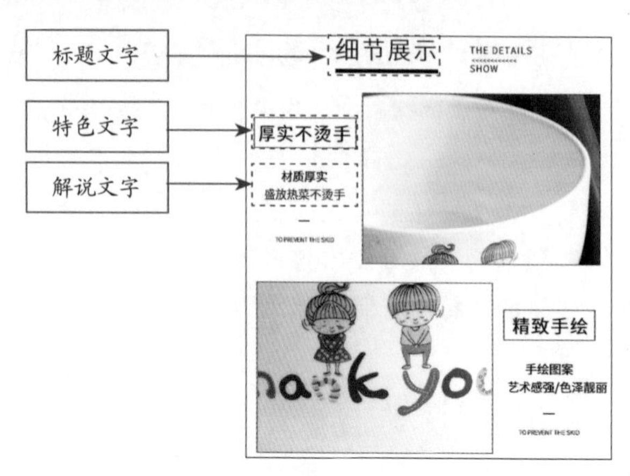

图 1-33　层次感强烈的文字设计示例

在设计店铺中的文字时，要谨记文字不但是商家用来传达营销信息的载体，同时也是页面中的重要元素，必须保证文字的可读性，以严谨的设计态度实现新的突破。通常，经过艺术设计的字体，可以使文字信息更形象、更有美感地铭记于用户心中。

2. 店铺名称

一个优秀的店铺名称，不仅可以更好地体现店铺的商品特色和受众人群，而且还有助于加深用户的记忆，同时可以增加他们对店铺的好感度，以及形成一定的店铺风格。建议商家选取一个让人印象深刻的优秀店名，以便让更多的人能够看到和记住你的店铺。

例如，“听茶沐风服装旗舰店”这个店铺名称，不禁让人产生“茶香伴琴韵，沐风听月吟”的清幽、恬静场景，也跟店铺风格相得益彰，如图 1-34 所示。

图 1-34　店铺名称示例

3. 品牌或店铺标语

如果商家具有一定的实力，也可以创建和打造自己的品牌，并提炼出店铺标语，让品牌和用户形成情感关联，以此强化店铺风格。例如，鸿星尔克品牌推出的“丝路绣”文创系列产品，通过充满设计感的文字，打造出很多有风格的品牌宣传标语，从而展现出中国传统工艺的特色，如图 1-35 所示。

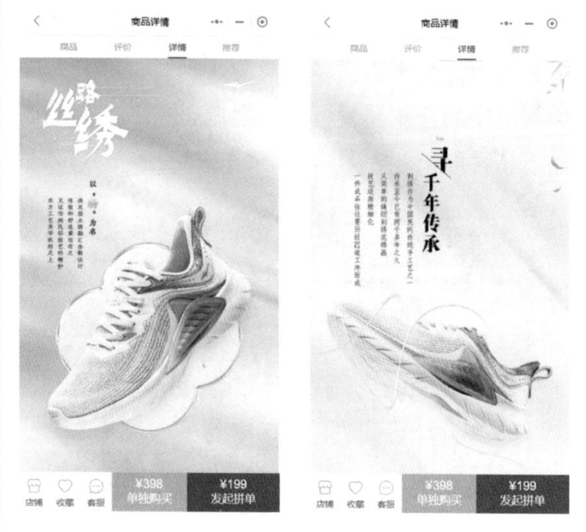

图 1-35　品牌宣传标语示例

1.3.4　店铺装修的图案设计

店铺装修中的图案设计主要包括各种装饰元素、模特形象、店铺 Logo 和 IP（Intellectual Property，知识产权）形象等方面，通过统一的风格设计，有助于提升店铺或品牌的影响力，增加用户黏性，并能提升店铺的转化率和复购率。

1. 装饰元素

装饰元素和店铺颜色同样重要，都会影响店铺的整体装修风格。例如，在中秋节期间，可以在店铺各页面中增加一些月亮、祥云、灯笼等装饰元素，更好地烘托节日氛围和强化店铺风格，如图 1-36 所示。

图 1-36　装饰元素的设计示例

2．模特形象

每个店铺都有自己的特定消费群体，他们通常会形成共同的审美认知。因此，商家在选择模特时需要找到符合自身风格定位的人，这样更能够满足消费群体的感官体验和想象，从而增加引流和转化效果。图 1-37 所示为某店铺中的模特形象照片，顾客一看便知该店铺的风格为清新甜美的文艺风。

图 1-37　模特形象照片示例

3．店铺 Logo 和 IP 形象

一个店铺 Logo 和 IP 形象设计的美感与吸引力，决定了用户对店铺的第一印象。一个有吸引力的店铺 Logo 或 IP 形象，可以让用户更愿意去了解店铺。

很多店铺的 Logo 通常采用简单的文字来设计，如选取品牌名称中的文字，并根据品牌的特性对字体的笔画与整体骨架进行重新调整设计，从而产生视觉差异化。比如，很多手机品牌的旗舰店都是采用文字设计的店铺 Logo，如小米、realme（真我）、OPPO、iQOO、vivo、诺基亚（NOKIA）等店铺都是这种设计风格，如图 1-38 所示。

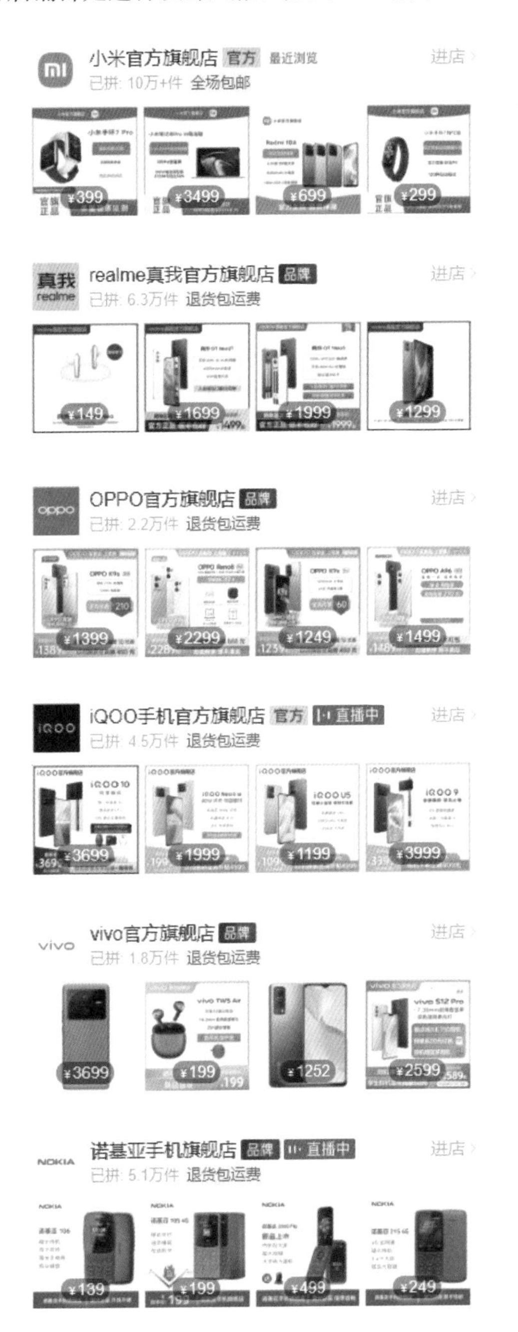

图 1-38　文字风格的店铺 Logo 示例

用户对于这种品牌文字通常都比较敏感，可以降低用户的认知成本，增强品牌的曝光度，其优点和缺点如图 1-39 所示。商家还可以在店铺 Logo 中加入一些风格化的设计方式，如极简风、手绘风、拼接风、渐变风、摄影风等。

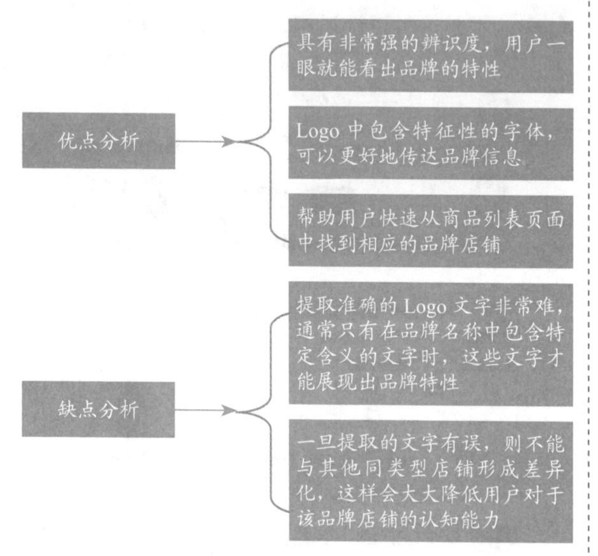

图 1-39　使用文字风格的 Logo 设计的优点和缺点

另外，有些店铺还为自己的品牌打造了专门的 IP 或宠物形象，如多多鸡、三只松鼠、白猫、超威、白象、叮当猫等品牌店铺的 Q 萌卡通形象等，使用这些常见的动物形象有利于加深用户对品牌或店铺的印象，如图 1-40 所示。

图 1-40　叮当猫旗舰店的店铺 Logo 示例

第2章

商品拍摄：轻松拍出爆款商品素材

章前知识导读

在拍摄商品照片时，商家可以通过适当的构图、光线和商品摆放技巧，将自己的主题思想和创作意图形象化和可视化地展现出来，从而创造出更为出色的画面效果。本章将介绍一些商品拍摄的实用技巧，帮助读者拍出高品质的商品素材。

新手重点索引

- 增强商品美感的构图技巧
- 商品摄影的色彩搭配技巧
- 掌握商品拍摄的摆放技巧
- 控制商品摄影的光线影调
- 不同材质的商品拍摄技巧

效果图片欣赏

2.1 增强商品美感的构图技巧

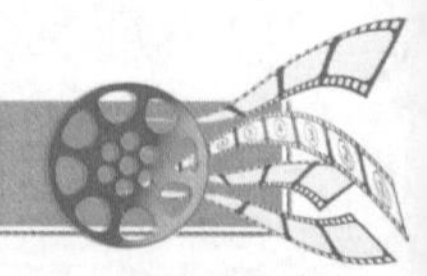

构图是指通过安排各种物体和元素，来实现一个主次关系分明的画面效果。商品摄影需要对画面中的主体进行恰当的摆放，使画面看上去更有冲击力和美感，这就是构图的作用。因此，我们在拍摄商品的过程中，也需要对摄影主体进行适当的构图，从而使拍摄的商品照片更加富有艺术感和美感，更能吸引用户的眼球。

2.1.1 拍摄商品的基本构图原则

构图起初是绘画中的专用术语，后来被广泛应用于摄影和平面设计等视觉艺术领域。成功的商品摄影作品大多数拥有严谨的构图方式，能够使画面的重点更突出，有条有理，赏心悦目，富有美感。图 2-1 所示为拍摄商品的基本构图原则。

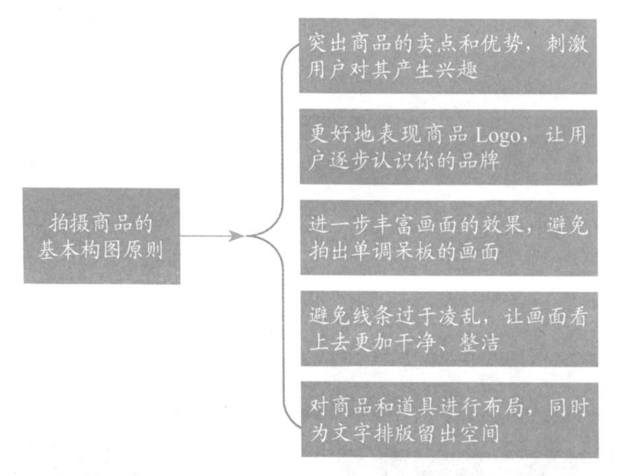

图 2-1　拍摄商品的基本构图原则

图 2-2 所示为采用三分线构图的方式，将模特放在左侧的垂直三分线位置上，能够更好地突出画面主体，吸引用户的注意力。

图 2-2　三分线构图

专家指点

我们在拍摄商品时，可以打开相机或手机的构图辅助线功能，更好地进行构图取景。以华为手机为例，在“录像”界面中点击图标，进入“设置”界面，在“通用”选项区中开启“参考线”功能，即可打开九宫格辅助线，如图 2-3 所示。

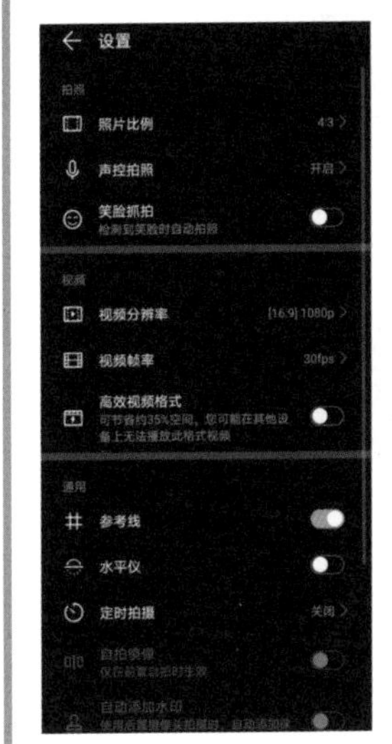

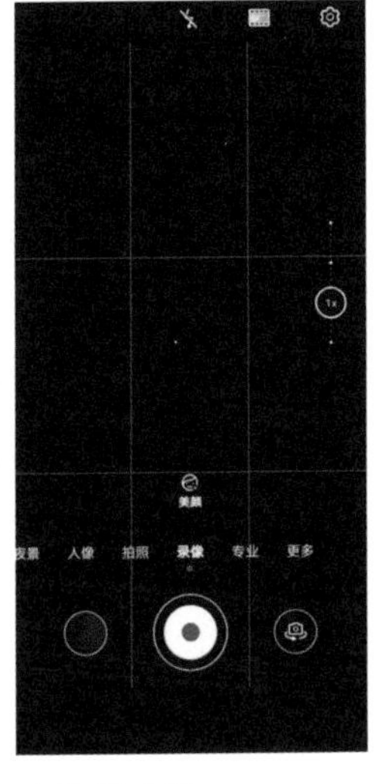

图 2-3　打开九宫格辅助线

2.1.2　选择合适的画幅拍摄商品

在拍摄商品时，画幅是影响构图取景的关键因素，在构图前首先要确定好照片的画幅。画幅是指画面的取景画框样式，通常包括横画幅、竖画幅和方画幅 3 种。

横画幅就是将手机或相机水平持握拍摄，然后通过取景器横向取景。因为人眼的水平视角比垂直视角要更大一些，因此横画幅的商品照片在大多数情况下会给用户一种自然舒适的视觉感受，同时可以让画面的还原度更高，如图 2-4 所示。

竖画幅就是将手机或相机垂直持握拍摄，拍出来的照片画面拥有更强的立体感，比较适合拍摄高大的、线条感的以及前后对比度强的商品或模特，如图 2-5 所示。

图 2-4　横画幅示例

图 2-5　竖画幅示例

方画幅的画面比例为 1:1，能够缩小视频画面的观看空间，这样用户无须移动视线即可观看全部画面，从而更容易突出照片中的商品主体，如图 2-6 所示。

图 2-6　方画幅示例

专家指点

如果要用手机拍出正方形构图的照片，通常需要借助一些专业的拍摄软件，如美颜相机、轻颜相机以及无他相机等 App。

2.1.3 从不同视角展现商品特色

在拍摄商品时，还需要掌握各种镜头角度运用，如平角、斜角、仰角和俯角等，从不同视角去更好地展现商品的特色。

（1）平角：即镜头与拍摄主体保持水平方向一致，镜头光轴与对象（中心点）齐高，能够更客观地展现拍摄对象的原貌，如图 2-7 所示。

图 2-7 平角示例

（2）斜角：即在拍摄时将镜头倾斜一定的角度，从而产生透视变形的画面失调感，能够让照片画面显得更加立体，如图 2-8 所示。

图 2-8 斜角示例

（3）仰角：即采用低机位仰视的拍摄角度，能够让拍摄对象显得更加高大，同时可以让照片画面更有代入感，如图 2-9 所示。

图 2-9 仰角示例

（4）俯角：即采用高机位俯视的拍摄角度，可以让拍摄对象看上去更加弱小，同时能够充分展示主体的全貌。图 2-10 所示为采用俯角镜头拍摄的模特照片，不仅使模特的脸部显得更瘦，而且还更容易传递画面的情感。

图 2-10 俯角示例

2.1.4 拍摄商品的常用构图形式

对于商品摄影来说，好的构图是整体画面效果的基础，再加上光影的表现、环境的衬托和商品本身的特点进行配合，可以使商品照片大放异彩。除了前面的三分线构图外，下面再介绍一些拍摄商品的常用构图形式。

1. 中心构图

中心构图即将主体置于画面正中间进行取景，最大的优点在于主体突出、明确，而且画面可以达到上下左右平衡的效果，用户的视线会自然而然地集中到商品主体上，如图 2-11 所示。

图 2-11　中心构图示例

2. 九宫格构图

九宫格构图又叫作井字形构图，是指用横竖各两条直线将画面等分为 9 个空间，不仅可以让画面更加符合人们的视觉习惯，而且还能突出主体、均衡画面。使用九宫格构图，不仅可以将主体放在 4 个交叉点上，还可以将其放在 9 个空间格内，可以使主体非常自然地成为画面的视觉中心，如图 2-12 所示。

图 2-12　九宫格构图示例

3. 斜线构图

斜线构图主要是利用画面中的斜线引导用户的目光，同时能够展现物体的运动、变化以及透视规律，可以让画面更有活力感和节奏感，如图 2-13 所示。

图 2-13　斜线构图示例

4．三角形构图

三角形构图主要是指画面中有3个视觉中心，或者用3个点来安排景物以构成一个三角形，这样拍摄的画面极具稳定性。三角形构图包括正三角形（坚强、踏实）、斜三角形（安定、均衡、灵活）或倒三角形（明快、紧张、有张力）等不同形式。

图2-14所示的照片中，模特的坐姿让身体在画面中刚好形成了一个三角形，在创造平衡感的同时还能够为画面增添更多动感。需要注意的是，这种三角形构图一定要自然而然，仿佛构图和画面融为一体，而不是刻意为之。

图2-14 三角形构图示例

5．散点式构图

散点式构图是指将一定数量的商品重复、散落地布局在画面当中，看上去错落有致、疏密有度，而且疏中存密、密中见疏，从而产生丰富、宏观的视觉感受，如图2-15所示。

图2-15 散点式构图示例

6．远近结合构图

远近结合构图是指运用远处与近处的对象，进行距离或大小的对比，来布局画面元素。在实际拍摄时，需要摄影师独具匠心，找到远近可以进行对比的物体，然后从某一个角度切入进行拍摄，可以产生更强的空间感和透视感。

图2-16所示为利用远近结合构图法从不同的角度和距离展示商品，同时利用大光圈将远处的商品虚化，可以让画面的层次感更强，主体特征更加明显。

图2-16 远近结合构图示例

7. 明暗相间构图

明暗相间构图，顾名思义，就是通过明与暗的对比来构图取景与布局画面，从色彩角度让商品照片具有不一样的美感。图 2-17 所示的照片中，将直射光源照在商品主体上，背景为一片暗色，用来烘托明亮的主体。

图 2-17　明暗相间构图示例

8. 浅景深构图

浅景深构图是指利用微距镜头或近距离拍摄商品的方式，来突出商品的局部细节特征，或者虚化画面背景，让商品主体更加突出，同时也让用户充分感受到商品所带来的视觉冲击感，如图 2-18 所示。

图 2-18　浅景深构图示例

2.1.5　拍摄商品构图的注意事项

好的构图可以让商品摄影事半功倍，构图的技巧有很多，即使是同款商品也可以在构图上产生差异化，从而让商品在众多同类中更亮眼。下面重点介绍一些拍摄商品时的构图注意事项。

1. 商品摄影构图的核心是突出主体

简单来说，构图就是安排镜头下各个画面元素的一种技巧，通过将模特、商品、文案等元素进行合理的安排和布局，从而更好地展现商家要表达的主题，或者使画面看上去更加美观、有艺术感。

图 2-19 所示的照片中，采用了对角线对称构图的方式，使画面的布局更加平衡，同时展示了手机正反面的不同特征，商品主体十分突出。

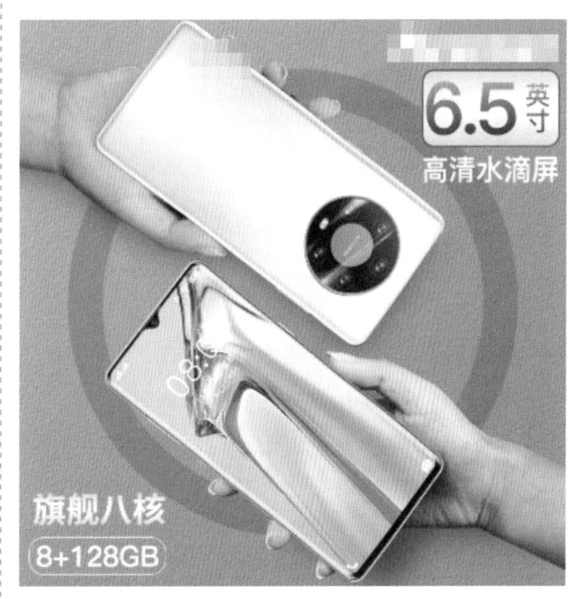

图 2-19　突出主体

主体就是商品摄影的主要对象，可以是模特或者是商品，是画面中主要强调的对象，主题也应该围绕主体来展开。通过构图这种比较简单有效的方法，可以达到突出商品主体、吸引用户视线的目的。

2. 选择合适的陪体、前景和背景

很多非常优秀的商品照片中都有明确的主

体，这个主体就是主题中心，而陪体就是在画面中起烘托主体作用的元素。陪体对主体的作用非常大，不仅可以丰富画面，而且还可以更好地展示和衬托主体，让主体更加美感，以及对主体起到一个说明解释的作用。

图 2-20 所示的照片中，主体对象为内存卡，陪体则是手机，不仅能够更好地演示商品主体的功能，而且还可以起到装饰画面的效果。

图 2-20 选择合适的陪体

3. 用特写构图表现商品的局部细节

每个商品都有其独特的质感和表面细节，在拍摄的照片中成功地表现出这种质感细节，可以极大地增强画面的吸引力。我们可以换位思考，将自己比作用户，在买一件心仪的物品时，肯定会在商品详情页面反复浏览，查看商品的细节，与同类型的商品进行对比。

因此，商品细节是决定用户下单的重要驱动力，我们必须将商品的每一个细节部位都拍摄得清晰，打消用户的疑虑。图 2-21 所示的照片展示了在拍摄女包时采用特写构图方式拍摄的五金配件等细节特点。

当然，也不排除有很多“马虎”的用户，他们也许不会仔细地去看你的商品细节特点，只是简单地看一下价格和基本功能，觉得合适就马上下单。对于这些用户群体，我们可以将商品最重要的特点和功能拍摄下来，让他们快速看到商品的这些优势，就可以有效促进成交。

质感五金配件

此款简约包采用光泽度高、不变色不易磨损、有质感的五金

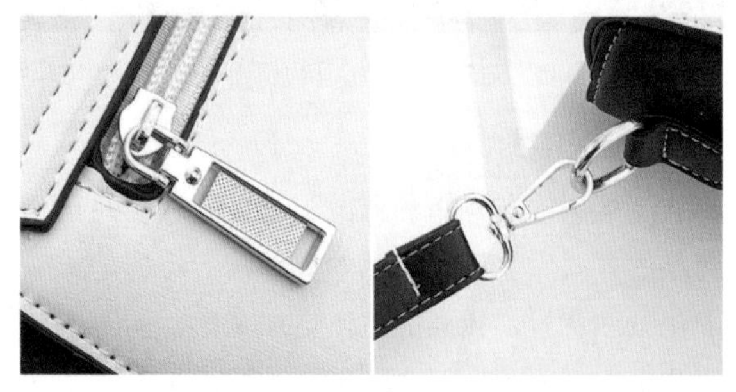

图 2-21 用特写构图表现商品的局部细节

2.2 控制商品摄影的光线影调

虽然商品摄影的拍摄门槛不高，但是好作品大多不是轻易就可以拍出来的，除了构图外，光线也是非常重要的一环，光线处理得好，你才能拍出优秀的商品摄影作品。摄影可以说就是光的艺术表现，如果想要拍到好作品，必须要把握住最佳影调，抓住瞬息万变的光线。

光线是商品摄影中非常重要的元素，能够为画面增添更多的魅力。我们可以寻找和利用拍摄环境中的各种光线，在镜头画面中制造出光影感、层次感与空间感，让商品照片的展现效果更加迷人。

2.2.1 拍摄商品的光源类型

不管是阴天、晴天、白天、黑夜，都会存在光影效果，商品摄影要有光，更要用好光。常见的

光源包括自然光、人造光和现场光。下面介绍这 3 种光源的特点，帮助大家学会运用这些光源，让商品照片的画面色彩更加真实、丰富。

1. 自然光

自然光，显而易见就是指大自然中的光线，通常来自于太阳的照射，是一种热发光类型。自然光的优点在于光线比较均匀，而且照射面积也非常大，通常不会产生有明显对比的阴影。自然光的缺点在于光线的质感和强度不够稳定，会受到光照角度和天气因素的影响。

图 2-22 所示的照片中，利用户外的自然光作为整个画面的光源来进行拍摄，这种直射光线的特质是光质较硬，可以拍摄出最真实的画面感。

图 2-22　自然光拍摄效果

2. 人造光

人造光是指利用各种灯光设备产生的光线，比较常见的光源类型有白炽灯、日光灯、节能灯以及 LED（Light-Emitting Diode，发光二极管）灯等，其优缺点如图 2-23 所示。

> **专家指点**
>
> 人造光的主要优势在于可以控制光源的强弱和照射角度，从而完成一些特殊的拍摄要求，增强画面的视觉冲击力。

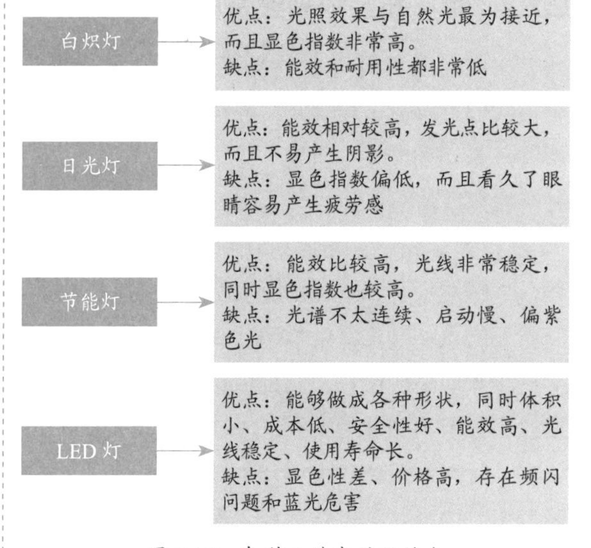

图 2-23　各种人造光的优缺点

3. 现场光

现场光主要是利用拍摄现场中存在的各种已有光源来进行商品摄影，如路灯、建筑外围的灯光、舞台氛围灯、室内现场灯以及大型烟花晚会的光线等，这种光线可以更好地传递场景中的情调，而且真实感很强，如图 2-24 所示。

图 2-24　现场光拍摄效果

需要注意的是，在拍摄商品时应尽可能地找到高质量的光源，避免画面模糊。光线是可以利用的，所以当环境光不能有效利用时，可以尝试使用人造光源或现场光源，也是一种十分有效的拍摄方法。

2.2.2 拍摄商品的光线角度

在阳光或者灯光这种光线比较明显的情况下，我们可以通过控制光线的角度来实现不同的影调效果，如顺光、侧光、逆光等。下面介绍6种光线角度的特点。

（1）顺光：是指照射在被摄对象正面的光线，光源的照射方向和相机的拍摄方向基本相同，其主要特点是受光非常均匀，画面比较通透，不会产生太明显的阴影，而且色彩也非常亮丽，拍摄效果如图2-25所示。

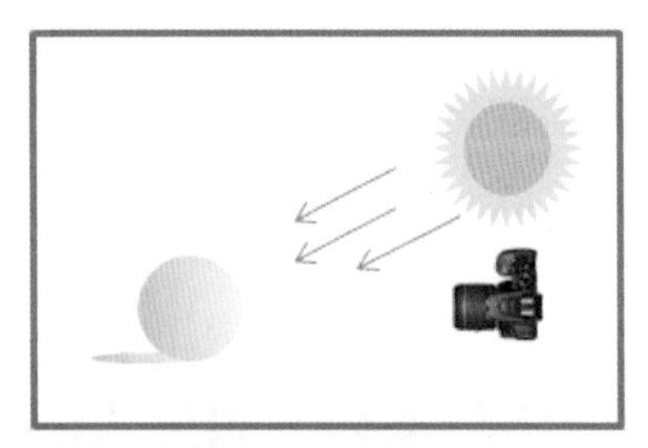

图2-25 顺光示意图和拍摄效果

（2）侧光：是指光源的照射方向与相机拍摄方向呈90度左右的直角状态，因此被摄对象受光源照射的一面非常明亮，而另一面则比较阴暗，画面的明暗层次感非常分明，可以体现出一定的立体感和空间感，拍摄效果如图2-26所示。

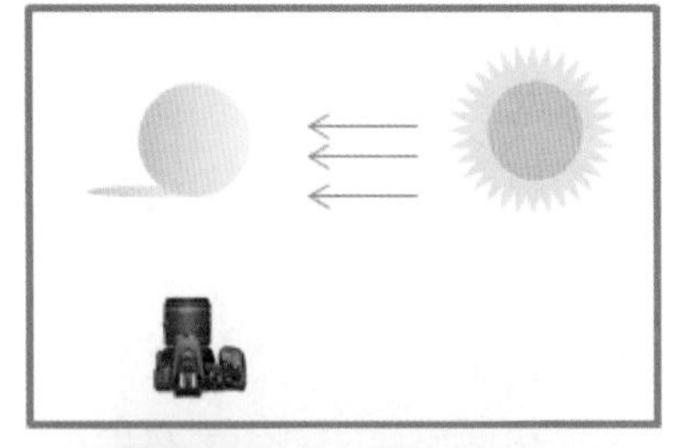

图2-26 侧光示意图和拍摄效果

（3）前侧光：是指从被摄对象的前侧方照射过来的光线，同时光源的照射方向与相机的拍摄方向呈45度左右的水平角度，画面的明暗反差适中，立体感和层次感都很不错，拍摄效果如图2-27所示。

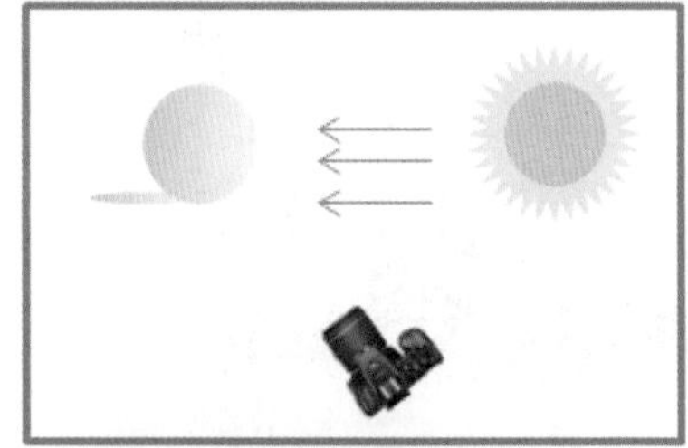

图2-27 前侧光示意图和拍摄效果

（4）逆光：是指从被摄对象的后面正对着镜头照射过来的光线，会产生明显的剪影效果，从而展现出被摄对象的轮廓线条。逆光在商品摄影中并不常见，如果一定要用的话，建议同时给主体的正面进行补光，让用户能够看清主体，并在逆光下营造出一种特殊的氛围感，拍摄效果如图 2-28 所示。

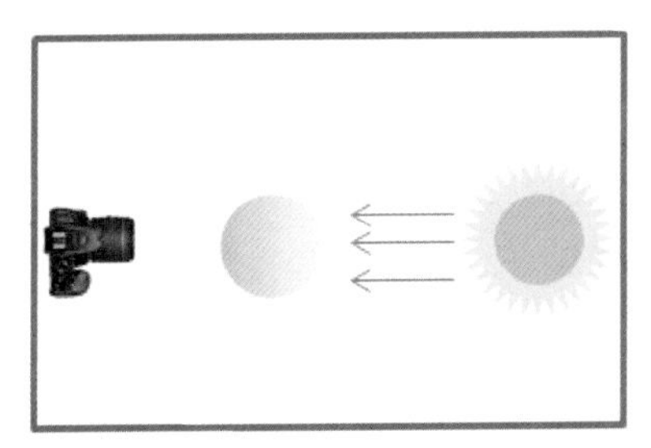

图 2-28　逆光示意图和拍摄效果

（5）顶光：是指从被摄对象顶部垂直照射下来的光线，与相机的拍摄方向形成 90 度左右的垂直角度，主体下方会留下比较明显的阴影，往往可以体现出立体感，能产生分明的上下层次关系，如图 2-29 所示。

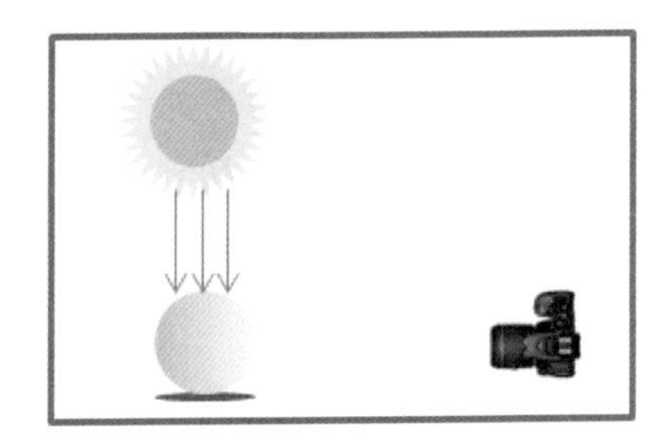

图 2-29　顶光示意图

（6）底光：是指从被摄对象底部照射过来的光线，也称为脚光，通常为人造光源，容易形成阴险、恐怖、刻板的视觉效果，如图 2-30 所示。

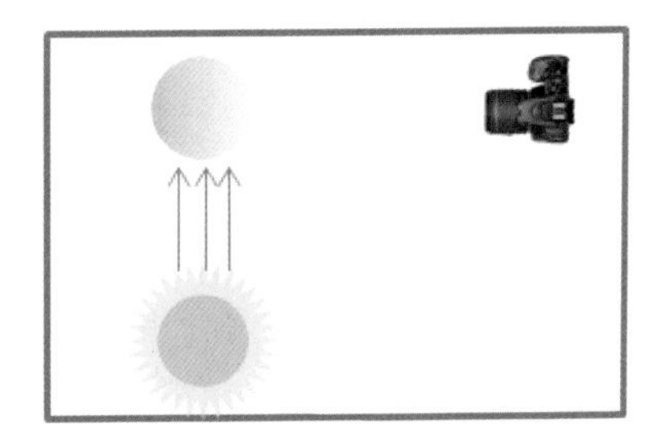

图 2-30　底光示意图

2.2.3　经典的商品摄影布光法

商家可以利用逐层布光法，在商品一侧设置光源，从而使商品本身出现明暗渐变，突出立体感。如果只在一侧打光，商品另一侧会由于光线过暗导致无法正确曝光，因此商家可以在阴影一侧设置辅助光源，功率为主光源的 1/3 ～ 1/2，这样布光既能提亮阴影，保证商品能正确曝光，又能拍摄出商品的立体感。通常，商品摄影大多采用比较经典的三点布光法，如图 2-31 所示。

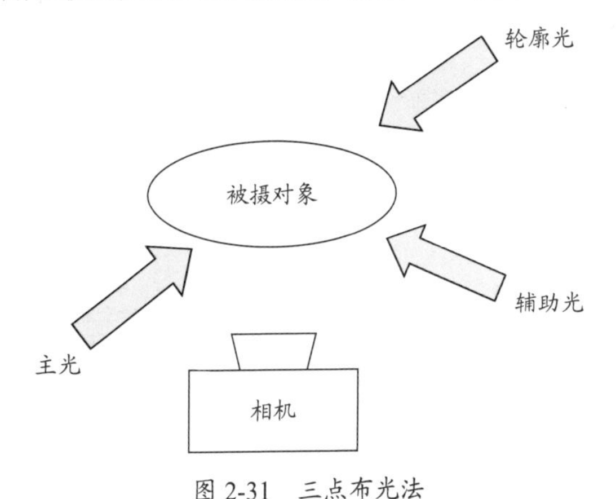

图 2-31　三点布光法

（1）主光：用于照亮商品主体和周围的环境。

（2）辅助光：其光源强度通常要弱于主光，主要用于照亮被摄对象表面的阴影区域，以及主光没有照射到的地方，可以增强主体对象的层次感和景深效果。

（3）轮廓光：主要是从被摄对象的背面照射过来，一般采用聚光灯，其垂直角度要适中，用于突出商品的轮廓。

在拍摄商品时，我们还可以搭配一盏摄影灯，采用侧逆光的照射角度，然后将反光板放到主光源的对面，这样可以降低拍摄成本。注意，这种方法拍摄的照片同样可以呈现出明暗层次感，但对于主体细节的呈现是非常不到位的。

2.2.4 利用反光板控制光线

在室外拍摄模特或商品时，很多人会先考虑背景，其实光线才是首要因素，如果没有一个好的光线照射到商品或者模特的脸上，再好的背景也是没用的。反光板是摄影中常用来补光的设备，通常有银色、金色、柔光板、白色和黑色等不同类型，如图 2-32 所示。

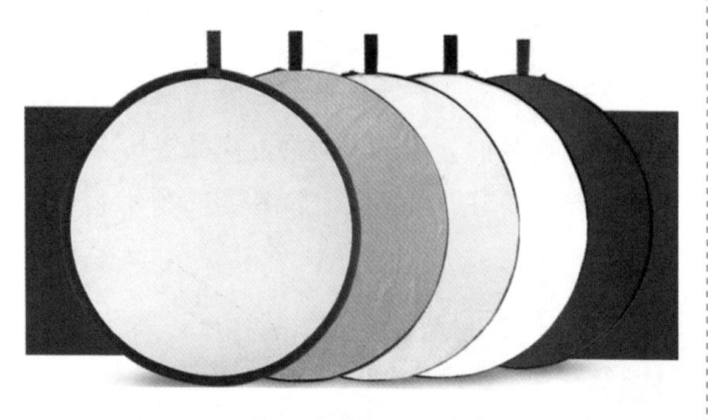

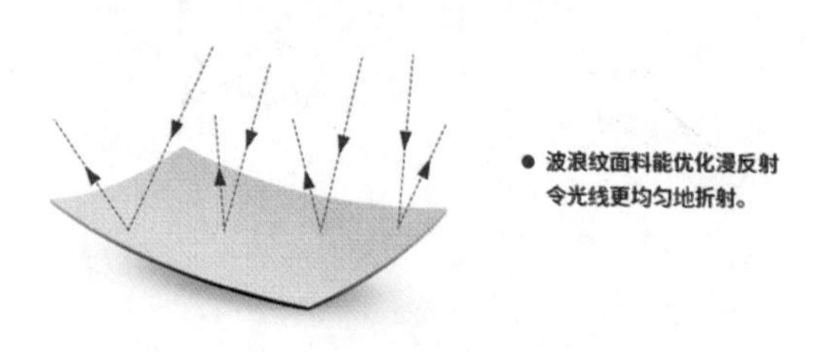

图 2-32 反光板

其中，银色反光板和金色反光板是最常用的反光板。银色反光板表面明亮且光滑，可以产生更为明亮的光，很容易映现到模特的眼睛里，从而拍摄出大而明亮的眼神光效果。在阴天、逆光或者顶光环境下，可以直接将银色反光板放在模特的脸部下方，让它刚好位于镜头的视场之外，从而将顶光反射到模特脸上。

与银色反光板的冷调光线不同的是，金色反光板产生的光线会偏暖色调，通常可以作为主光使用。在明亮的自然光下逆光拍摄模特时，可以将金色反光板放在模特侧面或正面稍高的位置处，将光线反射到模特的脸上，不仅可以形成定向光线效果，而且还可以防止背景出现曝光过度的情况。

反光板的反光面通常采用优质的专业反光材料制作而成，反光效果均匀。骨架则采用高强度的弹性尼龙材料，轻便耐用，可以轻松折叠收纳。另外，我们还可以选购一个可伸缩的反光板支架，能够安装各类反光板，而且还配有方向调节手柄，可以配合灯架使用，根据需求来调节光线的角度，如图 2-33 所示。

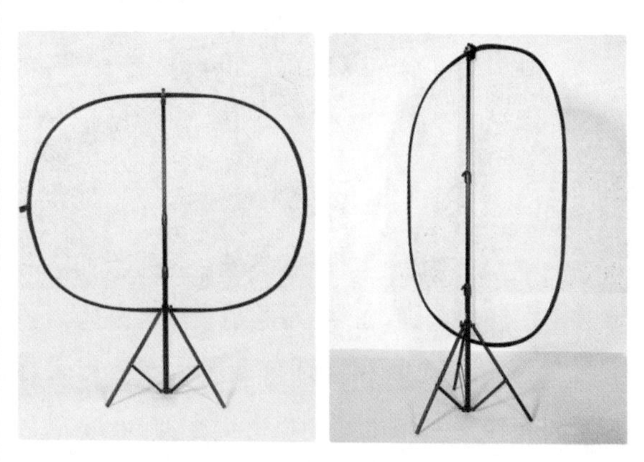

图 2-33 反光板支架

2.2.5 使用日常道具灯补光

如果在夜晚或者采光环境比较差的室内，没有足够的自然光时，我们可以考虑使用照明灯光或者各种道具灯来辅助拍摄，如室内灯光、手电筒、闪光灯、台灯、白纸和镜子等都可以进行补光，从而拍摄出高质量的商品照片。

例如，室内白炽灯的光线通常会偏暖黄色调，可以给人带来非常温暖的画面感，并烘托出宁静和柔美的氛围，如图 2-34 所示。

图 2-34　利用室内白炽灯拍摄的模特效果

2.2.6　拍摄免抠无影白底图

通过抠图换背景的方式制作商品白底图非常费时，因此为了帮助大家摆脱抠图的烦恼，下面介绍如何在前期直接拍摄出商品白底图。大家可以购买一些 PVC（Polyvinyl Chloride，聚氯乙烯）材质的白色背景板或者纯白色布，优点在于防水耐脏，如图 2-35 所示。使用背景板的话，可以用夹子将其固定在背景架上，同时将背景板铺在桌子上，作为拍摄台使用。

另外，商家可以通过 LED 摄影棚（见图 2-36）中的光源控制器对光源亮度进行调节，以便随时控制背景的明暗状况，从而在拍摄商品时达到无底影、无阴影、免抠图的效果。

图 2-35　PVC 材质的白色背景板

图 2-36　LED 摄影棚

专家指点

如果是白色布，则可以用无痕钉和夹子固定到墙角处。用锤子将钉子敲进墙里，然后用夹子夹住布并挂在钉子上即可。

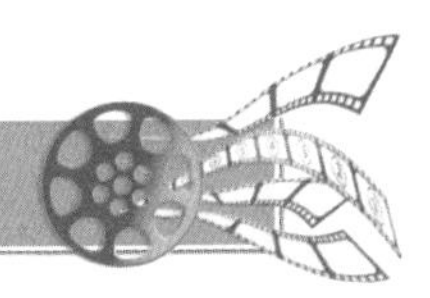

2.3　商品摄影的色彩搭配技巧

人的视线在看事物的时候，注意较多的就是事物的色彩，色彩艳丽或色彩丰富的事物总会格外引人注目。我们在拍摄商品时也是一样的道理，色彩配置好的商品更能得到大家的喜爱，因此我们需要使用合理的色彩搭配来凸显商品的质感，从而提升商品的吸引力。

2.3.1　色彩在摄影中的重要性

色彩是艺术设计中视觉冲击力最强的元素，最能影响人们的视觉心理反应。生活中的色彩是随处可见的，如房间的家具、庭院的花草、路上的车辆、餐厅的美食以及我们身上穿的衣服等，正是这些五彩缤纷的色彩，让大自然变得色彩斑斓。

色彩是一种能够刺激人的视觉神经的元素，因此在商品摄影中非常重要，往往用户看到商品图片的第一印象就是其中的色彩。在商品摄影中，色彩凭借着丰富的表现力和超凡的魅力，能够更好地传达画面的主题和内涵。我们在商品摄影中运用色彩时，既要掌握色彩的基本分类，又要对各种形象要素的色彩运用技巧和注意事项做到心中有数。

图 2-37 所示的照片中，将不同颜色的商品摆放在一起，同时与背景颜色区分，不仅可以突出主体，而且还能让画面更灵活多变。

图 2-37　多色构成的画面效果

专家指点

总的来说，对于商品摄影中的色彩，我们需要认识色彩的以下两大特点，并将富于变化的色彩和其他形象元素充分结合起来，拍摄出更加精美的画面效果，从而使商品能够大放异彩。

- 不同色彩本身的情感表现，具有相对的确定性。
- 色彩在和其他元素搭配使用时，又具有不确定性。

2.3.2　认识色彩的分类与属性

色彩的种类繁多，但基本都具备色相、明度和彩度这 3 种属性，这也是区分色彩感官识别的基础要素，在进行商品摄影时需要灵活应用色彩的这 3 种属性变化，从而更好地展现色彩的魅力。对各种色彩进行归纳和整理，以及掌握不同色彩的属性，有助于大家更好地认识和运用色彩。

如果使用测色器进行辨别，可以识别的颜色有一百万种以上，即使是用肉眼来区分，也能够识别出几十万种颜色。为了合理地区分这些色彩，可以使用色名为某种色彩进行命名，具体方法如图 2-38 所示。

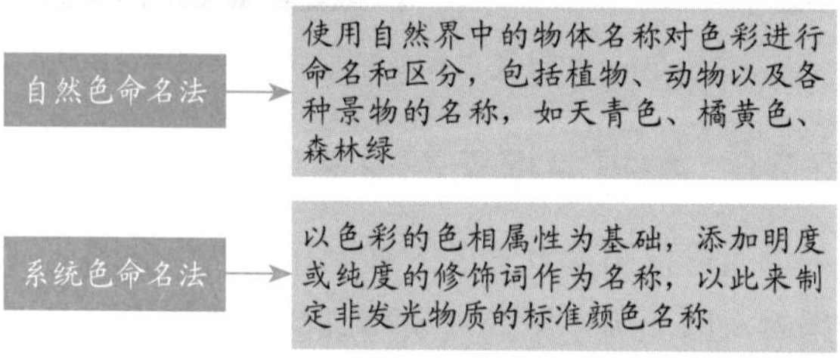

自然色命名法 → 使用自然界中的物体名称对色彩进行命名和区分，包括植物、动物以及各种景物的名称，如天青色、橘黄色、森林绿

系统色命名法 → 以色彩的色相属性为基础，添加明度或纯度的修饰词作为名称，以此来制定非发光物质的标准颜色名称

图 2-38　色名法

色彩具体包括无彩色和有彩色两大类，如图 2-39 所示。

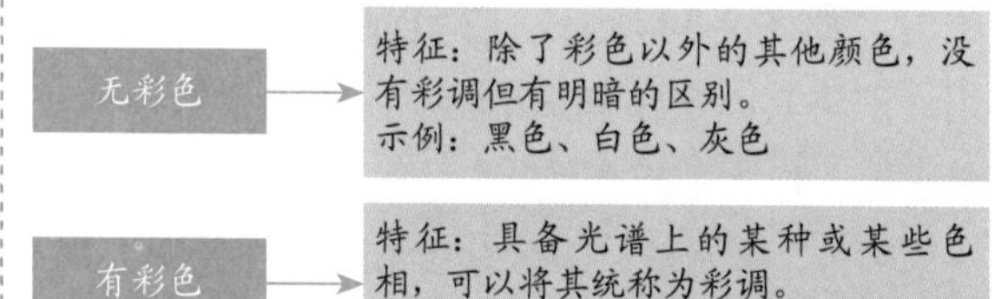

图 2-39　色彩的分类

有彩色的表现比无彩色要复杂得多，可以从以下 3 个维度对有彩色进行确定，如图 2-40 所示。

色相、明度、纯度合称为“色彩三属性”，其中明度和纯度可以确定色彩的状态，明度和色相合并为二线的色状态，称为色调。下面介绍“色彩三属性”的相关概念。

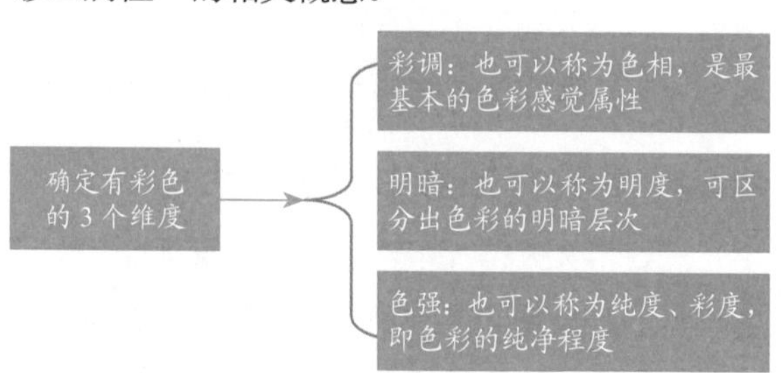

图 2-40　确定有彩色的 3 个维度

（1）色相：是指色彩的相貌，主要用于区别各种不同的色彩。图 2-41 所示分别为不同类型的色相环。红、橙、黄、绿、蓝、紫为最初的基本色相，在其中各自加上一个中间色，即可得到“12 色相环”，按光谱顺序可分为：红、红橙、橙、黄橙、黄、黄绿、绿、蓝绿、蓝、蓝紫、紫、红紫。

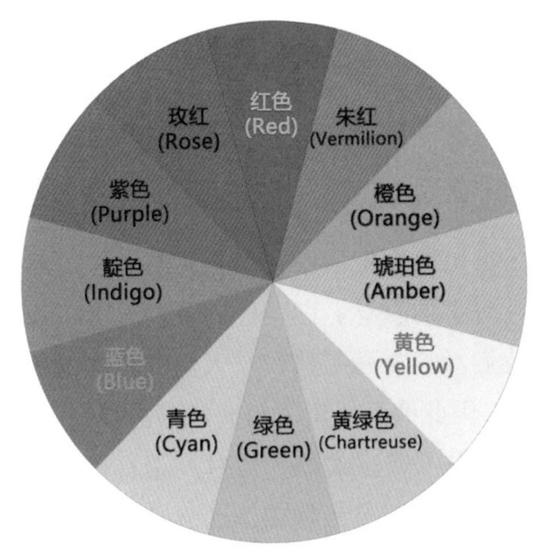

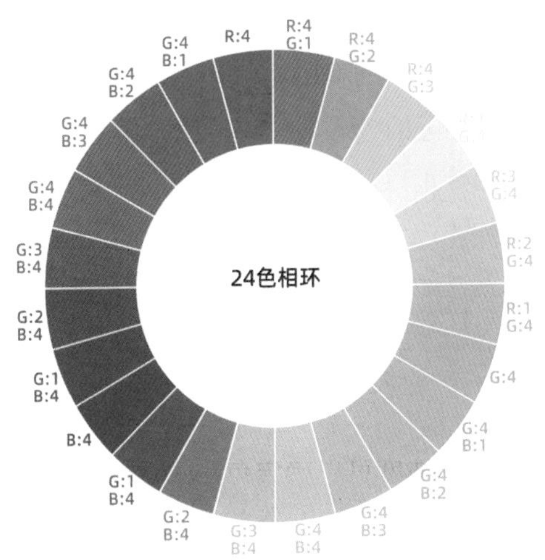

图 2-41　不同类型的色相环

（2）明度：是由色光的振幅强度所决定的，它指的是色彩的明暗程度。其中，白色的明度最亮，黑色的明度最暗，如图 2-42 所示。

图 2-42　明度

（3）纯度：能够反映色彩的饱和度和鲜艳度，可以用浓、淡、深、浅等程度词来进行描述，如图 2-43 所示。色彩的纯度高低主要取决于这一色相发射光的单一程度，也可以看成是原色在色彩中所占据的百分比。

图 2-43　纯度

2.3.3　掌握不同颜色的特征

色彩表现出的感情问题非常繁杂且微妙，不同的色彩产生的心理作用也是千差万别的。因此，我们在拍摄商品时必须综合分析色彩的心理现象，以大部分人的共识为基础，来确定色彩的心理效应与象征性，让画面呈现出某些情绪或气氛。

下面综合色彩的视觉与心理，将各种颜色的特征进行归纳，以便于大家在使用时参考，如表 2-1 所示。

表 2-1　不同颜色的特征

颜色	特　征
红色	厚实、强烈、热情、危险、反抗、喜庆、爆发、积极、冲动、震撼
橙色	安稳、敦厚、温和、快乐、温情、炽热、明朗、积极、舒适、自然、富足、活泼、幸福
黄色	明朗、积极、敏锐、爽快、光明、注意、不安、灿烂、辉煌、喜悦、高贵、骄傲
绿色	冷静、清凉、自然、和平、理想、希望、成长、安全、新鲜、舒适
紫色	柔和、虚无、变幻、高贵、神秘、优雅、美丽、浪漫、威胁、鼓舞、清爽
蓝色	轻盈、柔和、寒冷、通透、飘渺、凉爽、忧郁、自由、沉稳、文静、理智、安祥
黑色	死亡、恐怖、邪恶、严肃、孤独、高贵、稳重、庄严、神秘、科技感
白色	纯洁、朴实、虔诚、神圣、虚无、高级、善良、信任、科技感

著名的画家和美术理论家瓦西里·康定斯基（Wassily Kandinsky）曾在《论艺术里的精神》一书中提出："色彩直接影响着精神，色彩和谐统一的关键最终在于对人类心灵有目的地启示激发。"

在通过视觉传达信息时，色彩是非常关键的因素，它可以呈现出某种情绪，来引导用户产生不同的联想和行动。因此，色彩的视觉与心理是商品摄影中的一个重要研究课题。

2.3.4　运用色彩的冷暖对比

根据色彩的心理温度进行划分，可以分为暖色调和冷色调，如图 2-44 所示。

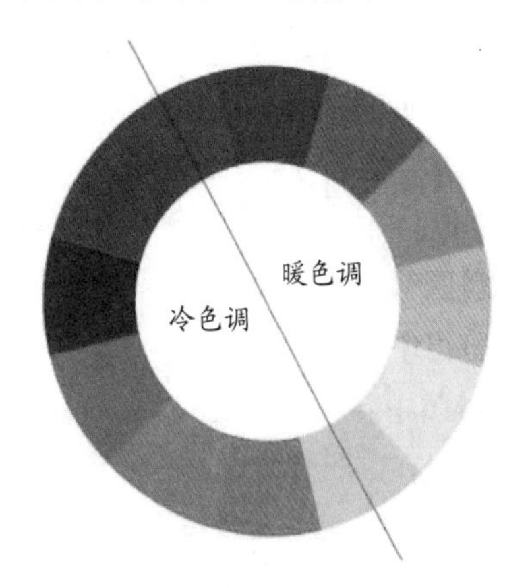

图 2-44　暖色调和冷色调

（1）暖色调的主要特征为：给人以温暖、热烈的感觉。如橘红色、黄色以及红色等都属于暖色调，可以让整个画面充满生活气息，给人带来暖洋洋的感觉。

（2）冷色调的主要特征为：安静、稳重，可以扩展画面的空间感。如蓝色、青色、绿色等都属于冷色调，可以让画面看起来比较冷，营造出宁静的氛围感，令人心绪平静、心情放松。

例如，黄色和蓝色分别是暖色和冷色，而且它们在色轮上是属于相对位置的两种颜色，运用这两种颜色可以形成比较强烈的冷暖对比，增加画面的视觉冲击力。需要注意的是，暖色调和冷色调本身具有非常明显的对立性，因此在使用这种对比色进行搭配时，要讲究主次分明，将一种色调作为主色调，另一种色调作为陪衬，这样才能相得益彰。

专家指点

其实，在暖色调和冷色调中间，还存在一个难以区分的色彩群，那就是具有中间性质的寒暖中性色。例如，玫红色和草绿色很难区分冷暖色调，此时要营造出画面的寒暖感觉，就需要使用其他颜色来进行比较，以使画面偏冷或偏暖。

2.3.5　掌握色彩的搭配类型

色彩是人们生活中不可缺少的部分，蓝色的天空、绿色的森林、白色的云朵，五彩缤纷的世界让我们对它充满了热爱。人们的视觉中不能缺少色彩，因此商品摄影对色彩的搭配也有所要求。

无论是服装、装修，还是广告、绘画，各行各业都需要运用色彩搭配，那么基本的色彩分为哪些类型呢？下面介绍两种基本的色彩搭配类型。

1．颜色相近的色彩搭配

颜色相近的色彩叫作近似色。从图 2-45 所示的商品图片可以看出，它就是应用了近似色的色彩搭配方式，商品和背景的颜色非常接近。近似色的色彩搭配一般都会让用户对商品产生好感，视觉上也是舒适且温和的，容易留下稳固的印象。通常来说，近似色的搭配适合比较简单、回归自然的品牌理念。

图 2-45　近似色搭配

2．互相补充的色彩搭配

颜色上互为补充的色彩称为互补色，比如黄色和紫色、红色和绿色、蓝色和橙色、黑色和白色等。每种不同的色彩代表了不同的含义，在进行商品摄影创作时，摄影师要根据色彩类型的不同分别进行处理。当然，在实际的商品图片拍摄和设计中，还要注意主色调和文字信息的布局。

色彩搭配能够让图片富有极强的表现力和视觉上的冲击力。对于用户来说，他们首先会被图片中的色彩所吸引，然后根据色彩的走向对画面的主次逐一进行了解。把商品图片色彩运用好，让自己的商品更好看一点，这样就会在视觉上吸引用户，给店铺带来更多的生意。

图 2-46 所示为色相差异较大的对比配色的商品图片效果，使用差异较大的单色背景来对画面进行分割，使其色相之间产生较大的区别，这样产生的对比效果就是色相对比配色，可以让画面色彩更丰富，更具有感官刺激性，更容易吸引用户的眼球，使用户对商品产生浓厚的兴趣。

图 2-46　对比色搭配

专家指点

一般而言，商品图和广告图中出现 3 个主色调为佳，如果画面颜色过多过杂，就会影响用户对信息的摄入。这样做的好处有两个，一是为了有效传达品牌的信息；二是为了突出商品的风格，让画面更加和谐、统一。

2.4　不同材质的商品拍摄技巧

每个商品都有其独特的质感和表面细节，在拍摄的照片上成功地表现出这种质感细节，可以大大地增强商品的吸引力。要拍摄出好看的商品照片，根据不同的商品材质进行布光相当重要，不仅可以让画面更清晰，同时还可以突出商品的主体。本节主要介绍一些不同材质的商品拍摄技巧。

2.4.1　拍摄吸光类的商品

吸光类商品的材质主要包括毛、绒、麻、呢子、布料、毛线、裘皮、粗陶、铸铁、橡胶等，这些材质的主要特点为表面结构粗糙、起伏不平、质地或软或硬，而且它们对光的反射比较稳定，能够呈现出比较丰富的视觉层次感。例如，衣服、食品、水果和实木制品等商品大都是吸光体，如图 2-47 所示。

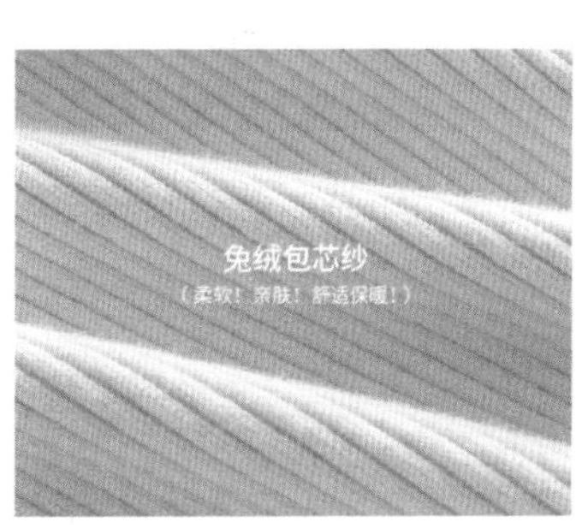

图 2-47　吸光类商品拍摄示例

在拍摄吸光类商品时，通常以照射角度偏低的侧光或者斜侧光的布光形式为主，光源最好采用方向性明确且较硬的直射光，这样能够更好地体现出商品原本的色彩和层次感。

对于由裘皮、铸铁等表面非常粗糙的材质做成的商品，在布光时可以采用一些较硬的直射光，如使用聚光灯、闪光灯、太阳光直射等光线直接打在商品上。

另外，还有一种半吸光类商品，具体包括粘纸制品、木材制品、亚光塑料、人物皮肤、材质细腻的纺织品以及半加工的金属制品等，这些材质的主要特点为表面平滑，而且其结构和纹理通常都可以直接观察到，如图 2-48 所示。

图 2-48　半吸光类商品拍摄示例

通常情况下，拍摄这些半吸光类商品时，可以采用更为柔和的散射光，也可以使用间接光。如果要使用闪光灯等比较强烈的直射光，则可以在光源上添加扩散片或柔光罩，使光线变得软和。

专家指点

半吸光类商品的理想光源是柔光灯箱，它发出来的光线能够更细致地表现出商品平滑的表面质感，同时在布光时可以适当提高主光的照射角度。

2.4.2　拍摄反光类的商品

反光类商品与吸光类商品的特点刚好相反，它们的表面通常都比较光滑，因此具有非常强的反光能力，如金属制品、珠宝首饰、没有花纹的瓷器、塑料制品以及玻璃制品等，如图 2-49 所示。

图 2-49　反光类商品拍摄示例

在拍摄反光类商品时，需要注意商品上的光斑或黑斑，可以利用反光板照明，或者采用大面积的灯箱光源照射，尽可能地让商品表面的光线更加均匀，保持色彩渐变的统一性，使其看上去更加真实。

2.4.3　拍摄透光类的商品

透光类商品是指光线可以穿透这些商品的材质，如透明的玻璃、水晶制品和塑料等材质的商品。不同类型的透光类商品其质感也各不相同，因此表现形式的区别也非常大，商家在拍摄前需要认真研究商品的外形、质感、市场定位和商业用途，从而通过一定的摄影技术展现出商品独特的魅力。

在拍摄透光类商品时，我们可以采用侧光或底光的照射角度，让商品的质感显得更加清澈、透亮。另外，拍摄透光类商品也可以采用高调或者低调的布光方法。

（1）高调：即使用白色或浅灰色的背景，同时使用背光拍摄，这样商品的表面看上去会显得更加简洁、干净，如图 2-50 所示。

（2）低调：即使用黑色的背景，同时可以用柔光灯箱从商品两侧或顶部打光，或者在两侧安放反光板，勾出商品的线条效果，如图 2-51 所示。

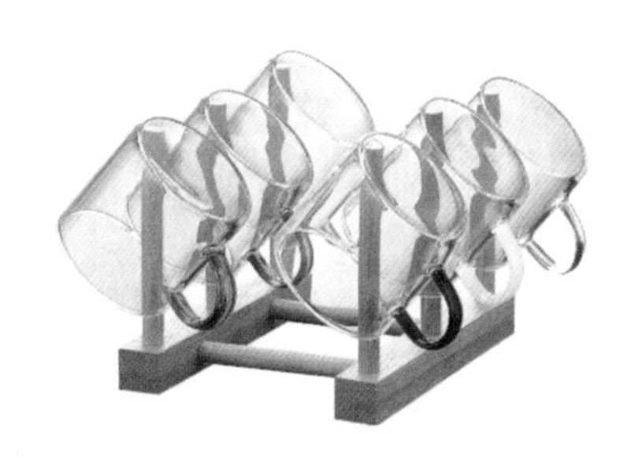

图 2-50　高调布光

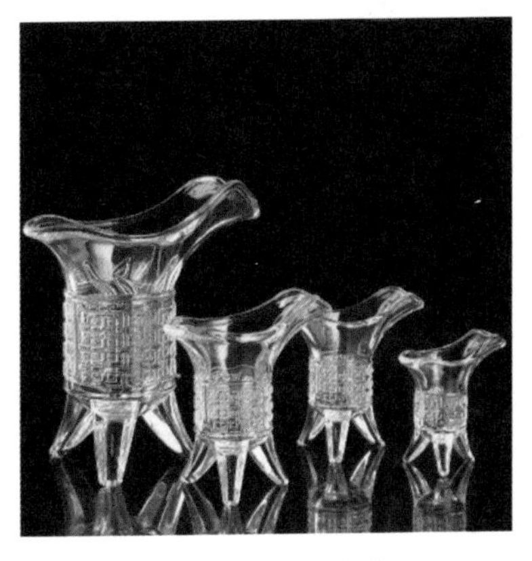

图 2-51　低调布光

2.5　掌握商品拍摄的摆放技巧

在拍摄商品时，商品的摆放位置是一种非常重要的陈列艺术，是商品拍摄角度的重要体现，巧妙的摆放方式更能体现所拍摄商品的特性和特质，而且不同的造型和摆放方式还可以带来不同的视觉效果。

2.5.1　商品拍摄的摆放角度

在进行商品摄影前，我们可以合理地组合商品和布置背景，并找到商品的最佳摆放角度，便于拍摄时的构图和取景。也就是说，拍摄前的商品摆放角度，就基本决定了照片的构图形式。

商品摄影的展现形式是二维平面图，很难像视频一样让商品动起来，因此也无法通过一张图片去全面地展现商品各个角度的特征。在拍摄商品前，需要仔细观察商品，找到最能体现商品特色的摆放角度。图 2-52 所示为拍摄的冰箱，上图为正面角度拍摄，下图为侧面角度拍摄，可以明显地看出侧面的表现力要好于正面，因为侧面的立体感更强。

图 2-52　冰箱拍摄示例

由于我们在浏览商品时，通常习惯从上往下看，因此商品的摆放角度要尽可能低一些，让用户看着更轻松舒适。在拍摄较长的商品时，可以斜着摆放，这样不仅可以减少画面的视觉压迫感，同时还可以更好地展现商品主体，如图 2-53 所示。

图 2-53　斜着摆放商品

图 2-53　斜着摆放商品（续）

2.5.2　错落有致地摆放商品

如果要同时拍摄多个同类型的商品，则需要将其错落有致地摆放好，这样画面不会显得死板。如果一定要并列摆放的话，也可以调整镜头的拍摄角度，以突出商品之间的相互关系和提升画面的美感。

图 2-54 所示的照片中，将多个冰淇淋蛋糕首尾相接并交错摆放在一起，不仅产生了极强的韵律感，而且还形成了“近大远小”的透视构图效果。

图 2-54　冰淇淋蛋糕的摆放示例

图 2-55 所示的照片中，将拖鞋立起来摆放，看上去会显得更加有品质，并且一目了然，让商品的表达更加直观。

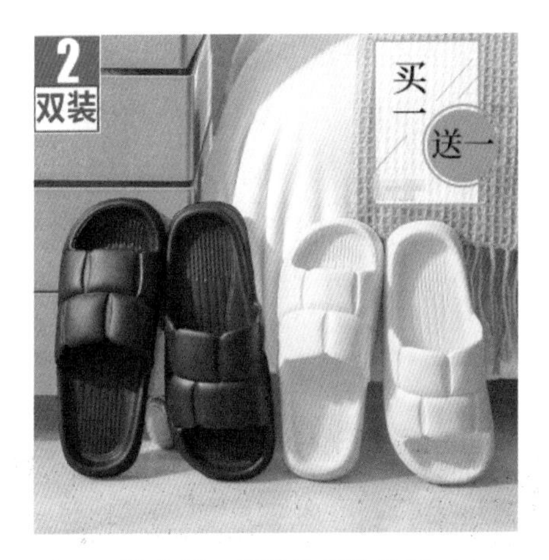

图 2-55　拖鞋的摆放示例

2.5.3　商品拍摄的造型设计

在摆放较为柔软的商品时，我们可以对其外形进行二次设计，增加商品的造型美感。例如，将腰带卷起来摆放，不但可以兼顾腰带的头尾，而且更加大方利落，如图 2-56 所示。

图 2-56　腰带造型的二次设计

2.5.4　拍摄道具的搭配摆放

正所谓“红花还需绿叶配”，在摆放商品时，我们还需要对环境进行一些适当的设计，为商品添加一些装饰物或道具来进行搭配，可以让商品显得更加精致。例如，使用一些比较养眼的蔬菜来搭配美食，画面的色彩对比会更强烈，如图 2-57 所示。

图 2-57　美食的搭配摆放示例

2.5.5　商品拍摄的组合摆放

在拍摄不同颜色的商品组合时，需要注意摆放规则，不能胡乱摆放，否则会影响画面的美观度，此时用户也很难看出商品的特色。在摆放组合商品时，要符合商品的造型美感，让画面显得有秩序，可以采用疏密相间、堆叠、斜线、V 形、S 形或者交叉等方式，让画面看上去更加丰富和饱满，同时还可以展现出一定的韵律感。

> **专家指点**
>
> 商品的照片一定要真实，很多用户都是“身经百战”的网购达人，他们一眼就能分辨出真假。而且这些人往往都是长期的消费群体，因此商家一定要把握住。

图 2-58 所示的照片中，将大量的圆珠笔一排排地堆叠摆放在一起，形成了一种特殊的梯形造型，同时从侧面拍摄会显得更有立体感，而且这样的画面效果比单个商品更有表现力。

图 2-58　圆珠笔的摆放示例

图 2-59 所示的照片中，将大量不同颜色的衣架紧密地组合在一起，并挂在晾衣架上，形成颜色上的过渡效果，具有一定的序列美感，同时从商品组合的斜侧面拍摄，可以让画面的立体空间感更强烈。

图 2-59　衣架的摆放示例

2.5.6　拍摄商品的内部结构

商品的内部细节也是值得大家拍摄的画面。在拍摄箱包、鞋子、衣服、洗护用品以及某些电器等商品时，商家可以将这些商品打开来摆放，给用户展示商品的内部结构，从而消除用户的担忧与顾虑，如图 2-60 所示。

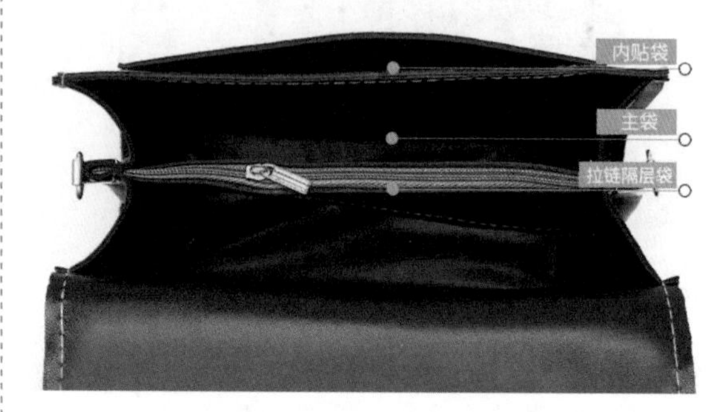

图 2-60　展示商品的内部细节

专家指点

商品照片必须符合用户的视觉习惯，因此我们在拍摄前一定要做相关的消费人群调研，即他们喜欢什么样的风格，商家就拍摄什么风格的照片，或者做相关的后期处理。同时，如果是服装类和鞋类商品，最好使用模特拍摄，这样更有真实感，可以给用户带来更好的购物体验。

第3章

视觉设计：营造消费氛围促进下单

章前知识导读

视觉设计是电商中常用的一种运营方式，它不仅能够帮助商家设计出个性化的专属网店和商品页面，营造出强烈的消费氛围感，促进用户下单，提升商品的销量，还能为商家打造品牌、塑造自身形象贡献出一己之力。

新手重点索引

- 网店美工的视觉设计重点
- 网店美工的视觉效果打造
- 网店视觉设计的技巧

效果图片欣赏

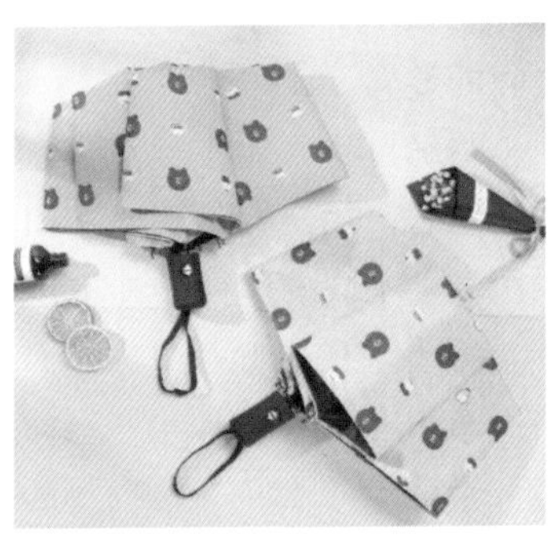

3.1 网店美工的视觉设计重点

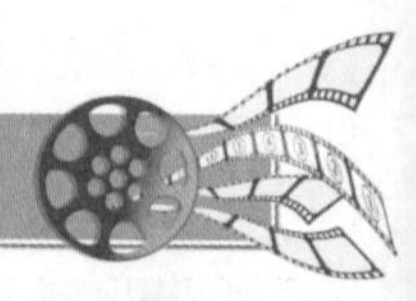

视觉设计主要就是利用效果较好的视觉表达来吸引用户，给用户留下良好的印象，从而将商品销售出去。因此，网店的视觉设计意义其实也跟销售额密切相关，主要体现在以下 3 个方面。

（1）促进流量的上升：视觉效果好的店铺装修能够有效地吸引用户的注意力，从而提升店铺的流量。

（2）提高转化率：装修页面中的商品呈现得恰当、合理，就会使得用户仔细观看，从而产生购买行为。

（3）增加客单价：视觉运营做得到位，各种方法齐上阵，就会大大促进客单价提高的概率。

此外，视觉设计还能有效地提升用户对品牌和商品的信任度，从而增强他们对于品牌的认知度和好感度，让用户进行再次购买，从而让商家获得更丰厚的利润。因此，视觉设计对于网店美工来说非常重要，是广大商家需要重点做好的运营工作。

3.1.1 用户购物路径的掌握

要想弄懂视觉设计，就应该先了解用户的购物路径，学会从消费者的角度出发，认真分析他们的心路历程。在了解用户的购物流程时，关键在于要知道他们想要获得的信息，以及想要看到的视觉效果。

专家指点

值得注意的是，这个购物流程可能不是严格按照步骤顺序进行的，因为很多用户会略过其中的一些环节直接进行购买，只能说这是一个总括的方法。

首先，用户为什么会购物？一般而言，是因为他们遇到了问题，为了解决问题所以购物。接下来，商家应该考虑到潜在消费人群有哪些，从而确定目标用户。在考虑这一点的时候，需要注意如图 3-1 所示的几个事项。

考虑潜在消费人群的注意事项
- 关注潜在消费人群的近期动态
- 了解用户购买商品的主要原因
- 注意用户是否对商品提出了意见

图 3-1　考虑潜在消费人群的注意事项

接着用户就要开始对商品做出选择了。在这一环节中，用户主要考虑如图 3-2 所示的相关事项。

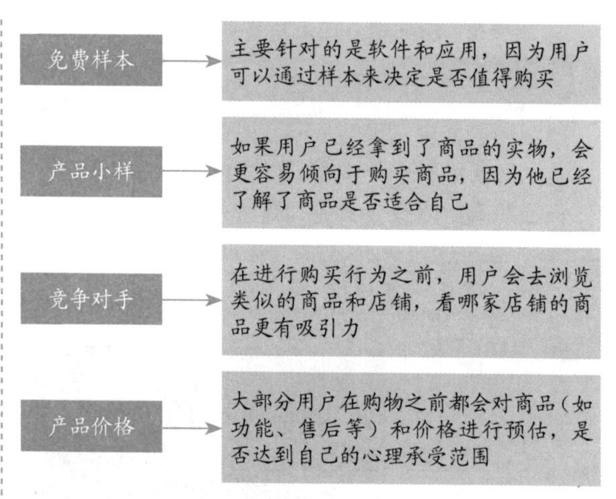

图 3-2　用户做出选择时考虑的相关事项

针对用户考虑的事项，商家需要注意的事项有以下几个。

为用户发放免费样本或商品小样。

全面了解竞争对手，清楚自己的商品与竞品之间的差异。

明确自身的优势，了解类似商品的特色。

同时，用户在了解商品和店铺的信息时，会采用多种不同的途径，具体如下。

- 专业的电商信息网站。
- 其他用户的评论和打分。
- 社交平台上关于商品的口碑讨论。
- 有影响力的人物发表的相关言论。

在这个问题上，针对用户的行为，商家应该注意的事项如下。

- 关注用户获取信息的渠道。
- 注意观看用户的反馈并用心回复。
- 多关注领域内有号召力的人物动态。

最后，就是用户进行购买行为。这里看起来好像已经完成了购物之旅，实际上，对于商家和用户而言，用户完成下单并不是交易的真正结束。由于网店是网络购物平台，因此用户还会关注一些客服和售后的问题，具体内容如下。

- 商品的视觉效果是否良好。
- 物流、售后服务是否完善。
- 支付方法是否便捷。

同时，作为商家而言，应该从这几个问题上来提升自己、反省自己。从这些大致的购物流程来看，只有亲身经历了购物，才能清楚地了解用户的心路历程，从而精确地为他们提供想要获得的信息和服务，并顺利地进行视觉设计和店铺装修。

3.1.2　优质视觉内容的打造

商家在利用视觉设计促进商品销售时，比较重要的一点就是明白自己到底需要打造什么样的装修效果，或者说在做装修设计时应注意哪些问题。

> **专家指点**
>
> 在进行店铺装修时，商家需要注意的是，究竟什么样的视觉效果更适合自己的商品和品牌。视觉设计的目的是销售商品和传达品牌理念，从而让店铺能够获得持续的收益。因此，商家在进行店铺装修时，就需要对自身进行剖析和细分，这样一来，就能将品牌、商品和视觉内容有机地结合在一起。

很多商家在做装修设计时都没有清晰、明确的思路，或者考虑的因素并不是那么全面，就会造成视觉混乱的结果。而真正成功的视觉设计，是需要优质的店铺装修作为支撑的，因此商家需要注意如图 3-3 所示的几个问题。

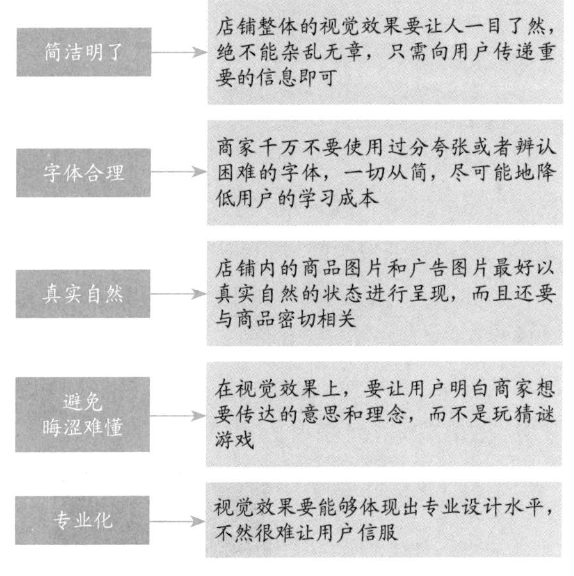

图 3-3　商家做视觉设计时需要注意的问题

优质的视觉内容往往与简洁且突出重点的文字、精美且真实的图片相连，这也是为什么它能够吸引用户下单的原因。

3.1.3　图文视觉元素的展现

店铺视觉实际上是具有强大说服力的，很多时候我们都在通过视觉转化语言来阐述自己的观点，只是我们自己没有察觉到而已。根据相关数据调查显示，人们学习过程的视觉化突破了 80%，因此了解大脑处理视觉效果的过程很重要，如图 3-4 所示。

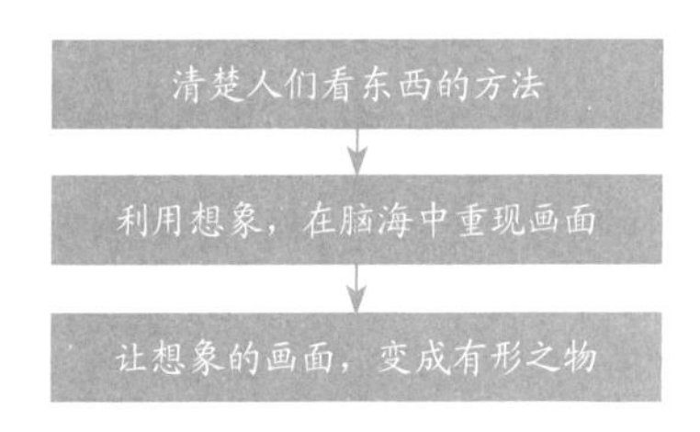

图 3-4　大脑处理视觉效果的过程

了解了这个过程之后，就应该对自己的视觉设计进行审查，我们要通过视觉内容表达什么观点？或者真的表达到位了吗？同时还要注意图 3-5 所示的问题。

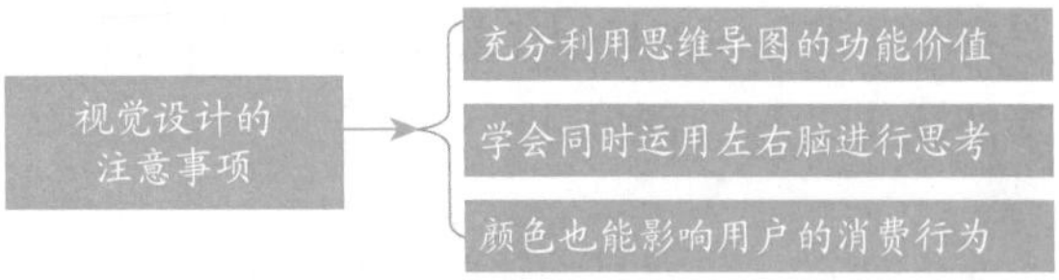

视觉设计的注意事项
- 充分利用思维导图的功能价值
- 学会同时运用左右脑进行思考
- 颜色也能影响用户的消费行为

图 3-5　视觉设计的注意事项

视觉说服力主要体现在图文并茂的魅力上。以社交平台为例，如果我们发表长篇大论或者是简单的几个文字，就很难在别人心中留下深刻的印象，也会得到较少的评论和点赞。

但如果我们在发表信息的时候搭配文字和相关的图片，就会吸引很多的流量。因为仅有文字会显得单调乏味，难以给人造成视觉上的冲击感，而图文并茂的动态则更能引人注目，如图 3-6 所示。

图 3-6　图文并茂的社交动态内容

在进行视觉营销时，图文的力量是不可忽视的，同时商家也要全面考虑如何使用视觉效果说服用户，下面介绍具体的方法，如图 3-7 所示。

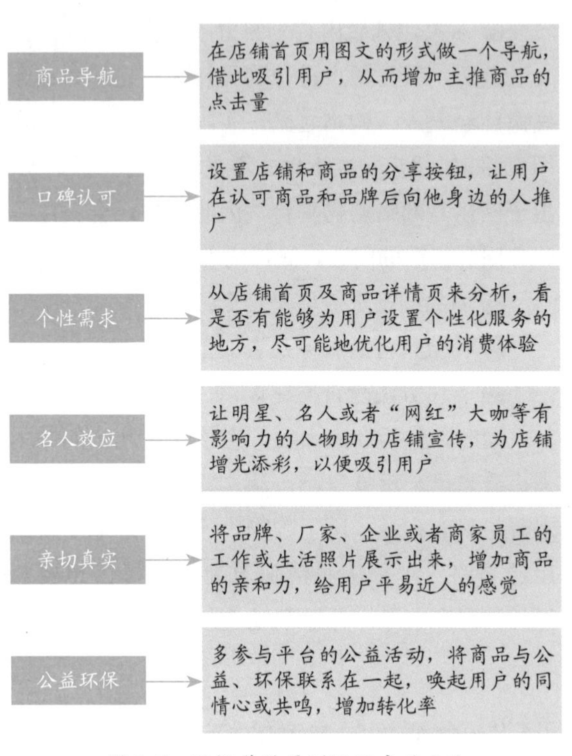

图 3-7　用视觉效果说服用户的方法

3.2　网店美工的视觉效果打造

对于视觉设计而言，网店美工的视觉效果打造是不可缺少的一环，因为想要获得用户的认可和赞同，商家就应该从店铺的视觉效果开始做起。

3.2.1　店铺视觉效果的定位

视觉效果的定位对于店铺而言，是吸引特定消费人群时需要重点考虑的问题，比如传统的零售业中，用户会根据店铺的视觉设计来决定是否进行购物。

有的店铺主要是为了凸显品牌和质量，在视觉设计上偏重于品牌的传播；而有的店铺则是为了促进商品的销售，大力吸引流量，以薄利多销的策略来进行视觉设计。当然，面对不同类型的店铺，需要进行不同的视觉设计，以达到精准营销的目的。下面主要介绍营销型视觉定位和品牌型视觉定位的方法。

首先来看营销型的视觉定位，其一切目的是为了商品销售，因此就会在视觉效果的设计上大做促销、优惠的文章，具体方法如图 3-8 所示。

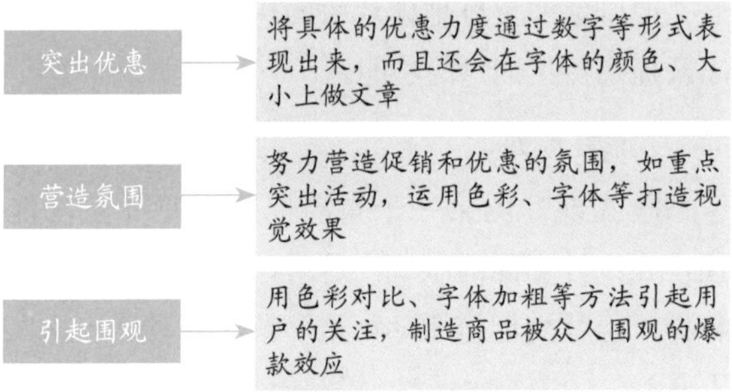

突出优惠
将具体的优惠力度通过数字等形式表现出来，而且还会在字体的颜色、大小上做文章
营造氛围
努力营造促销和优惠的氛围，如重点突出活动，运用色彩、字体等打造视觉效果
引起围观
用色彩对比、字体加粗等方法引起用户的关注，制造商品被众人围观的爆款效应

图 3-8　营销型视觉定位的具体方法

图 3-9 所示为侧重于营销的视觉设计示例，重在向用户传达满减优惠活动。如果视觉效果中有效传递了营销信息，那么就会提升吸引用户往下观看商品和店铺其他信息的概率。

双向奔赴
编织未来
每满300减30

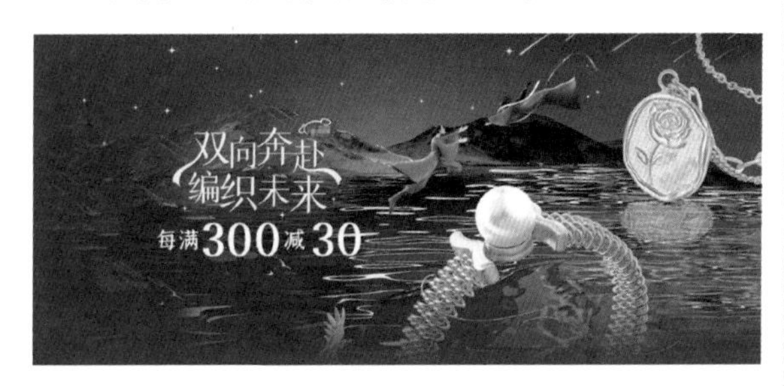

图 3-9　侧重于营销的视觉设计示例

其次来看品牌型的视觉定位，既然是主打品牌，那么在视觉效果上就应该重点凸显品牌优势，具体方法如图 3-10 所示。

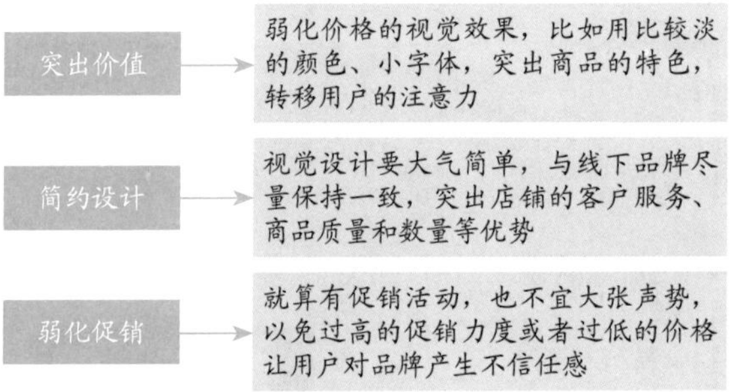

突出价值
弱化价格的视觉效果，比如用比较淡的颜色、小字体，突出商品的特色，转移用户的注意力
简约设计
视觉设计要大气简单，与线下品牌尽量保持一致，突出店铺的客户服务、商品质量和数量等优势
弱化促销
就算有促销活动，也不宜大张声势，以免过高的促销力度或者过低的价格让用户对品牌产生不信任感

图 3-10　品牌型视觉定位的具体方法

图 3-11 所示为侧重于品牌和质量的视觉设计示例，从图中可以看出，通过高清精美的大图突出了“明星推荐”和商品成分等特色卖点，并展示了“扫码溯源”的功能，给用户营造出一种值得信赖的感觉。

「明星推荐[18] 国货之选」
明星推荐[18]
扫描罐底，即刻溯源
不添加香精、蔗糖、麦芽糊精

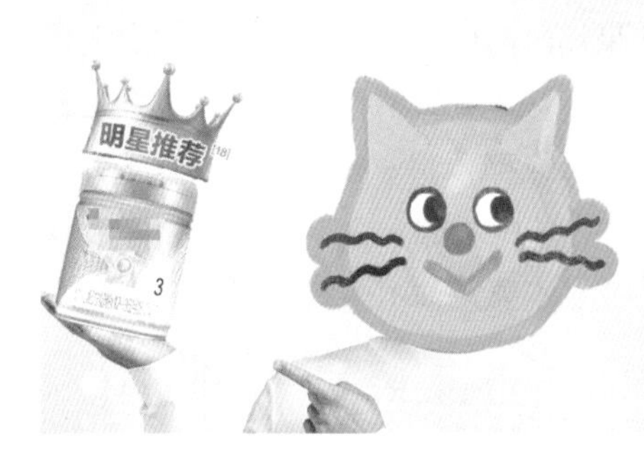

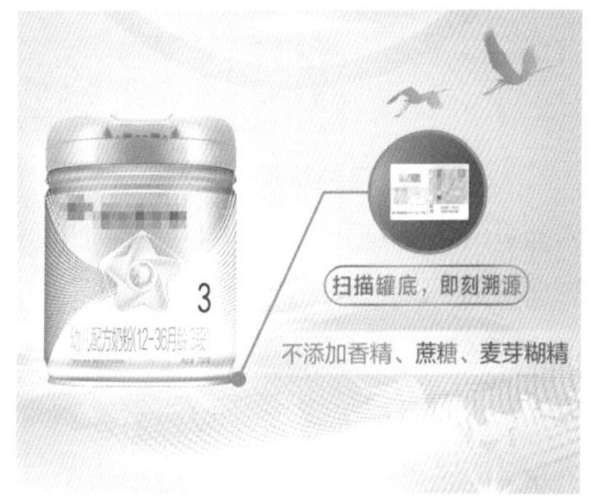

图 3-11　侧重于品牌和质量的视觉设计示例

用户在进店购物之前，都会对店铺的视觉设计有一个大体的印象，因此无论是线上还是线下的店铺装修，都应该先规划好店铺的运营模式和大致方向，然后再对店铺的视觉进行定位，从而传递出较好的装修效果。

当然，有的店铺并没有对自己进行准确的营销型与品牌型的界定，这时就需要店铺根据自己的情况来对视觉效果进行定位。例如，将商品优势放在显眼位置，然后再展示促销信息；也可以把促销活动放在首页，活动的具体内容则可以通过自定义页面体现出来。

3.2.2 店铺结构布局的优化

店铺的结构就好比一栋房子，在打好基础的同时还要对其进行合理的布局。有些店铺的结构层次分明，商品的排列也井然有序，用户一眼就能找到自己需要的商品；而有的店铺的结构则是杂乱无章、混乱不堪，既没有层次感，还有可能会重复展示商品信息。

如果你面前摆着这两种店铺，你会选择继续浏览哪一家，并进行购物呢？我想答案是显而易见的，任何人都喜欢一目了然的信息排列，轻松又不费时。由此可见，店铺结构的合理设计多么重要，其基本要素如图 3-12 所示。

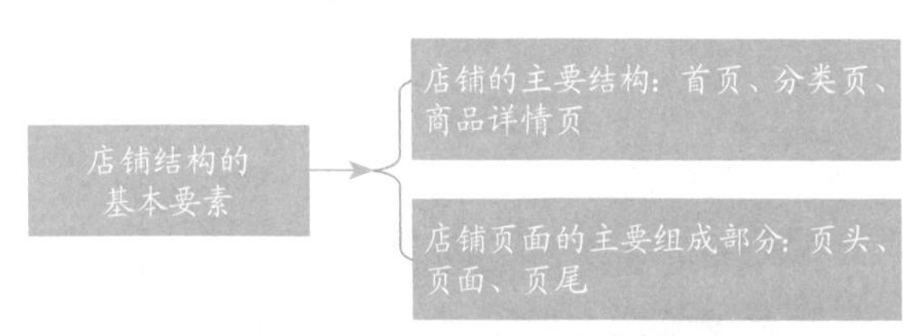

图 3-12　店铺结构的基本要素

店铺页面结构的组建，就好比购物场所的构造，目的都是一致的，那就是为用户提供舒适、方便的购物环境，让他们从购物中获得愉悦的感受。

对于网店美工来说，店铺首页视觉效果的好坏，决定了用户的去留。首页就是点击店铺进入的第一个页面，也就是店铺的主要页面，因此也称为店铺主页。根据相关调查显示，用户浏览首页的时间大概为 15 秒，甚至可能更短。如果商家想要在这短短的十几秒内吸引用户的注意力，就要利用视觉设计传达出有效的信息，让用户不至于感到乏味而离开店铺。

3.2.3 店铺页面版式的设计

店铺页面中通常包含大量的视觉设计元素，这些元素的布局没有固定的章法可循，主要靠设计师进行灵活运用与搭配。只有经过大量的视觉设计实践创作，才能真正理解版式布局设计的形式原则，并加以运用，从而创作出优秀的网店美工视觉效果。

版式设计也可以称为版面构成，是其他所有视觉表现的基础。版式设计是一种将技术与艺术进行高度融合与统一的创作形式，为传播和表现视觉形象提供了无限的发挥空间。功能性、整体性、审美性是版式设计的 3 大原则，熟练地运用这些原则能够更好地体现版面构成的视觉效果，以及提高传达信息的功能。

1．功能性原则

版式设计的第一个重要原则就是注重功能性，在设计不同的版式内容时，虽然采用的对象各异，但其功能作用却都是一致的，具体包括以下几种。

- 整理内容，产生清晰的条理性。
- 调节布局容积，获得合理、悦目的页面结构。
- 美化装饰，产生不同的情感氛围。

版式设计与纯艺术的主要区别在于：它的功能性是综合的、广泛的。从主要功能上来分析，版式设计主要是为了给用户传达各种视觉信息，优秀的版式设计形式能够将用户的视线有效地集中到重要信息上。

图 3-13 所示的商品图片中，采用左右布局的方式，将商品图片放置在画面左侧，让人一眼就能看到；将商品文案放置在画面右侧，并将文案中的多种信息进行整体编排设计，有助于主体形象的建立，在主体形象四周进行留白，能够强调主体形象，使其更加鲜明突出。同时，这个图片的版面布局非常清晰，各个设计元素疏密有致，让人耳目一新。

图 3-13　商品图片的版式设计示例

专家指点

上面案例体现了一个重点：在追求版式设计功能性的同时，还需要体现一定的创新原则，如留白的设计方法。总之，优秀的版式设计不能采取片面放大单一功能的设计行为，而需要实现使用功能和艺术功能的相对平衡。

2. 整体性原则

要体现出版式设计的条理性，就需要把握好整体性的设计原则，通过对各种版式元素（如结构和色彩等）进行统一设计，在整体上追求一种个性化的风格，从而加强版面的整体结构组织和方向视觉的秩序感，具体内容如图 3-14 所示。

把握用户的心理特征 → 运用板块来整合多种图文信息，从而加强图文的集合性，使版面内容变得更有条理，同时还需要对视觉元素进行整合设计，使其符合用户的视觉接收心理习惯

实现形式与内容的统一 → 整体并不是东拼西凑的集合，而是要使用各种具有独立完整特征和性质的“形”，让版面的表现形式更加完美，同时与诉求主题的思想内容达到高度的一致性

图 3-14　整体性原则的具体内容

我们可以采用水平结构、垂直结构、斜向结构和曲线结构等方式来进行版式设计，使其符合整体性原则，相关示例如图 3-15 所示。

满月喜糖盒

做一个快乐宝宝

水平结构的版式设计

个性设计

垂直结构的版式设计

斜向结构的版式设计

曲线结构的版式设计

图 3-15　符合整体性原则的版式设计方法

3. 审美性原则

如今，随着人们审美能力和审美情趣的提高，版式设计中的视觉传达必须紧跟时代美学观点，即运用一定的审美性原则来进行视觉设计。审美性与人的关系是非常紧密的，艺术设计的最终服务对象仍然是人，因此网店美工的版式设计需要体现一定的人文关怀，具体方法如图 3-16 所示。

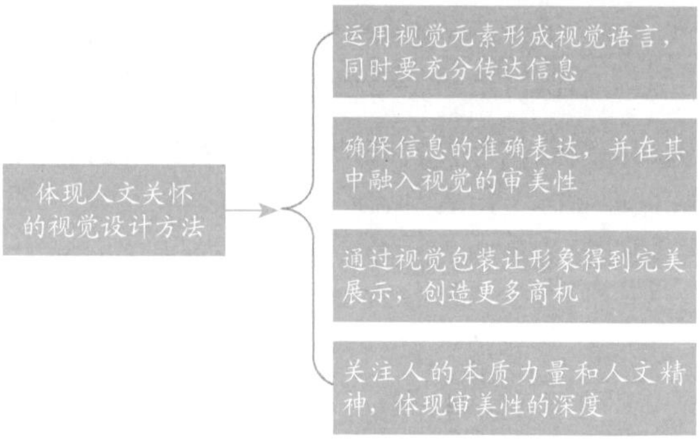

体现人文关怀的视觉设计方法
- 运用视觉元素形成视觉语言，同时要充分传达信息
- 确保信息的准确表达，并在其中融入视觉的审美性
- 通过视觉包装让形象得到完美展示，创造更多商机
- 关注人的本质力量和人文精神，体现审美性的深度

图 3-16　体现人文关怀的视觉设计方法

好的店铺页面版式设计，不仅能够将设计者良好的人文、艺术修养和审美情趣充分体现出来，同时也决定了其作品的风尚和格局。

3.2.4　视觉逻辑关系的设计

商品的视觉主要是针对商品的展示效果而言的，而这其中又涵盖了视觉效果打造的许多细节，比如数据分析、逻辑顺序、商品描述、关联销售等。商品视觉效果的好坏，直接关系到商品的销量，而且还会对品牌的传播造成影响。因此，打造商品视觉至关重要。

商家在对商品视觉进行优化前，要理清商品内页设计的逻辑关系，不然只会造成一片混乱的描述现象。一般而言，商品成交的过程分为如图 3-17 所示的几个步骤。

首先，商家可以通过优惠、赠送小礼品等视觉化信息吸引用户的兴趣。然后，商家可以展示商品特色和相关卖点的细节装修图，这一设计是为了让用户对商品形成信任感，从而激发其潜在的消费需求。在展示商品的相关信息时，除了简单陈述外，最好能附上具体的数据和图片，这样更具有说服力。

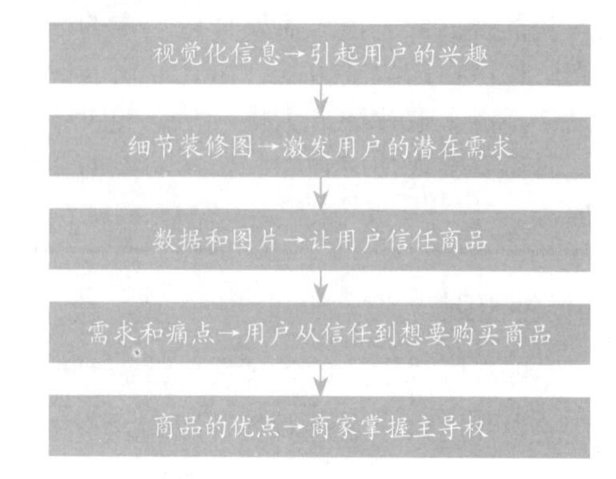

图 3-17　商品成交的过程

想要打动用户，还要从用户的需求和痛点出发，了解用户为什么需要这款商品。此时，商家可以在装修页面中介绍商品的优点，深度挖掘用户的痛点，进一步激发他们的购买欲望，让商家掌握整个交易的主导权，相关示例如图 3-18 所示。

图 3-18　解决用户痛点的商品视觉设计示例

> **专家指点**
>
> 值得注意的是，并非所有商品的视觉设计逻辑顺序都是一致的，需要根据商品的不同类型及时间点进行区分，才能达到视觉设计的较好效果。

3.2.5　视觉营销信息的传递

视觉营销归根结底是信息传递的过程，利用效果较好的视觉表达方式向他人传递有关信息，引起他人关注，最终达到营销的目的。因此，在视觉营销过程中，商家应注重将视觉信息表达得准确、到位。

1．视觉时效性：抢占用户的第一印象

时间在视觉营销中具有举足轻重的地位，因为时间的把握对于视觉效果的打造和推出很重要。在这个“信息大爆炸”的时代，信息不仅繁杂，而且发布、传播都很快，商家要想引起用户的关注，就要抢占最佳时机，做到分秒必争。

2．视觉利益性：锁定第一利益敏感词

要想利用视觉效果传递令他人感兴趣的信息，首先应该锁定用户的基本利益需求。一般而言，当用户在浏览店铺中的信息时，如果看到了赠送或者优惠等字眼，就容易激发他们的利益心理，引起他们的关注，从而提高点击率。例如，店铺里的优惠券或促销信息就是一种视觉利益性设计，相关示例如图 3-19 所示。

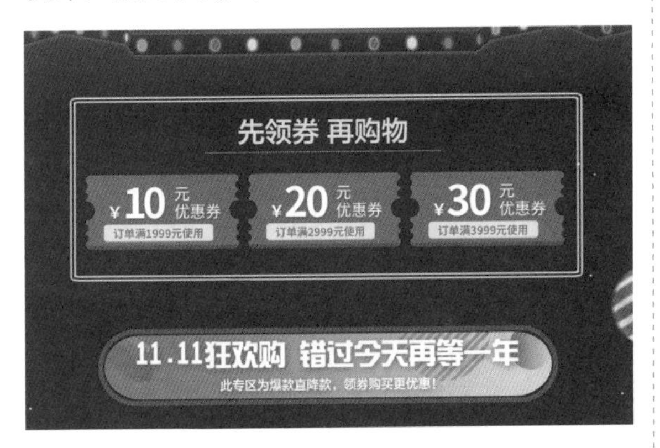

图 3-19　体现视觉利益性的店铺装修示例

3．视觉信任感：加入最佳的服务信息

基于网络购物的虚拟性，很多用户对商品以及商家都没有足够的信任感，因此在装修页面传达信息的时候，适当地加入售后服务保障或退换货服务等信息，能够让用户更放心地购物，从而提升店铺商品的转化率。

在视觉营销过程中，商家应为用户提供真实可信的商品信息以及相关服务信息，从而增加用户对商品以及店铺的信任度，最终提高商品的销售额。另外，在视觉营销中加入各种店铺服务信息，有利于增强用户对店铺的好感，扩大品牌影响力。

4．视觉细节感：重点突出，细节到位

在传递视觉信息时，商家要注重视觉细节的准确、到位。这里的细节到位不是说面面俱到、越详细越好，因为店铺页面的范围有限，用户能够收到的信息也是有限的，如果一味地追求细节，就会陷入满屏的信息之中，无法凸显重点。那么，怎样才能让视觉的细节到位呢？具体方法总结如图 3-20 所示。

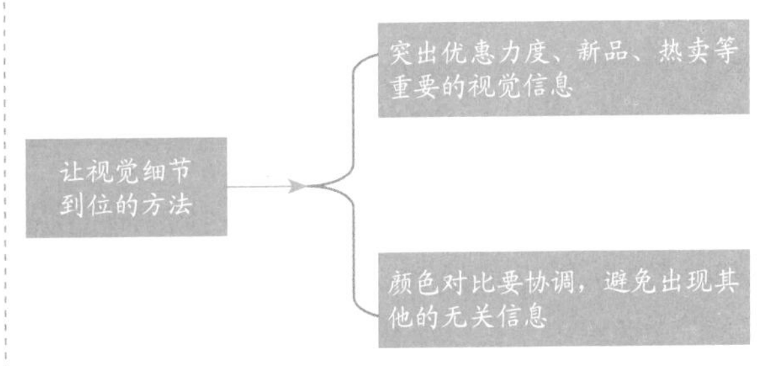

图 3-20　让视觉细节到位的方法

5．视觉价值感：抓住用户的取向和喜好

传达信息要准确，并且要明确每个页面的具体作用，而做好这些工作的基础就是深度了解目标用户的取向和喜好，体现视觉信息的价值感。

在店铺装修中传达信息时，可以在页面上直接注明重要信息，或者加上序号，起到突出和强调的作用，相关示例如图 3-21 所示。值得注意的是，标注的信息要注重语言的提炼和核心信息点的传达。

图 3-21　通过图文设计传递视觉价值的示例

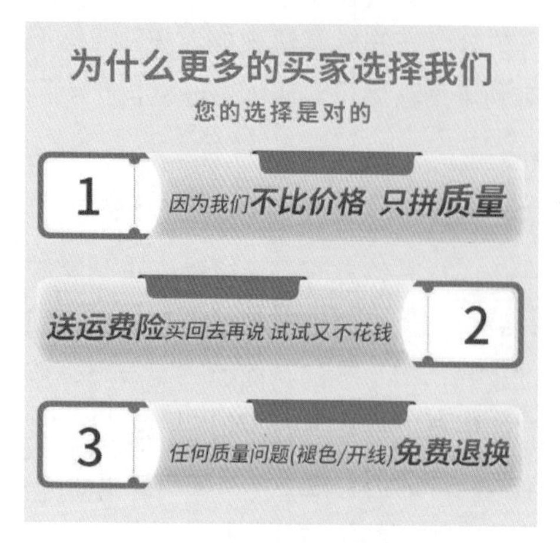

图 3-21　通过图文设计传递视觉价值的示例（续）

6．视觉认同感：利用名人提升好感度

在传达视觉信息的时候，商家可以利用大家喜爱的明星或者名人来获得用户的认同，提升用户的好感度，从而为商品或店铺带来更多的关注度，最终提高商品销量，达到视觉营销的目的。

> **专家指点**
>
> 人的视觉是不可能同时看到所有细节的，因此视觉设计只要突出商家想要传达的信息即可。多余的细节只会造成画面的混乱，影响用户对重要信息的摄取，继而导致视觉营销效果的失败。

3.3 网店视觉设计的技巧

随着电商的迅速崛起，如何在网店中进行视觉营销来提高品牌知名度、创造利益，是商家关注的重点，同时也是难点。商家只有注重网店的视觉设计，才能保证良好的营销效果，这就是视觉营销的意义所在。

3.3.1 商品图片的视觉化设计

图片内容一般要突出主题或是卖点，通过富有创意的视觉设计来吸引用户的眼球，让他们感觉有东西可看。有时候，将店铺中的商品通过特殊的方式排列起来，会形成富有创意的视觉效果，比如通常会在超市或者大型卖场看见用商品搭建的卡通人物、建筑模型等。

在店铺的视觉设计中，商家也可以采用这种方式，通过富有创意的排列组合，带给人们不一样的视觉感受，相关示例如图 3-22 所示。这种特殊的排列方式也可以运用在店铺的首页中，其优势为：吸引用户的注意力、与活动主题相契合、突出商品的特色。

另外，店铺的图片内容设计必须蕴含丰富的“视觉灵魂”，不但可以起到辅助销售的作用，而且还能具备一定的营销属性，促进品牌的推广。图 3-23 所示为一款手表的商品详情页，以时尚、大气的香槟金作为商品和背景图片的主色调，整体看上去具有一定的视觉冲击力，有助于提高转化效果。

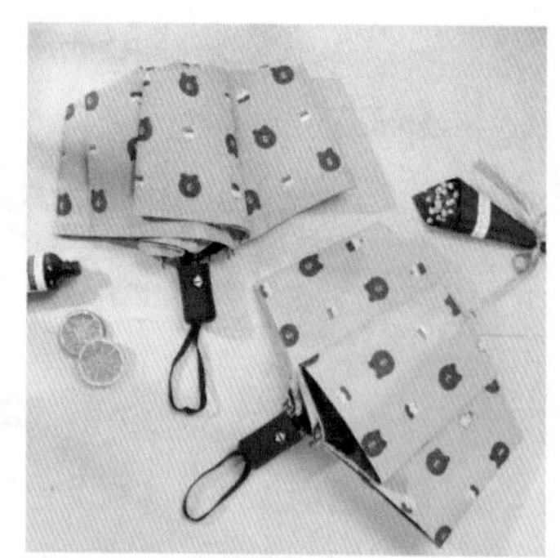

图 3-22　富有创意的商品排列组合

图 3-23　手表的商品详情页

3.3.2　商品文案的视觉化设计

商家在进行文案设计时，不但要明确主题，而且还要在视觉表达上突出主题，让用户快速接收到你想要传达的信息。一般广告突出的主题都是围绕营销展开的，因而少不了促销、优惠、打折、满减等信息，在设计时应重点突出这些要素。

图 3-24 所示为食品类的商品主图，图片的设计主要突出了商品的特性，营造出一种食欲感；文案的设计则包括上下两部分，上方的“一箱 5 斤”文案强调商品分量十足，下方的“特价”文案则进一步强化了营销的力度，能够提升用户购买的兴趣。

图 3-24　食品类的营销广告

当然，在突出主题的时候，文案设计还要注意一些事项，不然只会造成视觉效果的混乱，具体如下。

- 内容要大于形式，不能拘泥于一格。
- 细节不可过多，要专注于整体的设计。
- 主次关系分明，要分清轻重缓急。

在策划店铺装修中的文案内容时，创作重点主要是以店铺和商品为中心。例如，店铺在推出新品时，文案需要以新品的卖点为主，没有卖点就打造卖点，以吸引用户的注意力。

店铺装修主要是从图片和文案的视觉效果来进行优化，使其能够快速抓住用户的心理需求，吸引用户点击商品和促进下单。同时，在商品文案中，要尽量将商品的所有卖点和优势都凸现出来。图 3-25 所示为一个充电器的商品主图，用户购买充电器的一般需求就是充电要快，同时质量要有保障，图片中的文案就是紧扣这两点需求来策划的。

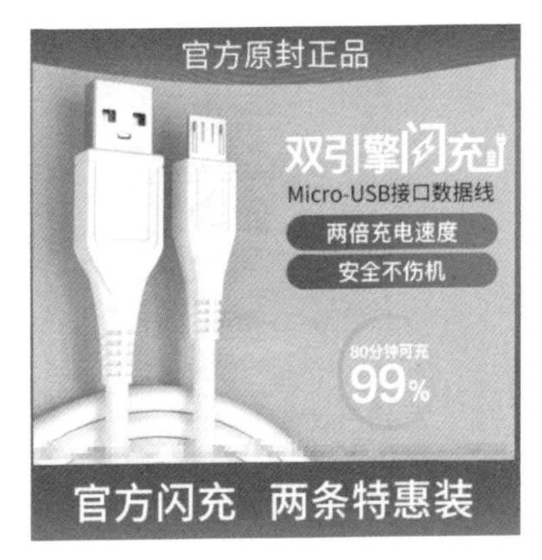

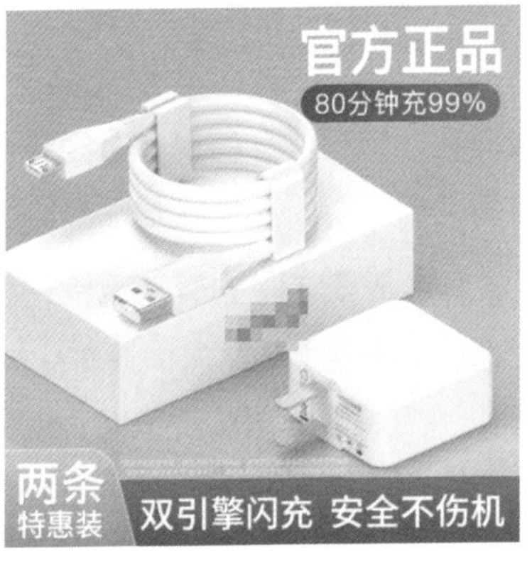

图 3-25　充电器的商品主图

专家指点

文案设计比较显著的特色就是让店铺和商品的亮点凸显出来，所有不同类型的文案都是为了提升店铺销量而设计的。因此，如何在第一时间吸引用户，让用户心甘情愿地下单，这就是商家设计文案时需要重点思考的问题。

商品的文案相当重要，只有踩中用户痛点的文案才能吸引他们下单。商家可以多参考如小红书等平台中的同款商品，找到一些与自己销售的商品特点相匹配的文案，这样更能提升文案创作的效果。

3.3.3 注重细节，抓住用户心理

视觉营销的英文为 Visual Merchandising，简称 VM 或者 VMD。对于网店美工来说，视觉营销首先就是页面的展示效果设计，这是对用户的第一印象，只有将网店中的各种页面内容做好，才能给用户留下好印象。下面介绍一些网店美工的细节设计技巧，帮助商家更好地通过视觉设计来抓住用户心理。

1. 陈列信息：分类清晰，重点突出

通常，当人们面临太多选择时都会难以抉择，从而造成疲于选择的后果。杂乱无章的信息分布，没有条理的商品位置摆放，会让用户难以分辨商品的重点信息，从而失去点击和购买商品的欲望。

图 3-26 所示的商品详情页，可以给人带来一种舒适的视觉效果，不仅在色彩上十分和谐，而且在布局上也很合理，重点突出，分类清晰。显而易见，这样的视觉效果更容易得到用户的青睐，激发用户的浏览、分享和消费欲望。

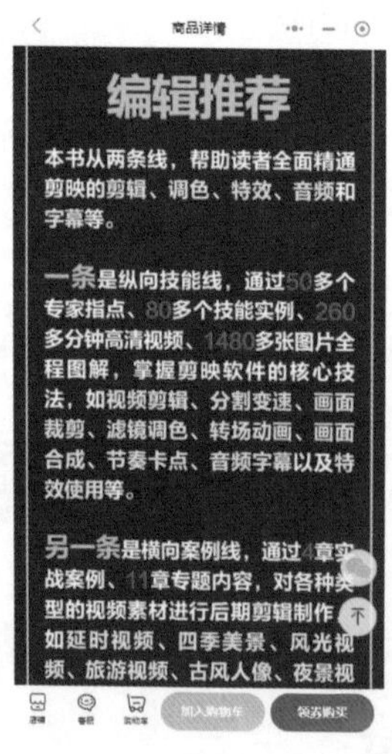

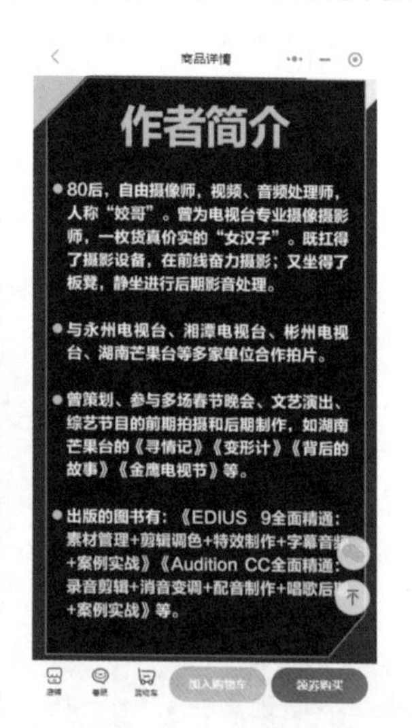

图 3-26 色彩一致、陈列有序的商品详情页

一般而言，陈列信息的视觉布局是否能给用户带来一种清晰、明确、舒适的视觉感受，对于页面点击率等数据都会产生潜在影响。

2. 重点信息：放在显眼的有效范围内

用户在电商平台上浏览店铺或商品信息时，停留在一个页面的时间极短。当他们发现页面提供的信息没有吸引力、缺乏浏览价值时，就会快速跳过该页面。根据这一心理，商家必须在用户短暂停留的时间内，将具有吸引力的视觉信息传送给他们。而要做到这一点，就要求商家在进行视觉设计时，要将营销活动的重点信息放在页面的显眼位置上，从而在有效的视觉范围之内，凸显重要的活动信息。

一般而言，图形是有界限的，包括一定的范围，而画面中内容所处的位置代表了它的地位。重要的信息常常会放在显眼的位置，而次要的信息则会放在角落。因此，在进行视觉设计时，我们要尽量将重要的信息放在图片中间，而且将想让用户一次性看完的信息要放在一起，尽量避免分开。

图 3-27 所示的店铺广告图中，将“‘竞’可如此”“一套足以”以及“键鼠套装”等字眼放在图片的显眼位置处，并且用不同颜色、字体和底纹来凸显重要的营销信息。

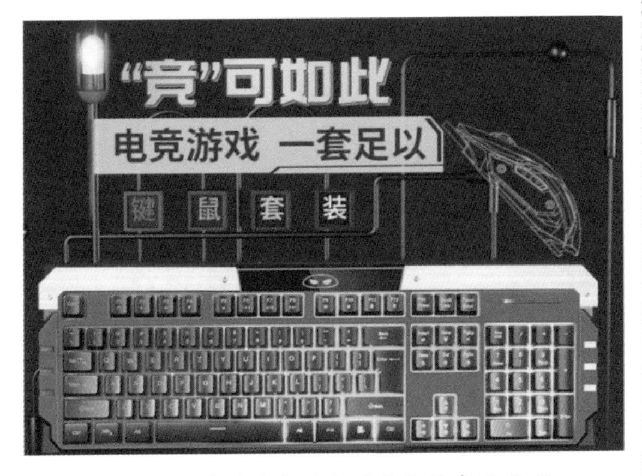

图 3-27　店铺广告图中对重点信息的凸显

3．场景带入：必须与用户心理高度契合

用户在电商平台上浏览信息时，常常会不自觉地被与自身高度契合的视觉内容吸引。这种情况的出现其实就是优先把自己带入到视觉化的场景中去了，特别是当画面场景与用户心理高度符合的时候，营销效果就会更加显著。

因此，商家在进行视觉设计时，应该首先找准目标用户，然后对商品进行准确的定位，最后再根据定位和用户来进行设计。图 3-28 所示为针对中年女性推出的服装，通过图文场景的带入来介绍商品的各种卖点和特色，画面和文字都非常有吸引力。

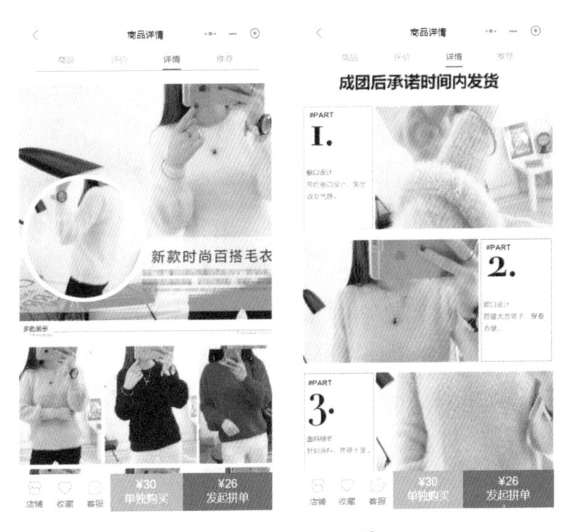

图 3-28　图文场景

在网店美工的视觉设计中，场景的带入需要利用用户的感性心理，要让他们在看到图片后就能够产生情感共鸣，从而对商品产生好感。当然，这就需要商家在设计视觉效果时把握好场景和商品的契合度，尽量选择恰当的图片，继而从视觉效果中传达出自己的品牌理念及商品特色。

4．凡事至简：让用户不费力地快速获取信息

凡事至简其实是很难做到的，而简洁对于打造视觉营销效果而言也是重要的原则之一。实际上，用户都比较喜欢简洁而且不费力的视觉效果，这样的话就能够更加快速地获取想要的信息。图 3-29 所示为十分简单的页面设计，重点突出，一目了然。

图 3-29　遵从简洁原则设计的视觉效果

5. 通感效应：通过联想打造逼真的视觉效果

人的不同感官的感觉，可以通过联想的方式将其联系在一起，如视觉、嗅觉、听觉、味觉与触觉等，而各种感觉相互渗透或挪移的心理现象就称为“通感效应”。

商家在进行视觉设计时，也可利用“通感效应”来打造逼真的视觉效果。尤其是对于食物类的商品而言，如果将视觉效果打造得格外细腻、逼真，或者看起来让人垂涎欲滴，就能够达到营销的目的。图 3-30 所示为看起来十分美味的商品图片。

图 3-30 看起来十分美味的商品图片

3.3.4 提升视觉设计的形式美感

形式充满美感听起来就比较笼统，简洁、大气、美观等词语都适用于美感，那么在网店美工的视觉设计中，具体应该如何才能达到充满美感的视觉效果呢？下面将从几个角度进行详细介绍。

1. 字体选择：重要程度不同的信息传递

通常情况下，选择不同的字体，会产生不一样的视觉效果，同时也会传递出不同重要程度的信息。除了字体的粗细外，还有不同字体的组合，使得画面更为丰富，吸引用户眼球。图 3-31 所示为一个打印机广告，各种不同的字体形成碰撞、融合，在画面里展现出来。

图 3-31 不同字体的碰撞融合

2. 按钮和箭头：引导用户进行购物

在许多商品广告图和活动图中，都会出现引导用户进行购物的按钮或箭头，这样做一是为了方便用户直接进入购物页面，二是为了暗示，起到突出营销信息的作用。图 3-32 所示为某手机店铺的首页，可以看到其中有很多引导按钮和箭头元素，它是根据用户从左到右、从上到下的浏览习惯设计的，能够起到引导用户点击的作用。

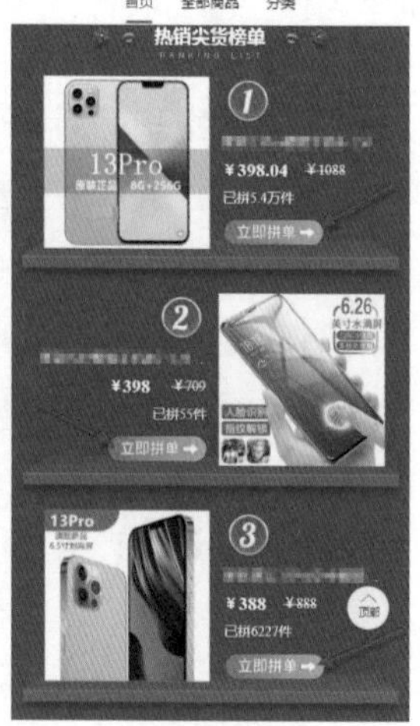

图 3-32 运用按钮和箭头进行引导

3．气氛营造：通过画面字眼来实现

在利用视觉效果进行营销时，可以通过画面中的字眼来营造紧张的气氛，从而引起用户的注意，让他们主动进行购物。图 3-33 和图 3-34 所示为各种营造紧张气氛的方法。

图 3-33　时间的限制

图 3-34　数量的限制

3.3.5　通过视觉设计提升转化率

视觉设计作为网店的重要营销手段，需要商家不断推陈出新，根据热点来提升视觉营销的效果，进而提高商品的销量。下面介绍一些能够有效提高商品点击率和转化率的视觉设计技巧。

1．电商广告：增加诱惑力，提升点击率

当用户被电商平台上各种各样的广告环绕时，什么样的广告才是他们所喜爱的呢？而你即使有资本投入大量的广告，又应该如何让其发挥显著的作用，提升广告的点击率呢？通过分析一些优秀的电商广告，不难看出，一个想要获得大量点击率的广告需要具备如图 3-35 所示的特点。

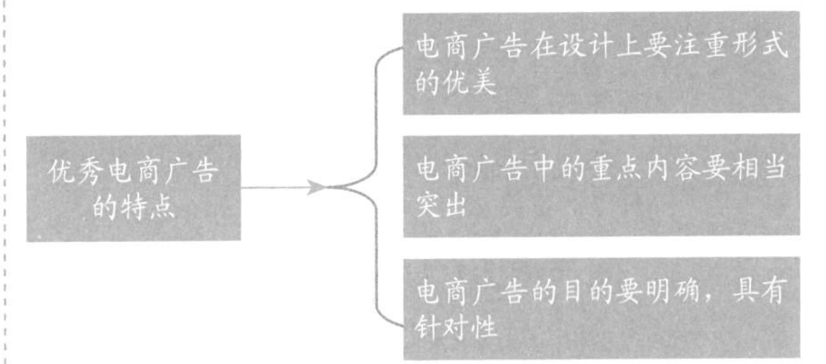

图 3-35　优秀电商广告的特点

同时，对于电商广告的设计步骤也有所要求，具体如图 3-36 所示。

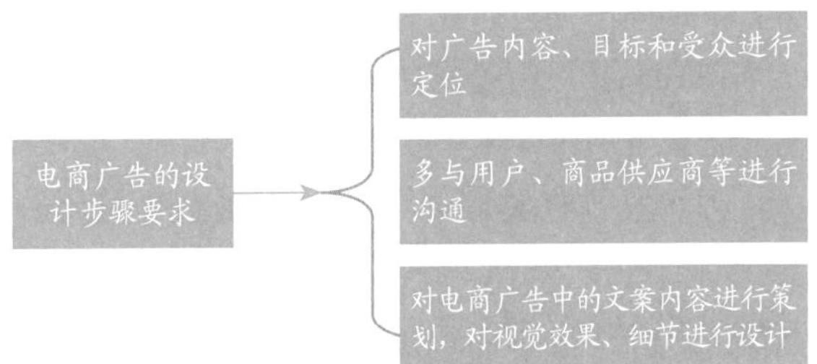

图 3-36　电商广告的设计步骤要求

专家指点

在设计商品广告的时候，沟通是其中非常重要的一个环节，如果商家不了解用户的使用体验，就无法把握其消费需求。当然，内容定位和文案策划也是不可缺少的，三者是环环相扣、有机结合的关系。

2．商品内页：要注重将卖点融入效果中

商品内容页面（即内页）的设计对于提升转化率而言，其作用和重要性是不言而喻的，甚至比店铺首页的作用还要大。

因此，商家在设计商品内容页面时，想要打造最佳的视觉效果，应注重将商品的卖点融入其

中，因为用户会针对商品进行仔细筛选和观察，能不能经得起用户的考验，就需要在商品内容页面中全面介绍商品和其他卖点，具体内容如图 3-37 所示。

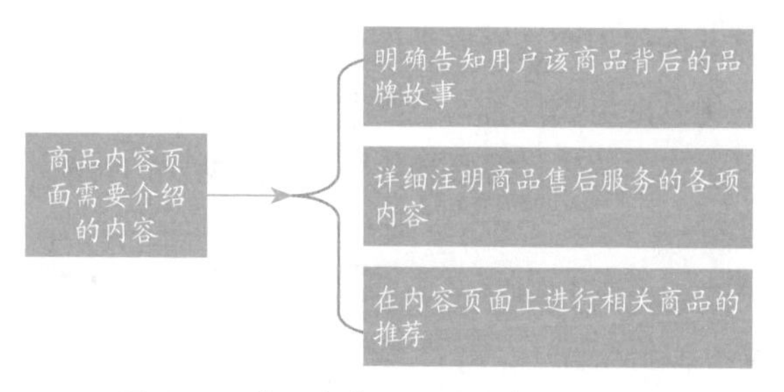

图 3-37　商品内容页面需要介绍的内容

商品内容页面的设计需要从细节方面进行琢磨，寻求将商品卖点转化为视觉效果的方法。下面介绍具体的转化技巧。

1）宣传文案：要极具吸引力

商品内容页面中的广告图是相当重要的一部分，它承载着提升转化率的主要责任，而将提炼出来的商品卖点通过视觉效果表现出来，则是内容页面设计的较好操作方法。

如果选择极具吸引力的宣传文案与图片组合，将有利于突出商品的卖点，增强商品的竞争优势。图 3-38 所示的商品页面广告图中，文案内容极具吸引力，同时和图片的结合也相得益彰，能够很好地吸引用户的注意力。

图 3-38　极具吸引力的宣传文案

2）宣传方式：讲述商品卖点

在将商品卖点视觉化的时候，商家可以选择一些新颖的宣传方式来突出商品的卖点，从而提升商品的转化率。例如，利用卡通形象或第一人称的方式来讲述商品卖点，如图 3-39 所示。

图 3-39　利用卡通形象讲述商品卖点

3）体现商品原料：增强信赖

还有一种将商品卖点视觉化的方法，就是在展示商品的同时，把制作商品的原料也展示出来，让用户对商品的质量更加信赖，如图 3-40 所示。值得注意的是，制作原料并不是简单的摆放，而是在展示商品全貌的同时，将其原料作为画面的点缀元素或背景，这样不仅可以为用户带来强烈的视觉冲击力，而且还能进一步突出商品的特征，增强用户对商品的记忆点，这也是卖点视觉化的技巧。

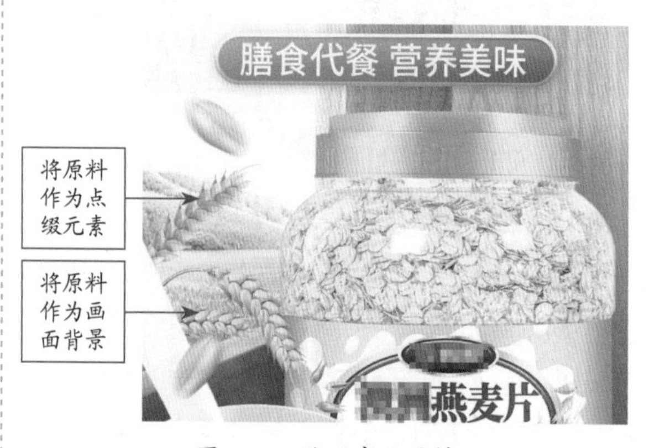

图 3-40　体现商品原料

商品的内容页面设计需要商家进行认真的考虑，不仅仅局限于商品卖点的简单罗列，而是要将其卖点融入到视觉效果中去，让用户从图片和文案中感受到来自商品的双重冲击。

我们在具体设计的时候除了上面提到的方法之外，还有许多值得借鉴和参考的视觉转化技巧，大家需要跟上潮流，不断进步。

3. 连续卖点：重视组合视觉，摆脱乏味

用户在浏览商品内容页面时，通常要看很久，因为页面一般比较长，涵盖的信息量也比较全面。大部分用户会通过滑动鼠标滚轮或手机屏幕翻页，因此我们可以采用图文混排的组合视觉设计方式，展现出图文并茂的视觉效果，如图 3-41 所示。

图 3-41　图文混排的商品内容页面

专家指点

组合视觉效果指的是在卖点图连续出现的时候，不能够随意排列，而要对它们之间的联系引起重视。组合视觉效果要做的就是解决一个屏幕范围之外的视觉设计问题，因为很多设计者在对店铺或商品的相关页面进行装修设计时，无法注意到全部的版面设计。

总的来说，图文混排的方式能够较好地营造组合视觉的效果，让用户不至于因为一直浏览单一的版面设计而感到枯燥无趣。当然，在设计的过程中，一定要注意卖点图之间的联系，使其能够持续吸引用户的注意力，不然就会造成白白流失流量的结果。

视觉效果的设计是为了给用户提供更为便捷和舒适的购物体验，因此在进行组合视觉设计的时候，必须要考虑用户为浏览页面而花费的成本问题，这些成本主要包括如图 3-42 所示的几个方面。

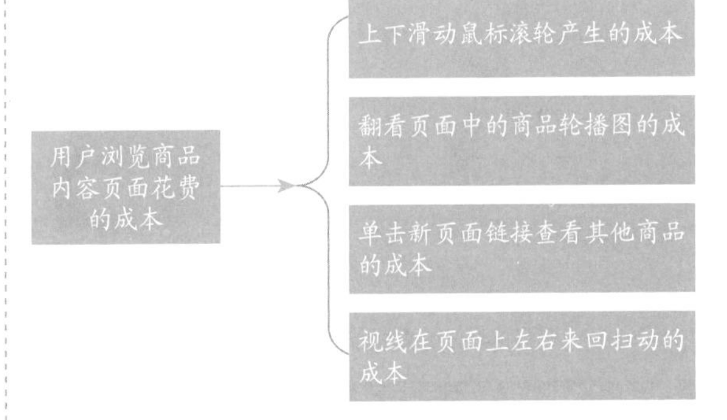

图 3-42　用户浏览商品内容页面花费的成本

而针对这些用户所花费的成本，我们在进行视觉设计的时候，就应该有效避免或相应减少，那么应该怎么做呢？具体方法如图 3-43 所示。

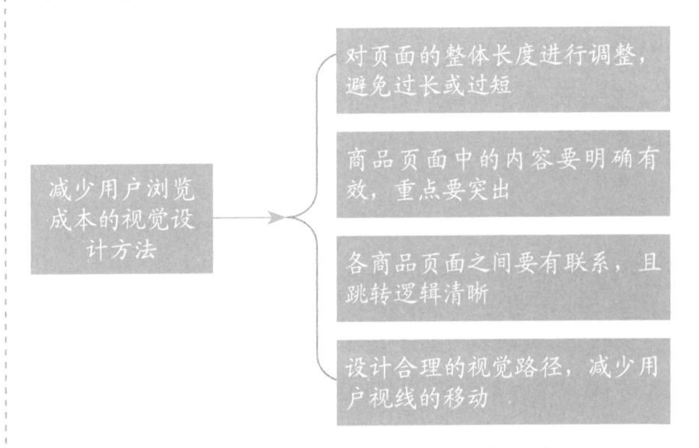

图 3-43　减少用户浏览成本的视觉设计方法

4. 主题视觉化：吸引用户注意

在网店的美工设计中，主题方案与视觉设计是密不可分的，因为一般都是根据方案的主题来

对商品进行视觉化设计，这样做的途径有很多，可以利用的工具也很多，不同主题方案之间的区别，也不过就是素材、颜色以及对比等设计技巧的不同罢了。

图 3-44 所示为某店铺首页中的 618 狂欢盛典活动，不仅体现了活动主题，而且还列出了相关的活动商品和价格优惠幅度。

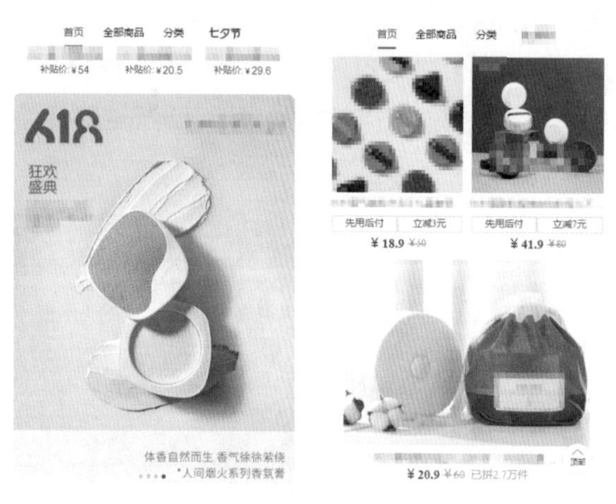

图 3-44　主题视觉化的设计示例

专家指点

很多店铺在运用视觉营销时，都无法精准地掌握主题风格的设计，这样不仅无法给用户带来视觉上的享受，而且还可能让用户无法理解甚至是产生反感和抵触心理。

比如，不少店铺都没有对页面商品的摆放进行设计，随意地将同类商品排列，给用户造成一种杂乱的视觉效果。无法让用户第一眼就产生好感，更不用说让用户对其产生信任感了。

5. 技术实现：精细设计，阐述商品卖点

技术实现讲的是更加细致的视觉设计技巧，主要围绕商品生产或使用功能中用到的技术来描述其卖点。图 3-45 所示为某化妆品的卖点图，从中不难看出此图是为了突出该商品补水保湿的效果。

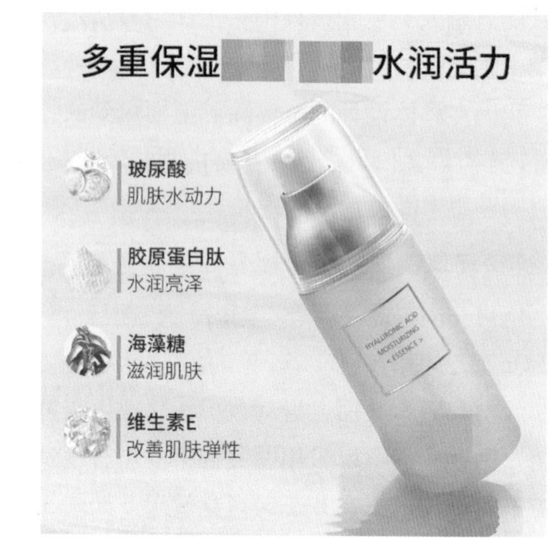

图 3-45　某化妆品的卖点图

图 3-45 中，一方面突出了商品的功能卖点，另一方面对其原理进行细致展现，增加了用户对商品的了解，并提高了他们的信任度。同时，将商品的功能和原材料连接在一起，层层分析商品“多重保湿”的原理，而且整个商品包装也是以水蓝色为主色调，再次体现该商品补水保湿的特点。

综上所述，为了运用视觉营销来体现该商品中所使用的技术，主要通过以下几个方面来表现。

- 使用浅色背景，与商品形成明显对比，有利于突出商品。
- 通过文案层层揭示商品的原材料，展现其功能原理。
- 在素材选取方面使用的是商品的包装瓶，画面清晰、透亮。
- 在画面构图方面，将图文分开排列，重点信息一目了然。

第4章

店铺装修：做出精美店铺吸引客流

章前知识导读

大家可以类比一下实体店铺，一个装修精美的店铺和一个装修粗糙、普普通通的店铺，同样作为消费者的你，会更愿意去哪个店铺购物呢？答案显而易见。本章主要介绍店铺装修的相关技巧，帮助商家快速做出精美的店铺装修效果。

新手重点索引

- 店铺装修的构图与布局技巧
- 店铺核心区域的装修设计
- 店铺重点板块的装修设计

效果图片欣赏

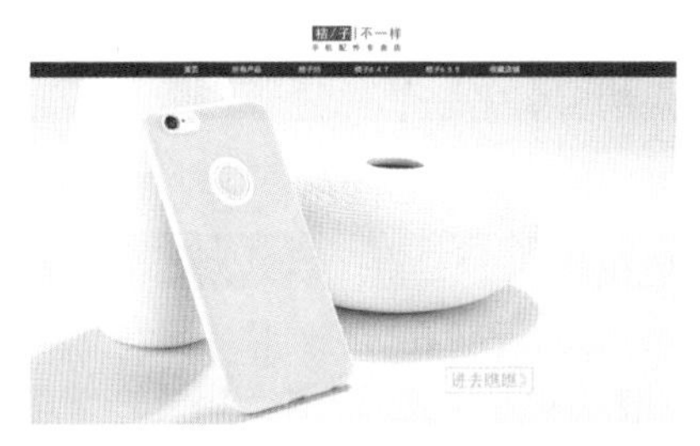

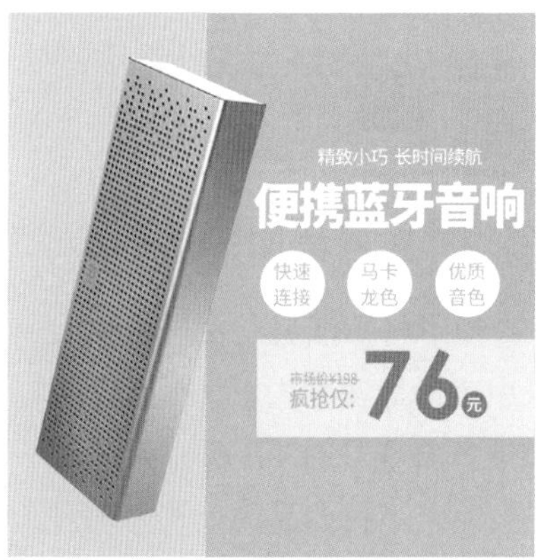

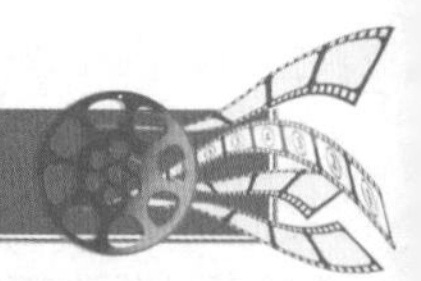

4.1 店铺装修的构图与布局技巧

我们在进行店铺装修的过程中，需要对商品图片或文案等元素进行适当的构图和布局，因为不同的构图和布局方式可以打造出不同的视觉关注点，从而形成风格各异的消费气氛，给用户带来不一样的视觉享受，提升他们下单的几率。

4.1.1 分隔构图法

商家在布局店铺页面中的商品时，因为屏幕大小的限制，为了全面展示商品的面貌，就需要将画面分割成几个部分，这便是分隔构图法。

图 4-1 所示为采用分隔构图法设计的服装商品图片，将画面垂直分割成 3 个部分，然后在每个部分展示了不同颜色裤子的上身效果，让用户能够清晰明了地看到商品的颜色特征以及多样性。

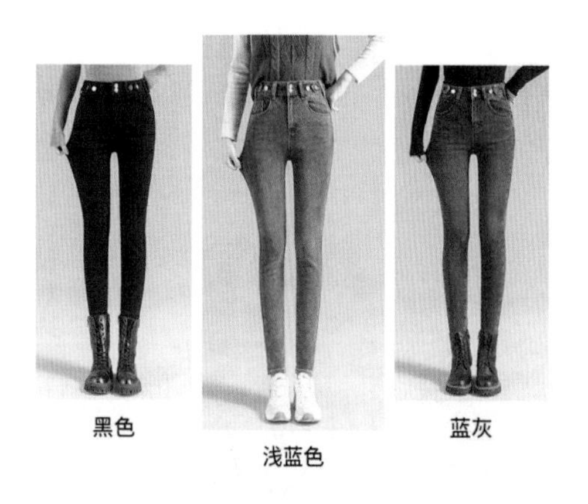

图 4-1　服装商品图片

采用分隔构图法的好处：一是可以全方位展示商品的特点，让用户买得放心；二是可以呈现出商品的不同颜色和款式，从而吸引用户的注意力。虽然分隔构图法主要用于服装类商品的展示，但也不排除其他品类的商品。图 4-2 所示为采用分隔构图法设计的新品展示图片，将画面水平分割为 3 个部分，分别用来展示“真我”品牌的不同机型和配件。

图 4-2　新品展示图片

专家指点

如果说在店铺装修中，商品质量是店铺的实力担当，美工设计是店铺的颜值担当，那么排版就是店铺的视觉担当。只有将排版做好，才能给用户带来最佳的浏览体验，让他们成为店铺的忠实消费者。

4.1.2 矩形构图法

矩形构图法就是在展示画面主体的过程中，采用矩形呈现方式，将画面中的元素通过矩形框来进行展现。图 4-3 所示为运用矩形构图法来布局商品，不仅商品的表现力很强，而且画面的纯粹感与集中度也会得到提高。

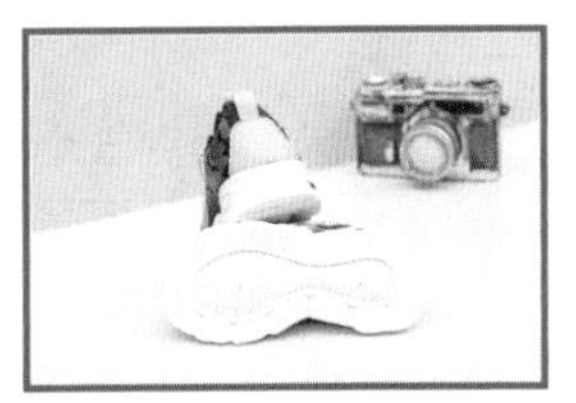

图 4-3　矩形构图法

4.1.3　渐进构图法

渐进构图法就是对主体元素有组织、有顺序地进行排列，比如由大到小、由远及近，这样做的好处有很多，包括增强画面的空间感、让主体对象陈列更加丰富多彩以及主体部分重点更突出等。图 4-4 所示为用渐进构图法设计的小米手环广告图，立体感和空间感都很强。

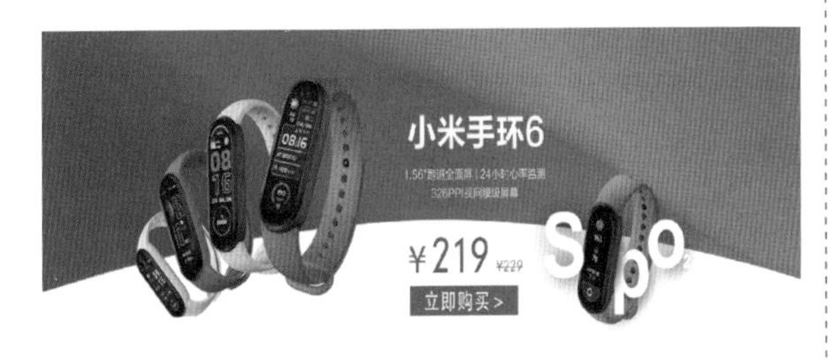

图 4-4　渐进构图法

4.1.4　单向型布局

在网店的装修设计过程中，视觉流程是一个宏观上的重要设计因素。视觉流程是指布局对用户的视觉引导，指导用户的视线关注的范围和方位，这些都可以通过页面视觉流程的指向规划来实现。版式布局的视觉流程可以分为单向型布局和曲线型布局两类。

其中，单向型布局可以将信息在有安排的情况下逐一地传递给用户，是网店布局设计中必不可少的视觉流程，它可以通过竖向、横向以及斜向的引导，使用户更加明确地了解店铺中的内容，如图 4-5 所示。

图 4-5 中的垂直视觉单向型布局，能够给用户带来安定且直观的感觉，让用户的视线随着画面的下移而改变，但是这样的设计要注意每组信息之间的间隔，避免造成头重脚轻、上身虚浮的情况，而使人产生视觉疲劳。

图 4-5　单向型排版

4.1.5　曲线型布局

曲线型布局是指将画面中的所有设计要素按照曲线或者回旋线的变化进行排列，可以给人一种曲折迂回的视觉感受，如图 4-6 所示。

曲线型布局的视觉流程设计，可以让用户的视线集中在商品所要表达的重要信息上，使画面的局部形成一个强调效果，让其更加突出地呈现出来。这种强调的手法可以通过放大、弯曲、对比等技巧来体现，尽可能地根据人们的视线移动方向进行排列布局。

图 4-6 曲线型排版

4.2 店铺核心区域的装修设计

店铺装修是网店运营中的重要一环，店铺设计的好坏，会直接影响用户对于店铺的最初印象，首页、详情页面等设计得美观丰富，用户才会有兴趣继续了解商品，当用户被详情页的描述打动了，才会产生购买欲望并下单。本节主要介绍店铺中一些核心区域的装修设计技巧，帮助商家制作高转化率的店铺页面。

4.2.1 首页店招的装修设计

店招通常位于店铺首页的最顶端，它的作用与实体店铺的店招相同，是大部分用户最先了解和接触到的信息。店招是店铺的标志，大部分都是由商品图片、宣传语言、店铺名称等组成，漂亮的店招可以吸引用户进入店铺。

店招就是网店的招牌，从品牌推广的角度来看，店招的设计需要具备新颖、易于传播、便于记忆等特点。一个好的店招设计，除了给人传达明确的信息外，还要在方寸之间表现出深刻的精神内涵和艺术感染力，给人以静谧、柔和、饱满、和谐的感觉。

要做到这些，在设计店招时需要遵循一定的设计原则和要求，如标准的颜色和字体、干净的版面设计，以及有能够吸引用户的广告语，画面还需要具备强烈的视觉冲击力，清晰地告诉用户你在卖什么，而且通过店招还可以对店铺的装修风格进行定位。

店招是用来表达店铺的独特性质，要让用户认清店铺的独特品质、风格和情感，因此店招在设计上需要讲究个性化，让店招与众不同、别出心裁。图 4-7 所示为华为和美的的官方旗舰店店招，它们都能够充分展现其品牌特色。

华为官方旗舰店
HUAWEI Mate Xs 2
华为智慧屏 V65 Pro
查看所有商品
首页 P系列 Mate系列 nova系列 畅享系列 智慧屏 笔记本 平板 穿戴 音频配件 全屋系列 路由器 华为智选
Midea
美的京东自营官方旗舰店
全屋家电一站购
旗舰微波炉
3匹乐享风管机
第三代导风技术

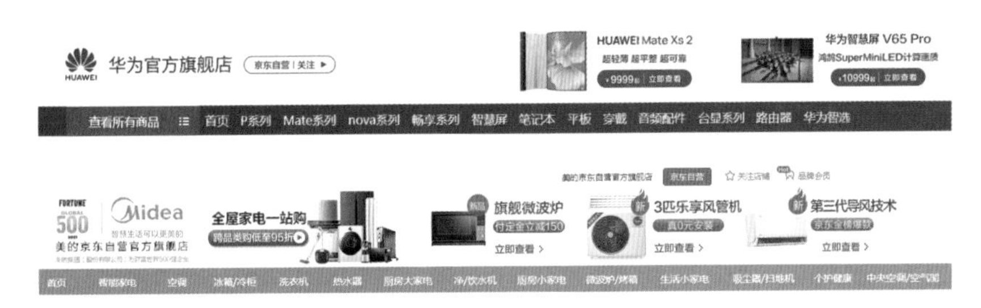

图 4-7　个性化的店招设计示例

设计一个好的店招应从颜色、图案、字体、动画等几方面入手。在符合店铺类型的基础上，使用醒目的颜色、独特的图案、精美的字体，以及强烈的动画效果来给人留下深刻的印象。在店招的设计上，以淘宝网为例，店招的设计尺寸应控制在950像素×150像素内，且格式为JPEG或GIF，如图4-8所示。其中，GIF格式就是通常所看到的带有Flash效果的动态店招。

甜蜜屋
糖果礼盒
首页
全部宝贝
糖果礼盒
果冻
散装食品
收藏我们
超值果冻大礼包
10种果冻 重达2130克
甜蜜大套餐
优惠价：¥79.0
立即购买

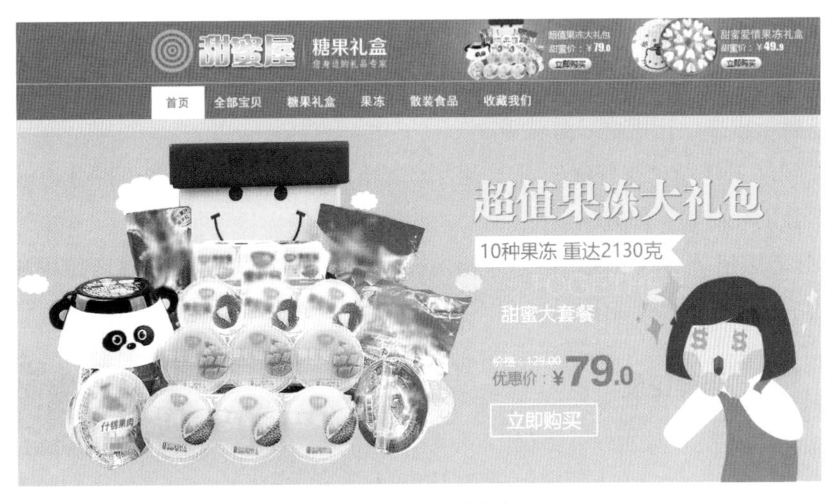

图 4-8　淘宝网中的店招示例

用户掌握店铺品牌信息最直接的来源就是店招，其次才是店铺装修的整体视觉效果。对于品牌商品而言，店招可以让用户进入店铺后的第一眼就知道其经营的品牌信息，而无须再去其他页面或者模块中寻找。

对于商家而言，尤其要有成本意识，节约用户了解你的成本，节约你向用户介绍自己的成本，因此要在店招上添加最需要体现的内容，如图4-9所示。

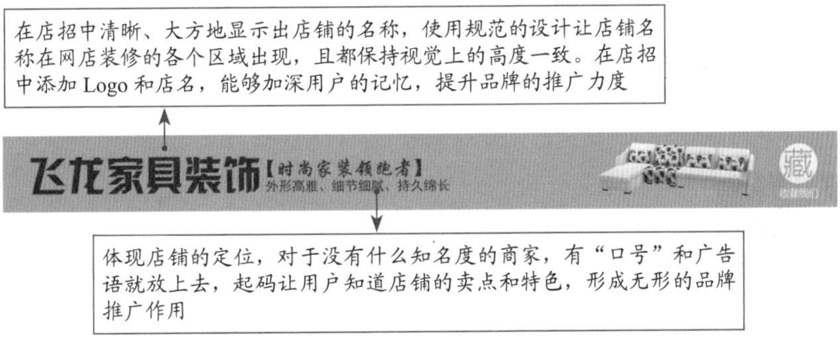

在店招中清晰、大方地显示出店铺的名称，使用规范的设计让店铺名称在网店装修的各个区域出现，且都保持视觉上的高度一致。在店招中添加Logo和店名，能够加深用户的记忆，提升品牌的推广力度
飞龙家具装饰
【时尚家装领跑者】
外形高雅、细节细腻、持久绵长
藏
体现店铺的定位，对于没有什么知名度的商家，有“口号”和广告语就放上去，起码让用户知道店铺的卖点和特色，形成无形的品牌推广作用

图 4-9　店招的设计最需要体现的内容

为了让店招有特点且便于记忆，在设计的过程中通常都会采用简短醒目的广告语辅助 Logo 的表现，通过适当的图像来增强店铺的认知度。图 4-10 所示为海尔京东自营旗舰店的店招，可以看到其中就包括了大量的商品图片。

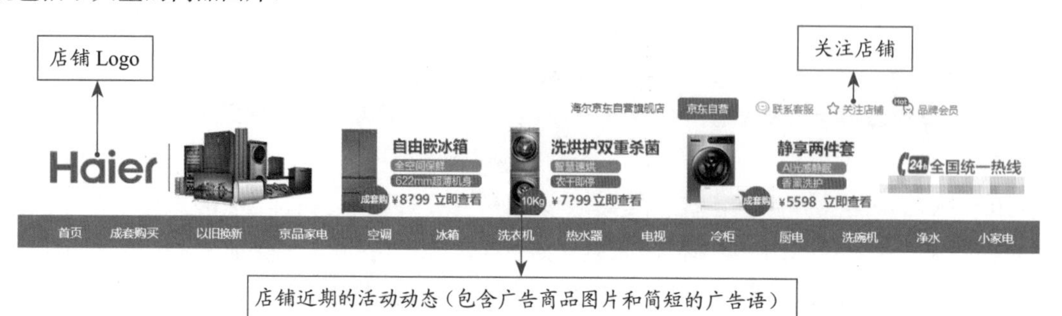

图 4-10　海尔京东自营旗舰店的店招

店招设计是店铺装修中的一部分，它占据了相当重要的位置，就像一块“明镜高悬”的牌匾一直在用户视线的上方“晃荡”着。作为商家，最好将店招当广告牌来用，在这个显眼的位置上，要将最核心的信息展示出来，让用户一看就懂、一目了然。

那么，店招到底怎样设计才好呢？对于网店的店招而言，按照其状态可以分为动态店招和静态店招两种，下面分别介绍其制作方法。

（1）制作静态店招：一般来说，静态店招由文字和图像构成，其中有些店招用纯文字表示，有些店招用图像表示，还有一些店招同时包含了文字和图像，如图 4-11 所示。

图 4-11　包含了文字和图像的店招

（2）制作动态店招：动态店招就是将多个图像和文字效果构成 GIF 动画。制作这种动态店招，可以使用 GIF 制作软件完成，如 Easy GIF Animator、Ulead GIF Animator 等软件都可以制作 GIF 动态图像。设计前准备好背景图片和商品图片，并添加需要的文字，如店铺名称或主推商品等，然后使用软件制作即可。

店招主要是为了吸引和留住用户，因此在制作店招时更多地是从用户的角度去考虑。图 4-12 所示为不同店铺的店招，从中可以清楚地看到店铺的名称和广告语，对店铺的风格也有一定的体现。

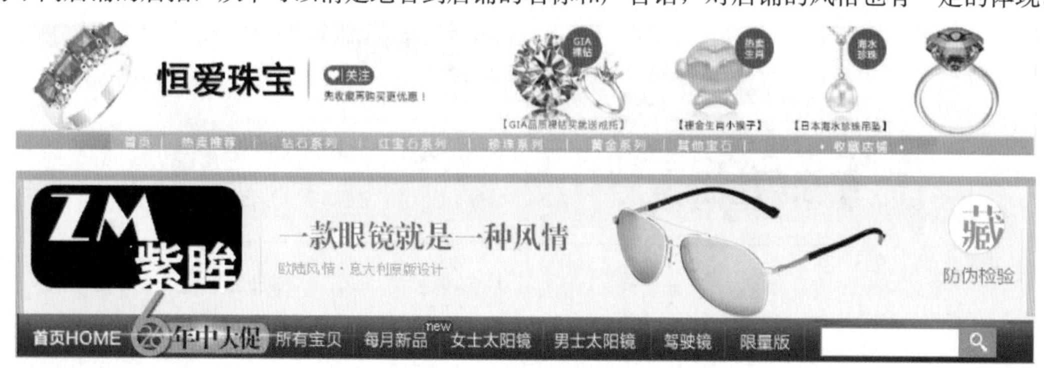

图 4-12　不同店铺的店招

4.2.2　店铺 Logo 的装修设计

Logo 是一家店铺的代表形象，众多广为人知的品牌店铺通常都会采用商品的品牌标识。Logo 的位置一般位于首页顶部搜索框的下方，比较显眼，这里也是符合用户浏览习惯的位置。图 4-13 所示为当当网官方旗舰店的 Logo 展示效果。此外，在搜索店铺时，也可以看到 Logo 的身影，如图 4-14 所示。总之，它的出现就是为了大力推广店铺品牌，从而实现长久盈利。

图 4-13　店铺 Logo 展示效果

图 4-14　店铺搜索页面中的 Logo

Logo 主要是为了吸引和留住用户，因此需要更多地从用户的角度去考虑来设计 Logo。网店的 Logo 同实体店的招牌一样，就像是一个店铺的“脸面”，对店铺的发展起着较为重要的作用，其主要作用如下。

（1）确定店铺属性：Logo 最基本的功能就是让用户明确店铺的名称、销售的商品内容，或者从 Logo 中了解店铺的最新动态。

（2）提高店铺的知名度：使用有特色的 Logo 可以增强店铺的昭示性，便于用户快速记忆，从而提高店铺的知名度。

（3）增强店铺的信誉度：设计美观、品质感较强的 Logo，可以提升店铺的形象，拔高店铺的档次，从而增强用户对店铺的信赖感。

4.2.3　店铺导航条的装修设计

为了满足商家在店铺中放置各种类型的商品，大部分电商平台都提供了“商品分类”功能，商家可以针对自己店铺的商品建立对应的分类，这就是导航条。

导航条是店铺装修设计中不可缺少的部分，它是指通过一定的技术手段，为店铺的访问者提供一定的途径，使其可以方便地访问到所需的内容，是人们浏览店铺时可以快速从一个页面跳转到另一个页面的通道。利用导航条，用户就可以快速地找到他们想要浏览的页面。

导航条的目的是让店铺的层次结构以一种有条理的方式清晰地展示出来，并引导用户毫不费力地找到相关的信息，让用户在浏览店铺的过程中更加顺畅。因此，为了让店铺的信息可以有效地传递给用户，导航条的装修设计一定要简洁、直观、明确。

在设计网店导航条的过程中，各电商平台对于导航条的尺寸有一定的限制。例如，淘宝网规定导航条的尺寸为 950 像素的宽度、50 像素的高度，如图 4-15 所示。

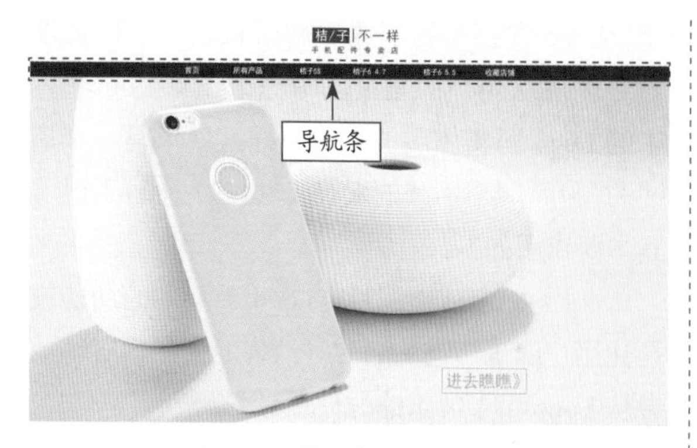

图 4-15　导航条的尺寸规格

从图 4-15 可以看到，导航条的尺寸空间十分有限，除了可以对颜色和文字内容进行更改之外，很难有更深层次的设计，但是随着网页编辑软件的普及，很多商家开始对网店首页的导航倾注更多的心血，通过对首页整体进行切片，来扩展首页的装修效果。

在导航条的装修设计中，商家还需要考虑色彩和字体的风格，应该从整个首页装修的风格出发，定义导航条的色彩和字体，毕竟导航条的尺寸较小，使用太突兀的色彩易形成喧宾夺主的效果。

图 4-16 所示为使用绿底白字进行色彩搭配的导航条，突出导航内容的同时让整个画面的色彩得到统一，同时还运用橘黄色底纹的“全部分类”链接来增强导航的层次感，以及突出重点导航标签。

图 4-16　使用绿底白字进行色彩搭配的导航条

鉴于导航条的位置都是固定在店招下方的，因此只要力求和谐、统一，就能够创作出满意的效果。图 4-17 所示的店铺导航条与整个店铺的风格一致，同时使用蓝底白字进行合理的排列，提升导航条的设计感，色彩的运用也与欢迎模块的配色保持了高度的一致。

图 4-17　店铺导航条与整个店铺的风格一致

另外，很多商家还会挖空心思设计出更有创意的导航条，从而提升店铺装修的品质感和视觉感。图 4-18 所示就是使用较为独特外形设计出来的一些导航条效果。

图 4-18　使用较为独特外形设计出来的导航条

另外，店铺的导航条可以帮助用户在最短的时间内找到他们需要的商品。导航条如果设计得好，可以为用户节省很多时间，他们不会盲目地把商品页面从上拉到下，而是直接通过导航找到需要的商品。

所以说，商家一定要将这一部分整理清晰，不能出现任何逻辑混乱的问题。因为一旦导航条的分类出现问题，就会导致用户找不到自己想要的商品。一般来说，导航条的设置肯定是越详细越好，这样就能够面面俱到、照顾到用户的任何需求。但是，导航条也不能太过烦琐，否则就和没有导航的时候没什么太大区别了。

当然，导航条上面除去按照商品种类分类以外，还需要有一些特殊模块，比如特价区的导航按钮、包邮区的导航按钮等，增加这些“让利”标签，能够促进店铺的浏览量与销售量。

4.2.4　商品列表页的装修设计

商品列表可以方便用户查看店铺中的各类商品及信息，有条理的商品列表能够保证更多的商品被用户访问，使店铺中更多的商品信息和活动信息被用户发现。尤其是当用户从店铺主页（即首页）进入到商品页面时，如果缺乏商品列表的指引，将极大地影响店铺的转化率。

商品列表的作用在于推销店铺内的人气爆款商品，为用户提供便捷、高效的购物体验，如图 4-19 所示。与其他页面相比，商品列表比较容易被商家忽视，因为它是过渡页。

在店铺视觉的打造中，商品列表也是一门十分讲究的学问。商品列表设计得越漂亮、越符合普通大众的视觉审美，光顾的用户自然就会越多。那么，线上店铺有哪些既科学又美观的商品陈列方式呢？下面就为大家逐一介绍。

（1）同类分类法：即按照商品的类型分门别类。例如，一家售卖零食的店铺，将膨化类食品放在一起、坚果 / 炒货类食品放在一起、饼干 / 糕点类食品放在一起，用这样的方式，让用户对店铺的经营范围和具体商品一目了然。

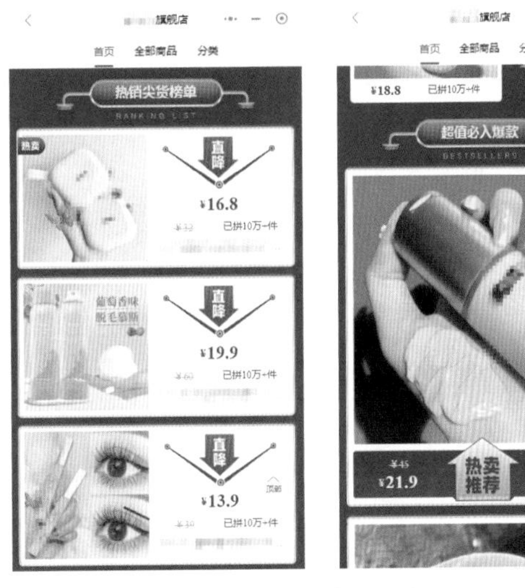

图 4-19　商品列表

（2）对比法：指的是颜色的对比，这种排列方式常用于服装类。有些喜好整洁的商家可能会选择将颜色相近的衣服放在一起，觉得这样看上去比较规矩也比较好看一些。可是同色系的衣物堆在一起可能会让用户一时判断不出这些服装的区别，有一些款式比较基础的服装可能就被用户忽视了。将颜色不同的商品放在一起，其对比相对来说比较明显，用户也能够一眼判断出喜欢的类型。

（3）突出重点法：即突出店铺中重点推广的商品或信息。在商品布置的过程中可能会出现“单看展示图片不知道商家想出售的商品是什么”的情况，那是因为陈列出来的图片中的信息太多太杂，没有突出售卖商品的特色，这是商家在设计商品列表时必须避免的问题。

4.2.5　店铺收藏区的装修设计

收藏区是店铺装修设计的一部分，添加收藏区可以提醒用户及时收藏店铺，以便下次再来购物，从而增加用户的复购率。收藏区通常显示在店铺首页中，很多电商平台都提供了固定区域，并用统一的按钮或者图标对店铺收藏进行提醒，如图 4-20 所示。

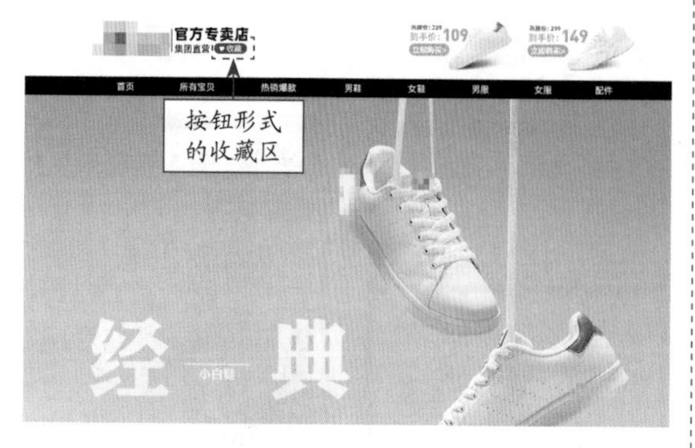

图 4-20　店铺收藏区

专家指点

每一个商品页面都有一个收藏链接，而每个店铺都有店铺的收藏链接，做一个精美的图片，再配上收藏链接，这样可以极大地提高收藏量，还可以提高店铺的整体层次。

店铺收藏区的设计较为灵活，可以直接设计在店招中，也可以单独显示在首页的某个区域。很多商家为了提升店铺的人气、增加用户的复购率，往往还会在店铺的其他位置设计和添加收藏区。在店铺装修设计中，收藏区可以放在店铺首页或者详情页面的多个位置处，例如也有将收藏区设计到店铺首页底部的。

通过店铺收藏功能，用户可以将感兴趣的店铺或商品添加到收藏夹中，以便再次访问时可以轻松地找到相应的店铺或商品，如图 4-21 所示。在同类型店铺中，用户收藏数量较高的店铺，往往曝光量要比其他同行要高。

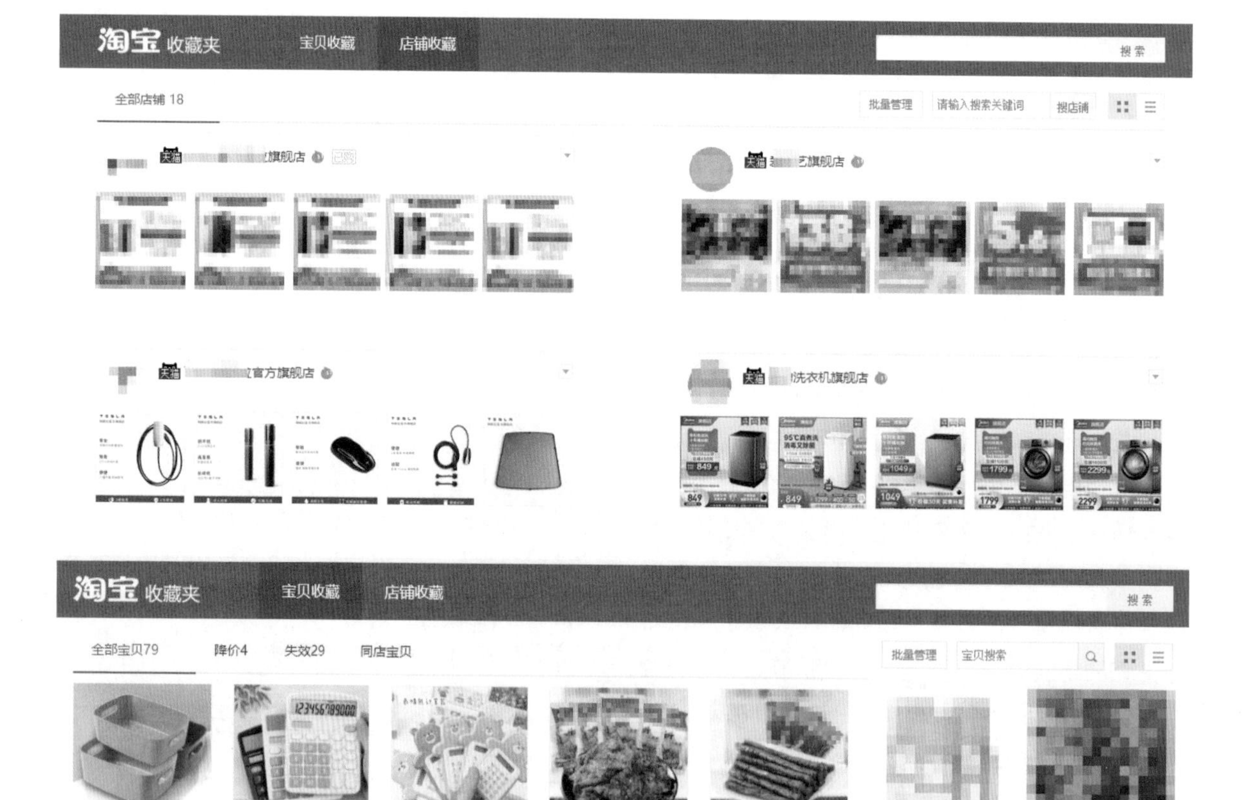

图 4-21　店铺收藏页面与宝贝收藏页面

网店的收藏区通常是内容较为单一的文字和广告语，当然也有商家为了吸引用户的注意力，将一些商品图片、素材图片、Flash 动画等添加其中，达到推销商品和提高收藏量的目的，如图 4-22 所示。

图 4-22　内容丰富的店铺收藏区

专家指点

收藏区通常都是采用 JPG 格式的静态图片来进行表现，但也可以使用 GIF 格式的动态图片，这种闪烁的图片效果可以更容易引起用户的注意力，提高店铺的收藏量。

4.2.6 店铺客服区的装修设计

常常有商家说："为什么有些人来我店里，问了几句就没消息了，不买了呢？"其实，卖东西不单有售后服务，还有一个容易被大家忽视的售前服务。尤其是做网店，用户看不到实物，只能靠图片和文字介绍了解商品，可能会产生很多疑问，所以用户的咨询很可能直接决定他最终是否购买商品。

众所周知，在现今竞争激烈的电商市场中，商家除了要提供优质的商品外，更应该提高服务的质量，争取更多的回头客才能让店铺长期发展。网店的客服与实体店中的销售员功能是一样的，存在的目的都是为用户答疑解惑，不同的是，网店的客服是通过聊天软件与用户进行交流的，如阿里旺旺、微信等。

为了提升店铺的竞争优势，商家必须重点突出"服务"战略，利用各种客服工具不断完善对用户服务的质量。客服是网店的一种服务形式，给用户提供商品咨询和售后等服务。图 4-23 所示为网店中的客服区设计效果。

图 4-23　网店客服区

客服区存在于店铺首页的多个区域，商家也可以将客服区与质保、服务、收藏等信息组合在一起，凸显店铺服务品质，如图 4-24 所示。另外，很多电商平台都会在店铺首页的最顶端统一定制客服的图标。

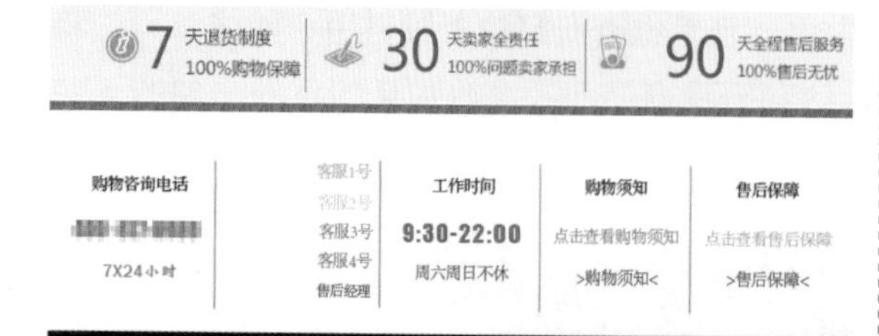

图 4-24　将客服区与其他信息组合在一起

专家指点

需要注意的是，店铺客服区对于聊天软件的图标尺寸是有具体要求的。以淘宝中的旺旺图标为例，使用单个旺旺图标作为客服的链接，那么图标的尺寸为 16 像素 ×16 像素；如果使用添加了“和我联系”或者“手机在线”字样的旺旺图标，则图标的尺寸为 77 像素 ×19 像素，商家必须以规范的尺寸进行设计。

4.2.7　店铺公告栏的装修设计

公告栏是发布店铺最新信息、促销信息或店铺经营范围等内容的区域。商家通过公告栏发布内容，可以方便用户了解店铺中的重要信息。图 4-25 所示为在公告栏中加入了店铺的放假通知信息。

图 4-25　公告栏

公告栏是指放置在人流量较大的地方，用于张贴公布公文、告示、启示等提示性内容的展示用品。在网店的装修设计中，公告栏是准客户了解店铺的一个窗口，同时也是店铺的一个宣传窗口，一举两得。

例如，当商家在淘宝网开店后，淘宝网已经为店铺提供了公告栏的功能，商家可以在“管理我的店铺”页面中设置公告栏的内容。商家在制作公告栏前，需要了解并注意一些事项，以便制作出效果更好的公告栏。

- 淘宝店铺的公告栏具有默认样式，如图 4-26 所示。商家只能在默认样式的公告栏上添加公告内容。

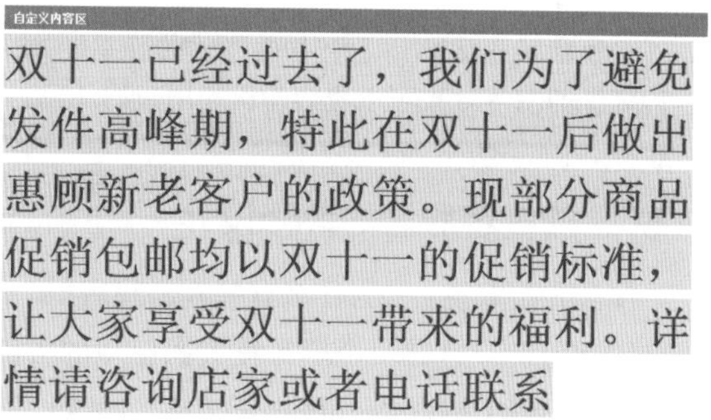

自定义内容区

双十一已经过去了，我们为了避免发件高峰期，特此在双十一后做出惠顾新老客户的政策。现部分商品促销包邮均以双十一的促销标准，让大家享受双十一带来的福利。详情请咨询店家或者电话联系

图 4-26　默认的公告栏样式

- 由于店铺已经存在默认的公告栏样式，而且这个样式无法更改，因此商家在制作公告栏时，可以将默认的公告栏效果作为参考，使公告的内容效果与之搭配。
- 淘宝的公告栏默认设置了滚动效果，在制作时无须再为公告内容添加滚动设置。
- 公告栏内容的宽度不要超过 480 像素，否则超过部分将无法显示，但公告栏的高度可以随意设置。如果公告栏的内容为图片，那么需要指定图片在互联网中的位置。

店铺公告栏的写法有多种，大体分类如下。

- 简洁型的公告栏，通常都是一句话或者是一段文字，如“本店新开张，欢迎光临，本店将竭诚为您服务”，又如“小店新开，不为赚钱，

只为提高大家的生活质量，欢迎常来”等，如图 4-27 所示。

图 4-27　简洁型的公告栏

◉ 消息型的公告栏，就是将店铺的促销活动或者新品上架等消息告诉大家，如“在 10 月 2 日～ 10 月 20 日期间，凡购买本店商品，即送 50 元优惠券一张，每个账号限送一个，先到先得”，又如“本店最近上新 ××× 宝贝，从厂家直接拿货，质量可靠，价格更低，现在购买即送 ×××”。

◉ 详细型的公告栏，即将购物流程、联系方式、商品概述、店铺简介等都写上去。详细型的公告栏因为内容比较多，所以建议商家在写内容的时候，给每个内容都添加一个小标题，这样有利于用户迅速看懂你的公告内容。

其实，写店铺公告内容时，不同的写法有不同的优势，难断优劣。最好的办法就是根据自己的实际情况如实地填写，这样容易使用户产生信任感。当然，所写的公告内容也不能太过离谱，至少不能够文不对题、逻辑混乱。

▶ 专家指点

店铺公告栏并不是一成不变的，当店铺中的商品需要搞活动的时候，也是需要用到公告栏的，商家可根据自己的实际情况灵活变动。如果商家不会写店铺公告内容，可以在网上搜索，或者进入别人的店铺看看他们的公告内容是怎么写的，多学习和借鉴优秀的店铺公告内容。

4.3 店铺重点板块的装修设计

如何通过图片、文字、视频和直播的恰当搭配与布局，让店铺中的商品从众多竞争对手中脱颖而出，吸引用户点击、浏览并下单购买，这是每个商家在进行店铺装修时都必须要重点考虑的问题。

本节主要介绍店铺中各重点板块的设计技巧，包括店铺首页、商品主图、商品详情页和广告海报，帮助大家做出精美的店铺效果，使得用户在短时间内树立起对店铺的信任，同时也给用户购物提供更多的方便。

4.3.1 店铺首页的装修设计

商家对店铺首页进行装修设计时，可以通过合理的图文排版、精美的装修图片以及高性价比的主推商品，来提升店铺首页的转化率。店铺首页布局主要是为了借助商品的展示来吸引用户的兴趣，然后给用户提供明确的指导，最后达到视觉营销的目的。

店铺首页布局的主要作用如图 4-28 所示。此外，首页布局的作用还体现在客服、公告提醒等方面，其目的与它的 3 大作用也是一致的，都是为了让用户的购物旅程更加顺畅、便捷，最终提升店铺的转化率。

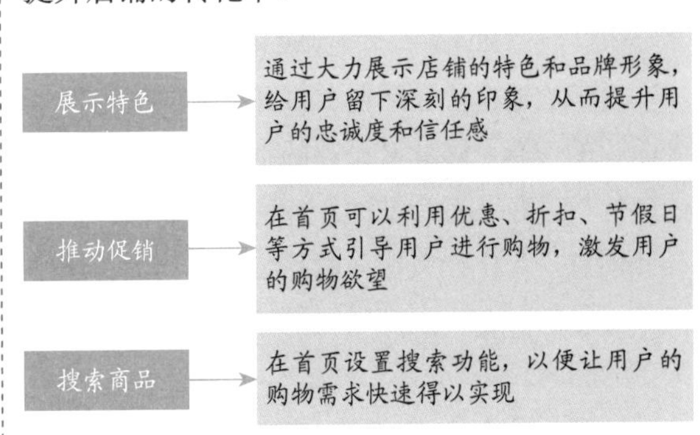

图 4-28　首页布局的具体作用

同时，在进行首页布局的设计时，需要关注的指标有很多，因为这些指标与商品的销售以及店铺的转化率密切相关。那么，首页需要关注的指标有哪些呢？具体包括访问量（访客量）、跳失率（出店率）、首页到商品详情页、活动页和分类页的点击率。

商家在关注这些指标的过程中，可以了解到很多重要的信息，从而对首页进行合理的布局。例如，首页到商品详情页的点击率可以看出用户对哪种商品更为青睐，如果与首页展示的商品不一致，就可以将其换掉；而首页到分类页的点击率，也可以看出用户喜欢浏览的商品类型，从而在首页中重点进行展现。

在店铺首页中，欢迎模块是一个非常重要的区域，主要用于展示店铺的最新商品和促销活动等信息，通常位于店铺导航条的下方，其设计面积比店招和导航条都要大，是用户进入店铺首页中观察到的最醒目的区域，如图 4-29 所示。

图 4-29　首页欢迎模块

由于欢迎模块在店铺首页开启的时候占据了大面积的位置，因此其设计的空间也很大，需要传递的信息也是有标准的，如何找到商品卖点和设计创意，怎样让文字与商品结合，达到与店铺风格更好的融合，是商家在设计首页时需要重点考虑的问题。

店铺首页的欢迎模块与店招不同的是，它会随着店铺的销售情况进行改变，当店铺进行节日庆或店庆活动时，首页设计会以相关的活动信息为主，如图 4-30 所示；当店铺最近添加了新的商品时，首页设计则以“新品上架”为主要的内容；当店铺有较大的变动时，首页还可以充当公告栏的作用，向用户告知相关的信息。

图 4-30　以活动信息为主的首页欢迎模块

专家指点

就现在的社会发展来说，只是一味地降价并不能完全吸引用户的注意，毕竟随着生活水平的提高，大家也并不那么关注打折、促销之类的活动了。特别是促销首页设计得陈旧又凌乱的，总容易让人对打折的原因产生怀疑。

当然，店铺首页除了要设计得美观大方以外，需要促销的商品也必须按各种分类方式放置，将整个界面布置得一目了然才可以。

在设计首页欢迎模块之前，商家必须明确首页的主要内容和主题，并根据主题来寻找合适的创意和表现方式。商家应当思考欢迎模块画面设计的目的，如何让用户轻松接受，也就是了解用户最容易接受的方式是什么，最后还要对同行业、同类型的欢迎模块的设计进行研究，得出结论后再开始着手首页欢迎模块的设计和制作，这样创作出来的装修效果才能更容易被市场和用户认可。

另外，在进行首页欢迎模块的页面设计时，要将文案梳理清晰，要知道自己表达内容的中心主题是什么，用于衬托的文字又是哪些。主题文字尽量最大化，让它占据整个文字布局画面，可以考虑用英文来衬托主题，背景和主体元素要相呼应，体现出平衡和整体感，最好有疏密、粗细、大小的变化，在变化中追求平衡，并体现出层次感，这样制作的首页整体效果就比较舒服，如图 4-31 所示。

图 4-31　首页欢迎模块中的主题文字

一个优秀的首页欢迎模块页面设计，通常都具备 3 个元素，那就是合理的背景、优秀的文案和醒目的商品信息，如图 4-32 所示。如果设计的欢迎模块画面看上去不满意，一定是这 3 个方面出了问题，常见的问题有背景亮度太高或太复杂，如用蓝天白云草地做背景，很可能会减弱文案及商品主题的体现。

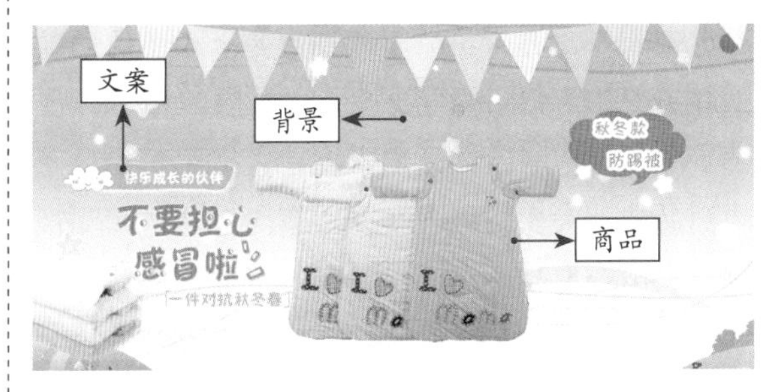

图 4-32　首页欢迎模块页面中的 3 个元素

在首页欢迎模块中，主要的文字信息有主标题、副标题和其他附加内容，商家在设计的时候可以分为 3 段，段间距要大于行间距，上下左右也要有适当的留白。图 4-33 所示为首页欢迎模块中文字的表现，可以看到文字的间距设计得易于阅读，能够让用户更容易抓住其中的重点信息。

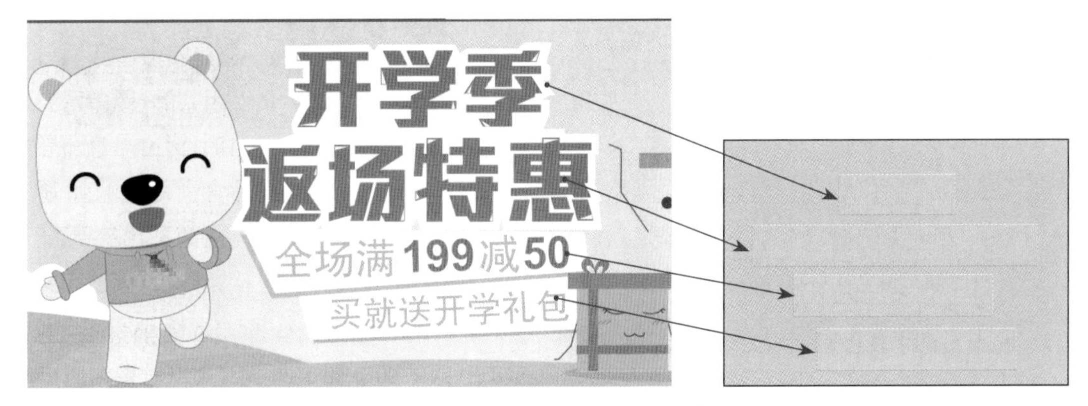

图 4-33　首页欢迎模块中的文字表现

在店铺首页欢迎模块的文案设计中，需要使用不同的字体来提升文本的设计感和阅读感，但是不能超过 3 种字体。很多看上去画面凌乱的首页，就是因为使用太多的字体，而显得不统一。针对突出主题这个目的，可以用粗大的字体，副标题则可以用小一些的字体。

另外，首页欢迎模块的配色也是十分关键的，画面的色调要在信息传递到用户脑海之前营造出一种氛围，尽量不要超过 3 种以上的颜色。在具体的配色中，可以针对重要的文字信息，用高亮醒目的颜色来进行强调和突出。

4.3.2　商品主图的装修设计

商品主图（简称主图）的装修设计非常重要，这是用户对商品的第一印象，好的主图可以吸引用户的注意力，同时还能让用户快速下单，甚至对其品牌产生认可。因此，商家一定要了解高点击率的商品主图设计思路，并掌握优质商品主图的制作技巧。

1. 商品主图的设计思路

当商家拍摄并处理好商品素材照片后，即可通过主图（也称为轮播图或创意）来展示商品，因此主图对于商品的重要性不言而喻。

对于经营网店的商家来说，肯定都希望自己的商品能够大卖，但现实往往事与愿违，问题很可能就出在商品主图的设计上。因此，商家在开始设计主图之前，心中必须要有一个基本的设计思路，如图 4-34 所示。

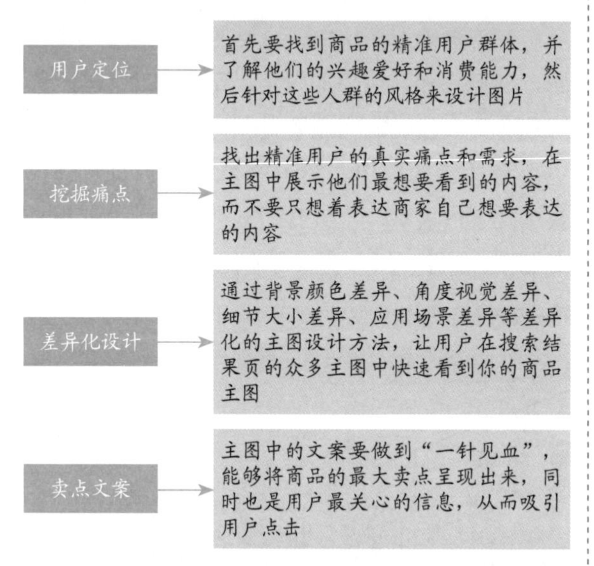

图 4-34　商品主图的设计思路

专家指点

电商平台对于商品主图通常有一定的要求，以拼多多平台为例，商品主图的基本要求如下。

（1）主图尺寸：宽度和高度均大于 480px（像素）。

（2）主图格式：仅支持 JPG 和 PNG 格式。

（3）主图大小：1MB 以内。

商家在使用 Photoshop 软件设计商品主图时，可以根据上述要求调整画布大小，从而快速制作符合平台要求的主图效果。

用户在搜索商品时，影响其点击某个商品的主要因素包括主图、价格、销量和关键词精准度这 4 个方面，其中主图是最主要的因素。商家只有选择适合自己商品的主图，才能有效地提升点击率。下面介绍一些高点击率的商品主图的设计方法。

（1）拼接图。其方式比较多，如左右双拼、左右多拼、九宫格拼接、上下双拼以及混合拼图等。图 4-35 所示的商品主图，之所以点击率高，主要是因为通过拼接的方式，在主图上体现了 4 种不同类型的商品，在表达上更加丰富，可以满足更多人群的需求。

图 4-35　拼接图示例

（2）细节图。在主图中展示商品的细节特点，可以激发用户的好奇心，吸引他们点击查看商品的全貌。这种主图的点击率非常高，但如果用户看到商品全貌后，不一定是自己中意的，因此通常转化率一般。图 4-36 所示的商品主图中，只显示了加绒打底裤的局部细节特征，很容易吸引用户点击到详情页查看模特的穿着效果，如果用户认为外面的穿着效果不好看，就会关闭该商品详情页。

（3）纯色背景图。其颜色需要跟产品有比较大的反差，如白色、灰色、黑色以及其他色。图 4-37 所示的休闲长裤商品主图中，采用的是立体中灰色背景，能够非常好地展现裤子的质感。

图 4-36　细节图示例

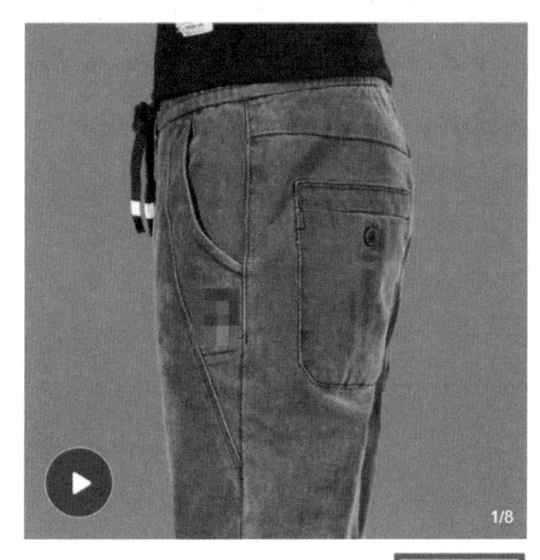

图 4-37　纯色背景图示例

（4）卖点图。在主图上展现商品的卖点，商家可以从用户的消费心理角度来策划主图文案，解决用户的需求痛点，这类主图的点击率通常也非常高。图 4-38 所示的手机膜商品主图中，只有一句话，即“电镀疏油层 不留指纹”，就是针对“手机屏幕总有指纹”的用户痛点来描述的，很容易引起用户的心理共鸣。

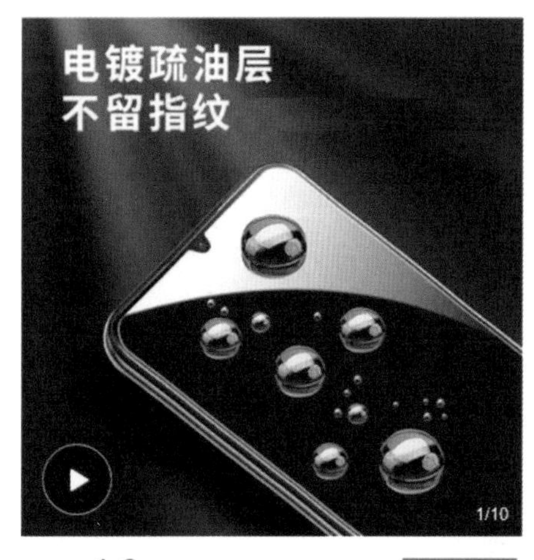

图 4-38　卖点图示例

2. 主图中的商品呈现方式

主图通常包括背景、商品和卖点文案 3 个部分，商品是其中的主要内容，它能否体现出商品信息或者卖点，是影响图片点击率高低的关键因素。

专家指点

在商品主图中，商家可以使用明亮的、色调和谐的溶图作为背景，将抠取的商品主图与背景合并在一个画面中，添加简单直接的卖点文案，通过色彩的搭配体现出淡雅的感觉，表现出一定的品质感，让用户能够一眼看到商品的外形和相关信息。溶图是指由两张或两张以上的图片拼合起来的图。

通常情况下，主图中的商品部分需要能够展示出最重要的卖点信息，或者让用户更直观地了解商品本身的特点。因此，商家在设计主图时，需要采用一定的商品呈现方式，相关技巧如下。

- 直接将商品作为主体，呈现商品的某种属性，如外观、细节或赠品等，可以让用户一目了然地看清商品的款式、颜色等信息，适合重视外观设计的商品类目，如服饰、手机、鞋包、美妆、食品等类目，相关示例如图 4-39 所示。

图 4-39　呈现商品的某种属性示例

◎ 搭配一定的背景环境，呈现商品的应用场景，如将商品放到生活或工作场景中，不仅可以满足用户的需求，而且还能够让用户产生购买商品后的想象场景，更好地激发用户的购买欲望，相关示例如图 4-40 所示。

图 4-40　呈现商品的应用场景示例

◎ 展示商品的使用效果，或者呈现商品的功能特点，如加入商品使用前后的对比效果，来更好地突出商品的功能或特性，相关示例如图 4-41 所示。

通常情况下，用户进入一个店铺时，都是由于对单个商品感兴趣而进入的，而单个商品在众多搜索出来的商品结果中是以主图的形式呈现的。而商品主图是用来展现商品最真实的一面，不是用来罗列店铺的所有活动。

图 4-41　呈现商品的功能特点示例

专家指点

好的商品主图在店铺装修中起着至关重要的作用，不仅可以增加在商品搜索列表中被用户发现的几率，而且还会直接影响用户的购买决策。那么，什么是好的商品主图呢？笔者认为，好的商品主图应该能够反映出商品的类别、款式、颜色、材质、卖点等基本信息。在此基础上，要求商品主图的画面清晰、主题突出以及颜色准确等。

但是，部分商家为了将店铺中的信息尽可能多地传递出去，将主图的作用理解错误，在主图中除了商品图像以外的空隙里，还添加了诸如“最后一天”“只剩 100 双啦”“满百包邮”等众多的信息，主次不分，给用户一种凌乱的感觉，无法很好地体现出店铺的专业性。

通常情况下，商家只需要在主图上突出商品或是营销的一个点即可，不要加入太多无谓的信息。用户买东西，是冲着商品去的，而不是冲着“仅此一天啦”“最后一天啦”等附属的信息去逛店铺的。当然，商家如果要设置“限时购”等促销信息，可以在商品详情页中进行设计，但是在呈现商品形象的主图中，尽量不要添加此类信息。

3．商品主图的设计技巧

商品主图不能盲目设计，商家要先想好思路再动手，这样对于流量和销量的提升才会更有效。下面介绍一些商品主图的装修设计技巧。

（1）创意素材，抓突破点。

商家在选取主图的素材时，要有一定的创意，同时利用这些装饰素材作为突破口，直击用户的核心需求。图 4-42 所示的商品主图中，选择了一张创意感很强的太空图片作为背景，可以进一步诠释望远镜的性能。

图 4-42　使用创意背景素材

（2）内容全面，重点突出。

主图对于商品销售来说非常重要，那些内容不全面、抓不到重点的主图引流效果可想而知，是很难吸引用户关注的。

因此，商家在设计商品主图时，一定要突出重点信息，同时内容要全面，要能够将商品的卖点充分展现出来，并且加以修饰和润色，如图 4-43 所示。同时，对于无关紧要的内容，一定要及时删除，这样才不会影响主图的表达。

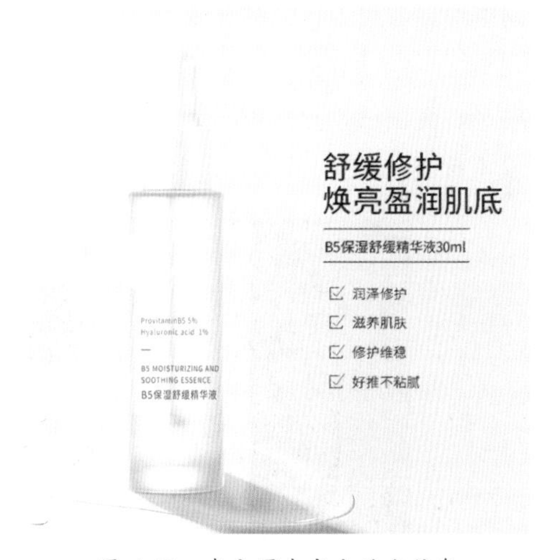

图 4-43　在主图中突出重点信息

（3）视觉化设计＋商品介绍。

在制作商品主图时，商家容易陷入一个误区，那就是太重视视觉化的设计，而忽略了商品信息的展示。例如，很多商品主图看起来非常华丽、高雅，但用户并不知道它要表达什么信息，此时可能就会导致用户与该商品失之交臂。

因此，商家在重视视觉化设计的同时，还需要适当地添加一些商品信息，告诉用户购买这个商品，他能得到什么，这样才能更好地促进商品的转化效果。

4．商品白底图的制作规范

白底图是指符合平台要求的，纯白色背景加商品主体的商品主图，除了商品主体以外，其余位置都必须是纯白色。纯白色区域的色值为 RGB（红 Red、绿 Green、蓝 Blue）值≥ 255。如在拼多多、天猫、京东等平台的商品推荐页面中可以看到，上面大部分商品主图都是白底图，这样展示的好处是可以让界面看上去更加整洁、清爽。

因此，白底图是获得平台推荐流量的一个重要因素，同时很多活动都会要求主图为白底图。另外，白底图还能提升用户的视觉感受，增进商品品质，有利于提升转化率。所以，商家一定要针对自己商品类目的需求，来设计合理的白底图，抢占平台提供的曝光机会。

商家可以通过上传商品白底图，来获得更多的展现机会，包括首页分类页、搜索分类页、品牌专题页、促销活动页等展示场景。白底图的商品不仅审核通过率更高，而且用户流量和活动流量也更多。下面以拼多多平台为例，重点介绍白底图的制作规则。

（1）制作白底图的一般规则。

拼多多平台对于白底图的基本要求为：纯白色背景、无牛皮癣、主体完整、主体占比为80% ～ 90%、主体不过大或过小、单主体（套装除外）、不包含人体、主体不变形、尺寸为480像素 ×480像素、容量小于3MB、图片格式为JPG/JPEG/PNG。因此，商家在制作白底图时需要注意以下规则。

◎ 尺寸规则：商品周围不能留有过多的白边，商品图的有效像素的宽或高不小于80%，如图4-44所示。

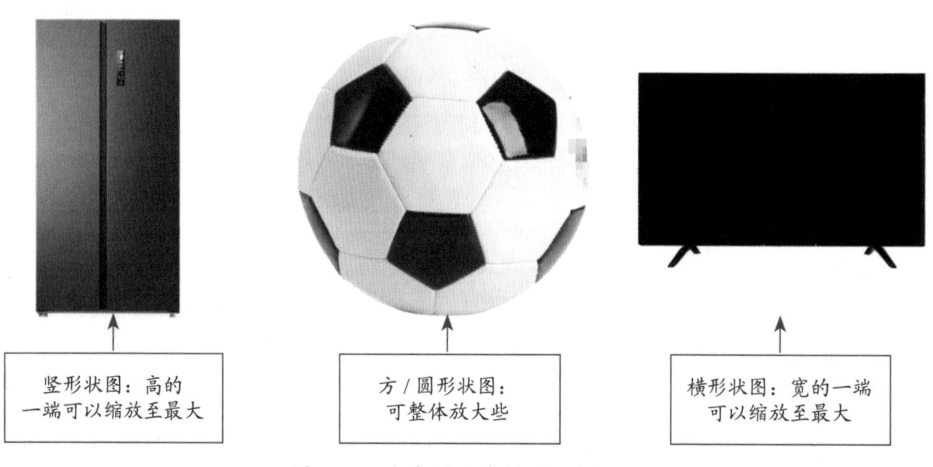

图4-44　白底图尺寸规则示例

◎ 商品图规则：非套装类目，每张图片中只能出现一个主体，不可出现多个相同的主体，并且要清晰、完整地展示商品的正面，图片中不能出现大面积的阴影，要能够突出商品的质感，相关示例如图4-45所示。

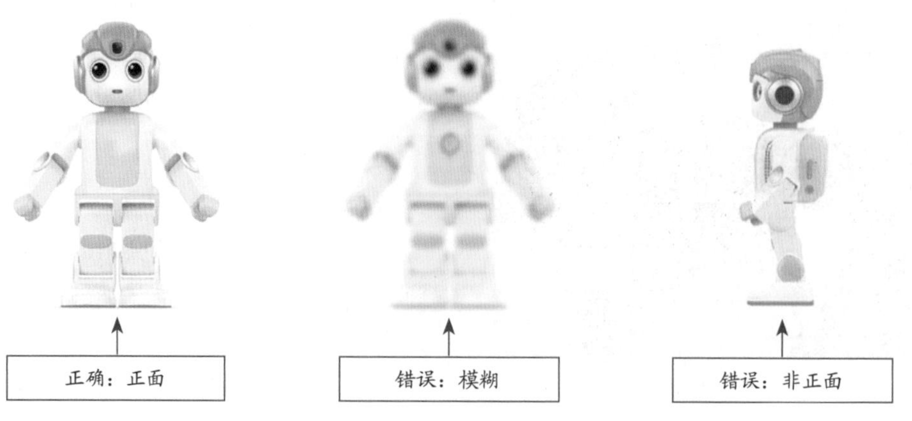

图4-45　商品图规则示例

◉ 图片位置规则：商品位于图片中央，保持主体完整且占据整个画面，同时不能将商品截断，也不能放置 Logo、文字、背景、模特、拼接图等其他元素，如图 4-46 所示。

图 4-46　图片位置规则示例

（2）制作白底图的特殊规则。

下面介绍一些特殊的白底图制作规则。

◉ 组合类商品：如水产肉类、新鲜果蔬、熟食、零食、坚果、特产等组合类商品，必须选择组合类商品类目，避免放入普通商品类目上传白底图时因多主体而导致被系统驳回，如图 4-47 所示。

图 4-47　组合类商品的白底图示例

◉ 多主体堆积类：如抽纸、卫生纸等生活用品，可以放单品或者数量不超过 3 个单品的堆叠商品。

◉ 面积大的单品：如地毯、墙纸或汽车内脚垫等，可放置样板图，或者将商品放入圆形区域内。

◉ 识别度较低的商品：如袜子、打底裤或丝袜等，可放置单品，但不能被截断或放入模特肢体。

5．轻松爆单的主图设计原则

主图不仅影响点击率，而且还会影响商品的转化率，如果主图做得不够好，那么商品可能会无人问津。前面介绍过主图设计的基本思路，即“找到商品的精准人群→用户的痛点需求→打造差异化的特色→策划商品卖点文案”。这样设计的目的就是为了让更多精准的用户来点击商品主图，从而提升商品的转化率。

主图设计的基本原则是“一秒法则”，是指在一秒钟之内，将主图中的营销信息有效地传达给用户，也就是让用户通过图片“秒懂”商品的意思。

如果商品主图中的信息非常多，包括商品图片、商品品牌、商品名称、广告语、商品卖点以及应用场景等内容，对于用户来说，显然是无法在一秒钟之内就看明白的，如图4-48所示。这样的话，用户很难快速地看出该商品与同类商品有哪些差异化的优势，也无法精准地对接用户的真实需求，自然也很难被用户点击。

图4-48　过于杂乱的图片示例

图4-49所示的商品主图放的是一个场景应用图，文案只有一句话，却能够让用户快速地了解商品的质量和使用场景，如果刚好能够满足其需求，那么就很容易吸引用户点击图片去查看商品详情信息。

图4-49　简单明了的图片示例

大部分用户在逛网店时，浏览速度都是比较快的，可能短短几秒钟会看几十个同类型商品，通常不会太注意图片中的内容。因此，商家一定要在主图上放置能够引起用户购买兴趣的有效信息，而不能让信息成为用户浏览的负担。

6. 商品轮播图的设计要点

大部分的电商平台除了可以上传商品主图外，还可以上传多张商品轮播图（简称轮播图），但很多商家却忽略了这个地方，只上传了5张轮播图甚至更少，但不知这里也隐藏了很多商品曝光机会。用户进入商品详情页后，第一眼看到的便是轮播图，如果商家在此处能够有效地利用10张轮播图来传递商品信息，即可很好地聚焦用户视线，吸引他们的注意力。

下面介绍一些商品轮播图的设计要点。

（1）各司其职：将轮播图当成商品详情页来设计，用10张轮播图展示不同的商品信息，如首图（即商品主图）可以用来引流，副轮播图则可以用来展示商品的细节、卖点、优惠以及售后保障等信息。

（2）用靠前的轮播图展示商品的主要卖点。前面几张轮播图一定要从用户的购物需求出发来设计，如优惠促销、功能卖点和售后服务等，尽可能让用户先看到这些信息，从而影响他们的消费决策。图4-50所示为女包的轮播图，第一张商品主图便是展现的活动信息，同时表明了活动的价格优势，能够更好地打动用户。

（3）用靠后的轮播图展示商品的详细信息。很多用户打开商品详情页后的第一步就是直接看轮播图，而不愿意往下翻看详情页，此时商家便可以在主图和白底图之后，将最后的几张轮播图当成详情页来设计，突出商品的功能，如图4-51所示。

（4）一张轮播图只展现一个卖点。每张轮播图上的商品卖点信息若堆砌过多，这样会让用户找不到重点，因此商家找到最主要的卖点分配到每张图上即可。

图 4-50　用靠前的轮播图展示商品的主要卖点

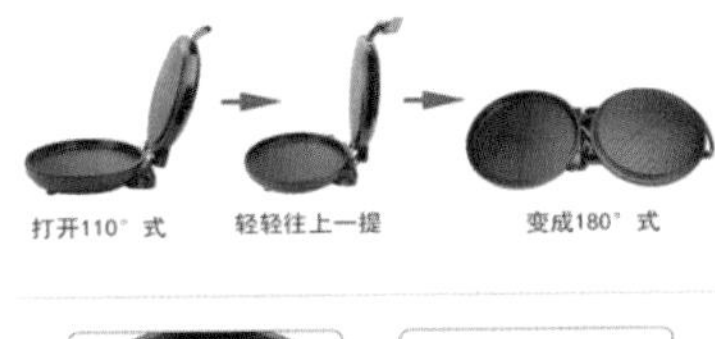

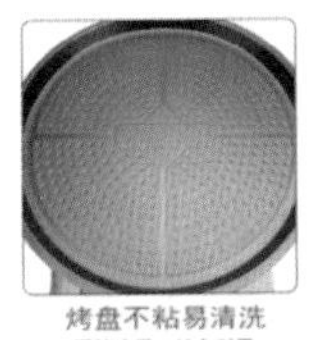

图 4-51　在轮播图上突出商品详情页的信息

（5）优化顺序：根据用户的浏览习惯，将他们购物时最大的痛点放置在靠前的轮播图上，让用户能够快速下单，从而提高成交率。

（6）展示买家秀：如果商品的卖点比较少，商家也可以挑选一些优质的买家秀图片，将其放到轮播图中进行展示，增加商品的真实性。

专家指点

主图一定要紧抓用户需求，切忌一味地追求“高大上”，并写一些毫无价值的内容，商家必须要知道自己的目标人群想看什么。如果你的目标人群定位是中低端用户，他们要的就是性价比高的商品；如果你的目标人群定位是中高端用户，则他们要的就是品质与消费体验。

7. 创意主图的设计要点

创意主图是指投放了付费推广的商品主图，是商品最主要的展示渠道，其重要性自然是不言而喻的。对于商家来说，都希望自己的商品能够成为爆款，但“理想很丰满，现实很骨感”，现实中成功的商家却寥寥无几。究其原因，创意主图设计不到位占了很大一部分。

在打造创意主图的差异化特色时，商家可以从以下几个方面入手来进行设计。

（1）色彩差异化：商家可以从创意主图的背景颜色入手，使用与其他竞品不同的背景颜色，形成差异化的风格，从而快速地抓住用户的眼球。打造创意主图的色彩差异化设计时，注意色彩要与店铺风格统一，同时还要保证图片的美观性。

（2）构图差异化：图 4-52 所示的两张商品主图中，上图为平视构图拍摄模特的正面坐姿，下图则为俯视构图拍摄模特的躺姿，不同的拍摄角度就形成了视角差异化。

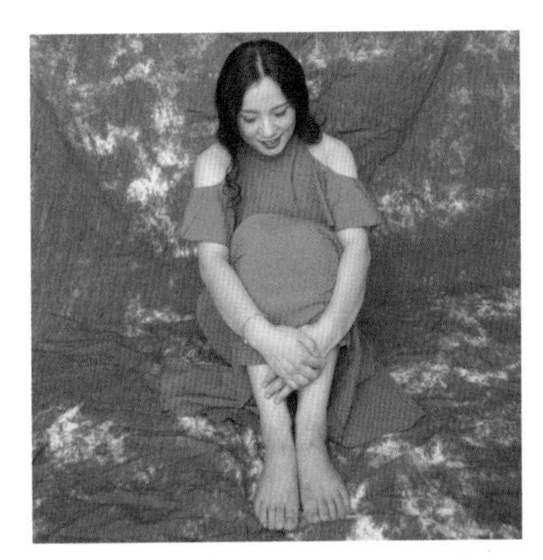

图 4-52　构图差异化的创意主图示例

（3）细节差异化：如图 4-53 所示，两款鞋垫都突出“增高”卖点，上图主要是通过文案来描述，而下图则采用多种不同高度的鞋垫进行对比，来体现鞋垫的具体厚度，用户对比起来会更加直观。

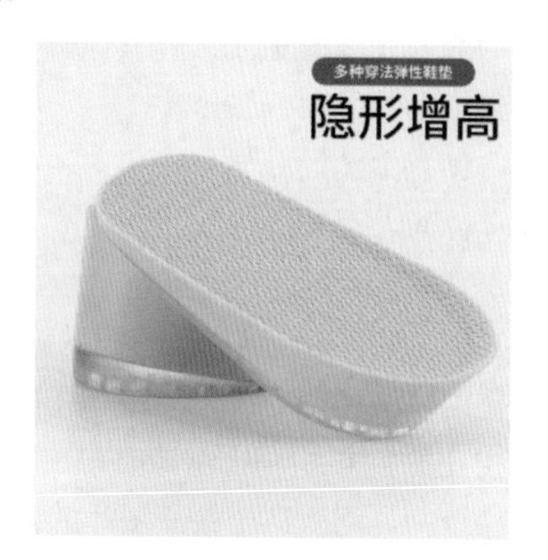

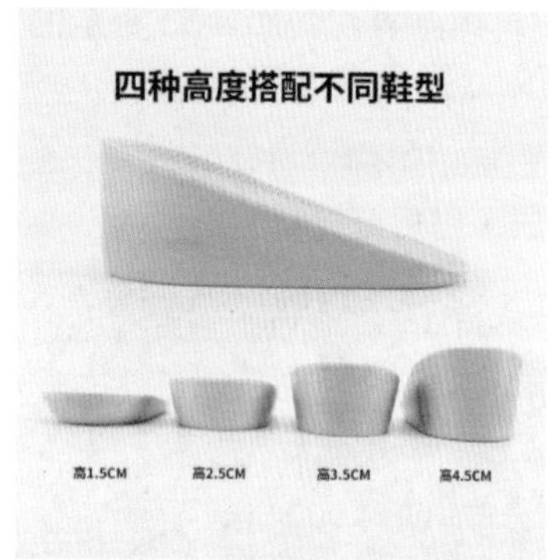

图 4-53　鞋垫的创意主图示例

（4）场景差异化：如图 4-54 所示，两款家用电子体重秤，下图为正常的商品展示效果，而续图则加入了人物称体重的场景，图片形成了场景差异化的特点。

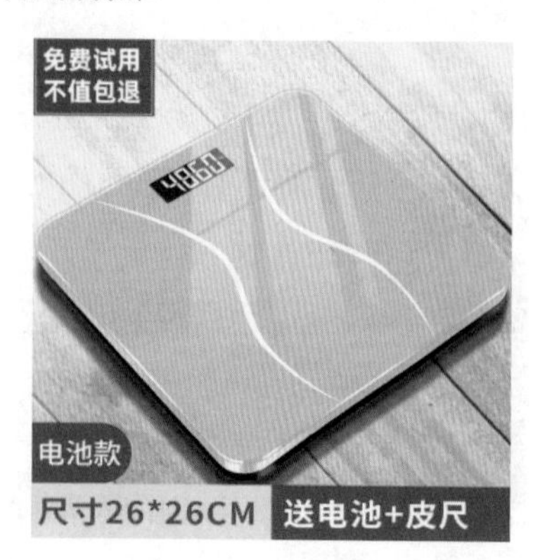

图 4-54　家用电子体重秤的创意主图示例

图 4-54　家用电子体重秤的创意主图示例（续）

4.3.3　商品详情页的装修设计

商品详情页的主要作用是对商品的使用方法、应用场景、材质、尺寸以及细节等方面的内容进行展示，还有些商家为了拉动店铺内其他商品的销量，或者提升店铺的品牌形象，还会在商品详情页中添加搭配套餐和品牌简介等信息，以此来树立和创建商品的形象，提升用户的购买欲望。

商品详情页对于用户的浏览时间会有直接影响，好的商品详情页装修能够提升用户的下单率，因此商家必须想方设法地设计出优质的商品详情页。下面将详细介绍商品详情页的设计技巧，帮助商家理清思路，快速做出优质的商品详情页装修效果。

1．商品详情页的设计要点

商家需要深入分析商品的特点来设计商品详情页的具体内容，并按照用户的浏览习惯，通过商品详情页更好地将商品的各种信息罗列出来。

通常情况下，可以把用户在商品详情页的浏览习惯看成是一个沙漏状的模型，如图 4-55 所示，用户从商品详情页的首屏开始自上往下浏览各个模块，越往下面的模块浏览的用户数量越少。因此，商品详情页中各模块的布局非常重要，好的商品详情页设计可以让商品的转化率得到有效提升。

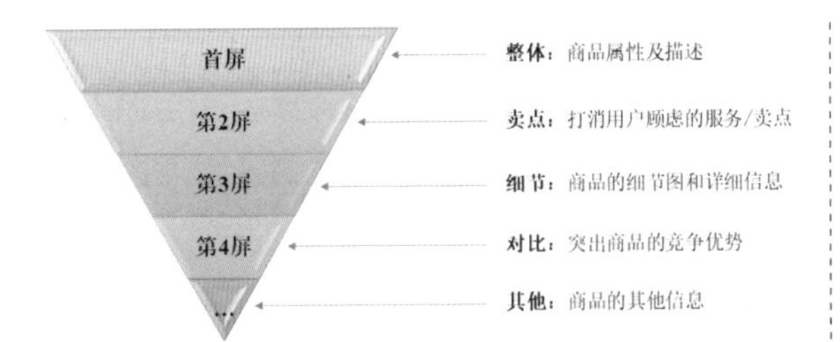

图 4-55　用户浏览习惯的沙漏状模型

在电商平台上，商家和用户进行商品交易的整个过程中，没有实物和营业员，也不能口述、不能凭感觉，此时商品详情页就承担起推销商品的所有工作。在整个的商品推销过程中都是非常静态的，没有交流、没有互动，用户在浏览商品的时候也没有现场氛围来烘托购物气氛，因此用户此时会变得相对理性。

商品详情页在重新排列商品细节展示的过程中，只能通过文字、图片和视频等沟通方式，这就要求商家在整个商品详情页的设计中需要注意一个关键点——阐述逻辑：展示商品→描述商品→说服用户→产生购买。

2．商品详情页的图片要求

在电商平台上，大部分商家会通过创意主图的推广来引流，因此都非常重视主图的设计。在这种情况下，虽然主图的点击率很高，但由于商品详情页的设计较差，也会导致商品的转化率远远跟不上点击率。这是很多商家经常遇到的问题，即使付出了大量的推广成本，但转化率却无法提升。

要知道，商品详情页中的图文和视频内容相当于商品的简历，不仅是促进用户从浏览转化为购买行为的一个重要页面，同时也是展示商品细节和品牌魅力进而获得用户关注店铺和收藏商品的重要渠道。

在商品详情页中，用户购买商品时主要看的就是商品展示的部分，在这里需要让用户对商品有一个直观的感受。通常这部分是以图片的形式来展现的，分为摆拍图和场景图两种类型，相关示例如图 4-56 所示。

图 4-56　商品详情页中的摆拍图（上图）和场景图（下图）示例

摆拍图主要用于表达商品最真实的一面，通常采用白底图，且画面干净、简洁、清晰。场景图则用于烘托商品的氛围，让用户掌握更多的商品信息。因此，商家在设计图片的时候，首先要注意的就是图片的清晰度，其次是图片的配色要合理不突兀，力求逼真而完美地表现出商品的特性。

3．商品详情页的字体要求

以手机端的商品详情页为例，若图片的宽度为 375 像素，则文字的字体不能小于 12 号；若图片的宽度为 750 像素，则文字的字体不能小于 24 号。一旦字体达不到平台的标准，可能会无法提交商品，同时也会影响用户的浏览体验。

表 4-1 所示为商品详情页常用的字体类型。需要注意的是，这些字体基本都是商用字体，需要支付版权费，商家在使用前一定要购买字体版权，或者使用其他的免费字体，避免产生不必要的麻烦。

表 4-1 商品详情页常用的字体类型

字体类型	字体特点	字体举例	应用场景
男性字体	粗犷、硬朗、稳重、有力量	汉仪菱心体简	体育用品、男性用品
女性字体	纤细、柔软、秀气、苗条、曲线	方正中倩简体	珠宝配饰、美妆商品或女性用品
中性字体	干净、简洁、精致、平静、中性美	微软雅黑	手机、电脑或商品说明
儿童字体	活泼、可爱、肥圆、呆萌、调皮	华康海报体	母婴用品、零食、玩具
文艺字体	舒适、文静、素雅、松弛、慢生活	文鼎习字体	服装、首饰、家具用品
书法字体	古典、洒脱、霸气、流畅	英章行书	游戏、酒类、旅游、电影

4. 商品详情页的色彩搭配

在进行商品详情页的色彩搭配设计时，商家需要控制好页面的主导色，并把握主导色与其他次要色（衬托色和点缀色）的关系，如图 4-57 所示。

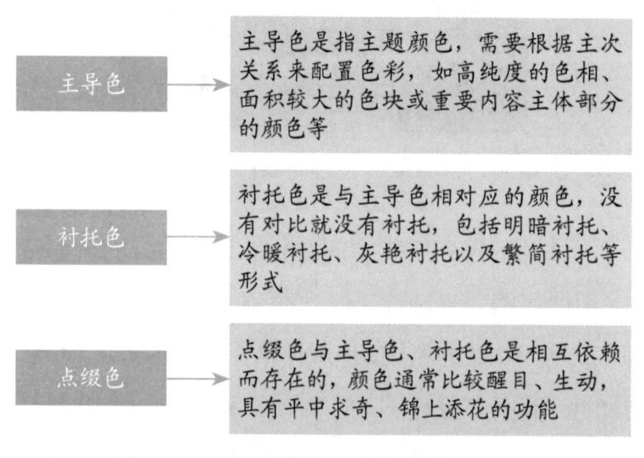

图 4-57 商品详情页的色彩搭配原则

通常情况下，商品详情页中的色彩不宜超过 3 种色相。其中，主导色在页面中的比例为 70%，衬托色的比例为 25%，点缀色的比例为 5%。因此，主导色的确定会影响整个商品详情页的格调。

总之，颜色越少越好，会显得商品详情页更加成熟。当然，如果是大型的店铺活动或大促期间，则商家可以适当地使用多色搭配来营造活跃的商品氛围感。

5. 商品详情页的排版技巧

一个完整的商品详情页通常包括微详情（商品轮播图）、客详情（商品卖点，也是用户最关心的内容）和详情页（商品的具体介绍）3 个部分，其中微详情会影响点击率，而客详情和详情页则会影响转化率，三者的布局技巧如图 4-58 所示。

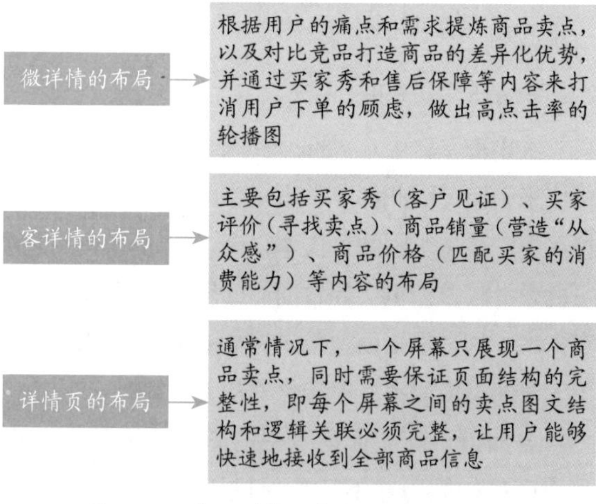

图 4-58 商品详情页各部分的布局技巧

在商品详情页中，一个屏幕是指当前市面上的主流手机或显示器的屏幕可视内容。一个屏幕只承载一个商品卖点，这样不仅简洁清晰、方便用户记忆，而且也符合多数人的审美。图 4-59 所示为商品详情页内容的常用排版结构。

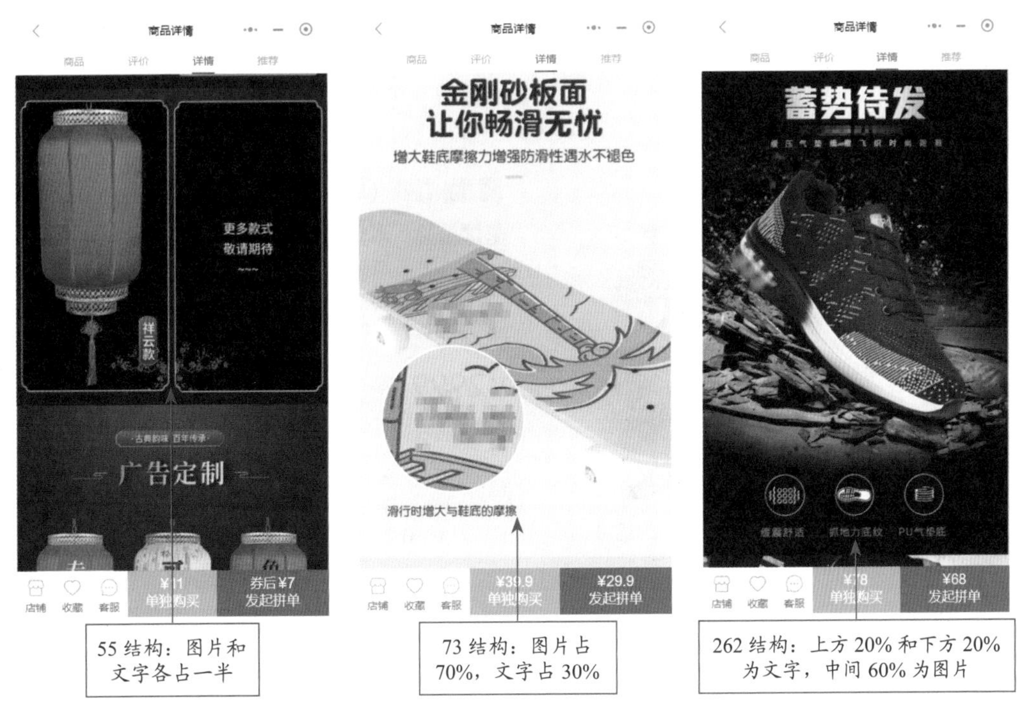

图 4-59　商品详情页内容的常用排版结构

4.3.4　广告海报的装修设计

店铺页面到底该如何进行装修？这是一个值得所有网店商家深思的问题。回答这个问题之前，商家必须先清楚用户进入店铺的目的是什么？通常情况下，用户进入店铺无非是抱着以下 3 种心态。

（1）找优惠：看看店铺有没有优惠券可以领？有什么促销活动？

（2）找商品：看看店铺中是否有其他适合自己的商品？以及店铺风格是否符合自己的气质？

（3）找信赖：看看店铺的整体销量、用户评价、粉丝人数、服务保障等情况，以此推断店铺中的商品质量。

基于用户的这些心态，其实店铺装修也没有想像中的那么难。下面主要从用户“找优惠”的角度入手，商家可以在店铺页面中添加各种广告海报来进行装修，用优惠来打动用户。

商家在做店铺装修时，需要做好页面的整体规划，一个优质的店铺装修可以分为 5 个板块：广告海报、优惠展示、活动主推商品、补充商品展示、品牌服务信息。不同板块的内容各有侧重，商家在设计时要考虑整体风格的一致性。

其中，广告海报设计是营销成功与否的关键，图片要突出商品信息，画面要营造活动氛围，同时设计风格要与店铺的装修风格一致，下面将介绍相关的设计技巧。

1．广告海报的视觉包装

好的广告海报决定了店铺在用户心目中的形象，是决定点击率的核心因素，也在一定程度上决定了店铺销售的结果。因此，店铺的广告海报设计是商品营销过程中非常重要的一环。

下面介绍优秀的店铺广告海报该如何进行视觉包装。

（1）制作吸睛的文字效果：将文字处理成带有立体感和层次感的效果，或者使用光线特效

来点缀文字，也可以进行字体创意设计等，让文字内容更加突出和聚焦，更有效地深入用户内心，如图 4-60 所示。

图 4-60　文字设计示例

（2）背景搭配简约唯美：广告海报的背景设计也相当重要，或简单大气，或使用唯美风景，主要依据自己店铺和商品的风格来选择搭配。

（3）排版布局简洁明了：广告海报的主要排版原则是简洁明了、突出主题，常采用的排版方式包括居中排版、上下排版、左右排版等形式，将文案内容和图片内容划分开，通过创意的图文设计烘托出活动的氛围，带动店铺销售。图 4-61 所示采用的是上下排版的形式，打开页面后，首先映入眼帘的是上方的主题文案，接着向下可以看到商品图片，而且整体版面显得非常简洁明了。

图 4-61　简洁明了的海报排版示例

（4）色彩搭配对比协调：通过对海报的色彩进行搭配和组合，可以取得更好的视觉效果，通常可以运用互补色、对比色或者相近色的搭配方式，展现不同的视觉风格。

（5）运用光效突出主题：在设计商品海报时，可以运用光效处理来突出画面中的商品图片或者文案内容，快速吸引用户的眼光。

2. 广告海报的设计要点

高点击率的广告海报必须要突出商品的利益点、服务优势和品牌元素，如“低至 9.9”“第 2 件半价”“1 元抢购”等利益点，或者“工厂直供”“退货包运费”等服务优势。商家可以将店铺的爆款商品主图放到广告海报中，同时在点击后的专题页首屏中展现该爆款。要制作高点击率的广告海报，商家首先要注意图中各元素的排版布局，主要包括以下 5 个元素。

（1）品牌 Logo：一定要凸显，要让用户感知到这个品牌。

（2）图片布局：广告海报中通常包括商品图片、模特图片、促销信息以及卖点文案等内容，商家可以通过对这些内容进行合理布局，来突出要表达的重点信息。图 4-62 所示为常见的广告海报布局方式。

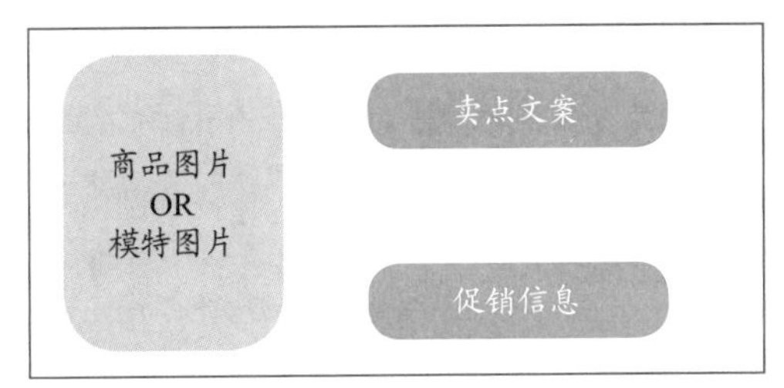

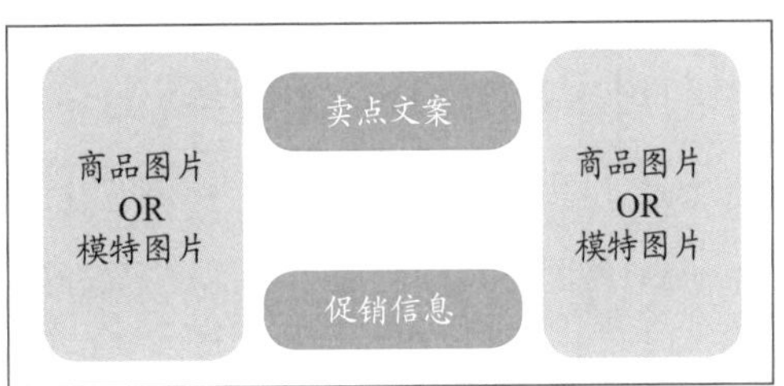

图 4-62　常见的广告海报布局方式

专家指点

商家可以多参加平台举办的大促活动，从而突出广告海报的活动氛围。同时，在广告海报中设计一些按钮或箭头图案，这样可以很好地增强图片的点击效果和吸引力。

（3）促销信息：在不同的店铺运营阶段，商家需要的促销信息也是不一样的，商家可以根据不同的节假日或者大促时期来进行调整，如图 4-63 所示。

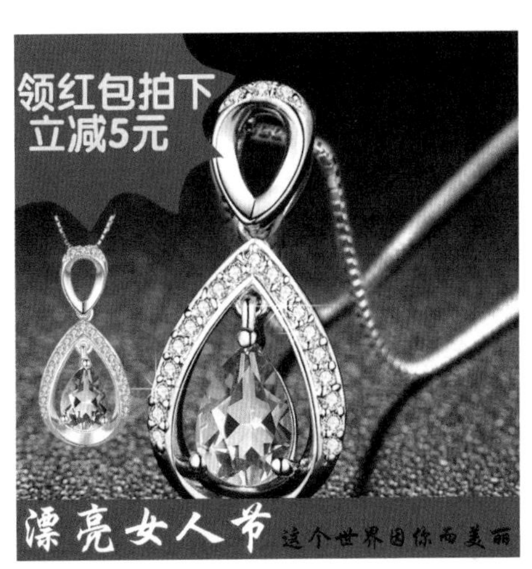

图 4-63　广告海报的促销信息示例

（4）卖点提炼：商家可以从价格、服务、效率、质量、稀缺性、便捷性、自身实力、附加值、商品丰富程度以及用户情感需求等角度，在广告海报中打造店铺商品的差异化和优势卖点，如图 4-64 所示。

专家指点

如果商家的店铺主营商品是手机、空调、电视机或者冰箱等功能性商品，这些都属于标品。用户在购买这种标品类商品时，对于商品的品牌和性能通常都有一定的要求。因此，商家可以在主图或创意图中提炼商品的核心卖点，并展现品牌的正品和保障信息，即可吸引用户点击。

商品卖点：为母亲选好礼
提炼角度：用户情感需求

商品卖点：正品保障 售后无忧
提炼角度：服务、质量、实力

图 4-64　广告海报的卖点提炼示例

（5）构图方式：当商家设计好上面的几个元素后，还需要使用合理的构图方式来提升广告图的美感，以便更好地向用户传达愉悦的营销信息，从而拉近商家与用户之间的距离，如图 4-65 所示。

① 三分线构图：信息的层次感更明确，同时突出重点信息

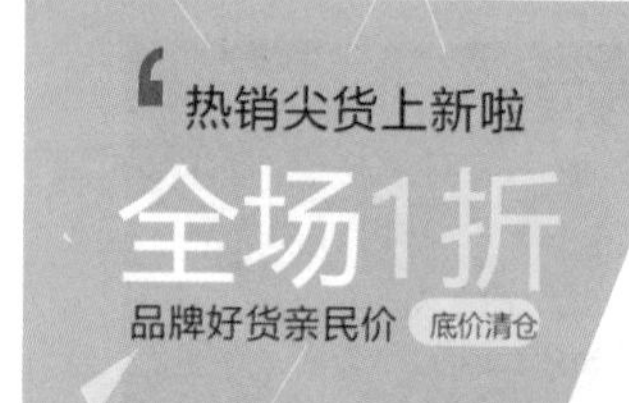

② 斜线构图：切割画面，同时使画面产生活力，突出商品的造型与色彩

③ 对称构图：产生均衡、平稳的画面美感

图 4-65　广告海报的构图示例

第5章

图片美工：让店铺商品更夺人眼球

章前知识导读

Photoshop 是一款非常优秀的平面设计软件，被广泛用于广告设计、图像处理、图形制作、影像编辑以及图像的输入/输出等领域。使用 Photoshop 软件可以非常方便地进行商品图片的美工处理，本章将挑选一些常用的操作技能进行讲解。

新手重点索引

- 商品图像的基本处理
- 商品图像的修复处理
- 商品图像的高级处理
- 商品图像的色彩处理
- 商品图像的抠图处理

效果图片欣赏

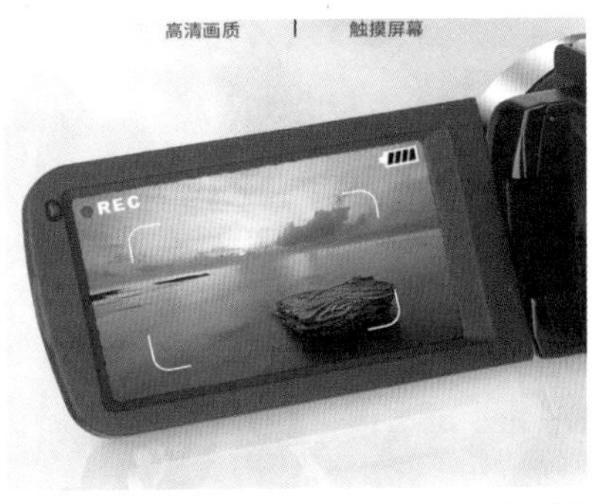

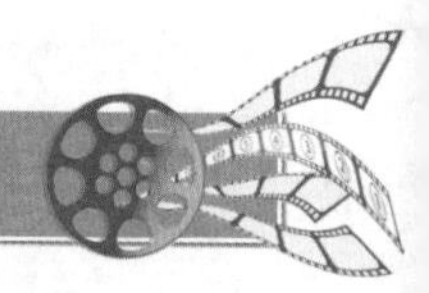

5.1 商品图像的基本处理

一张照片素材的大小通常会达到 2MB 以上，如果使用这些原始照片作为商品介绍图片，将其上传到电商平台上，那么会占用很大的存储空间，同时使用户浏览的等待时间变长。在 Photoshop 中可以通过多种方式对商品图像的大小和角度等进行基本调整，本节将介绍具体的操作方法。

5.1.1 调整尺寸：改变商品图像的大小

在编辑商品图像的过程中，可以根据需要调整图像的大小，但在调整时一定要注意文档宽度值、高度值与分辨率值之间的关系，否则改变图像的大小后其质量效果也会受到影响。下面介绍调整商品图像尺寸的操作方法。

	素材文件	素材 \ 第 5 章 \ 玩偶 .jpg
	效果文件	效果 \ 第 5 章 \ 玩偶 .jpg
	视频文件	扫码可直接观看视频

【操练+视频】
——调整尺寸：改变商品图像的大小

STEP 01 选择“文件”|“打开”命令，打开一幅素材图像，如图 5-1 所示。

图 5-1　打开的素材图像

STEP 02 在菜单栏中，选择“图像”|“图像大小”命令，弹出“图像大小”对话框，可以看到原图的尺寸大小，如图 5-2 所示。

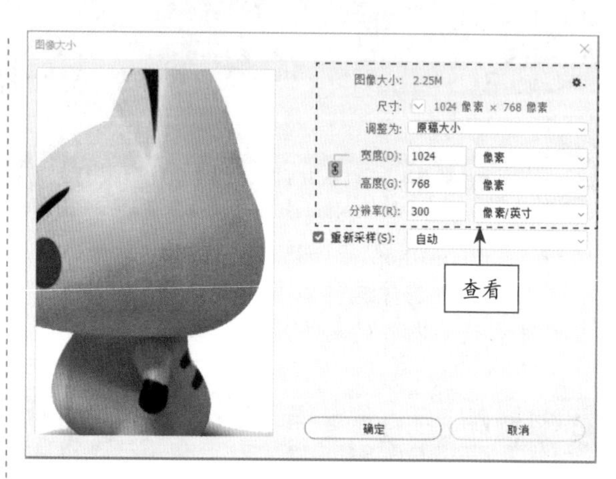

图 5-2　查看原图的尺寸大小

STEP 03 设置“分辨率”为 72 像素 / 英寸，可以看到图像的宽度和高度数值也会发生变化，如图 5-3 所示。

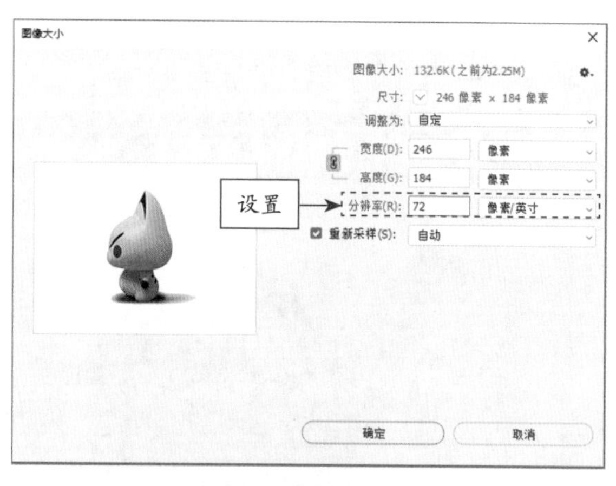

图 5-3　设置相应数值

STEP 04 单击“确定”按钮，即可调整图像的尺寸，如图 5-4 所示。

> **专家指点**
>
> 分辨率指的是单位长度上像素的数目，通常用“像素 / 英寸”或“像素 / 厘米”表示。分辨率越高，文件就越大，图像也就越清晰，处理速度就会相应变慢；反之，分辨率越低，图像就越模糊，处理速度就会相应变快。

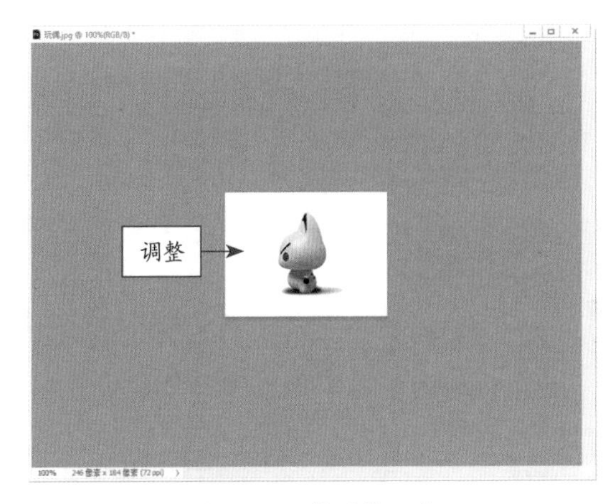

图 5-4 调整图像尺寸

5.1.2 裁剪图像：裁掉多余的商品画面

如果只需要照片中某一部分图像的时候，使用“图像大小”命令就不能完成照片的尺寸调整，此时可以使用工具箱中的裁剪工具，或利用菜单栏中的“裁剪”命令来实现，还可以利用“裁切”命令来修剪图像，将不需要的部分图像裁剪掉。下面介绍裁剪商品图像素材的操作方法。

素材文件	素材 \ 第 5 章 \ 蝴蝶结 .jpg
效果文件	效果 \ 第 5 章 \ 蝴蝶结 .jpg
视频文件	扫码可直接观看视频

【操练 + 视频】
——裁剪图像：裁掉多余的商品画面

STEP 01 选择“文件”|“打开”命令，打开一幅素材图像，如图 5-5 所示。

图 5-5 打开的素材图像

STEP 02 选取工具箱中的裁剪工具，调出裁剪控制框，按住鼠标左键的同时拖曳，调整裁剪控制框的大小，如图 5-6 所示。

图 5-6 调整裁剪控制框

STEP 03 将鼠标指针移至裁剪控制框中，按住鼠标左键的同时将其拖曳至合适位置，如图 5-7 所示。

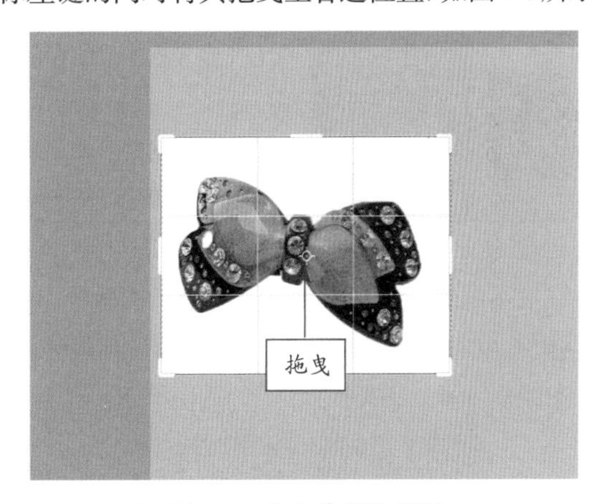

图 5-7 拖曳裁剪控制框

STEP 04 执行操作后，按 Enter 键确认，即可裁剪图像，效果如图 5-8 所示。

图 5-8 裁剪图像

专家指点

将鼠标指针移至裁剪控制框四周的 8 个控制柄上，当鼠标指针呈双向箭头形状时，按住鼠标左键的同时拖曳，即可放大或缩小裁剪区域；将鼠标指针移至裁剪控制框的 4 个角外，当鼠标指针呈形状时，可对其裁剪区域进行旋转处理。

5.1.3 编辑图像：缩放与旋转商品素材

在设计商品图像或调入图像素材时，图像角度的改变会影响整幅图像的效果，针对缩放或旋转图像，则能使平面图像的显示视角更独特，同时也可以将倾斜的图像纠正。下面介绍缩放与旋转商品图像的操作方法。

	素材文件	素材 \ 第 5 章 \ 煎锅 .psd
	效果文件	效果 \ 第 5 章 \ 煎锅 .psd、煎锅 .jpg
	视频文件	扫码可直接观看视频

【操练 + 视频】
——编辑图像：缩放与旋转商品素材

STEP 01 选择“文件”|“打开”命令，打开一幅素材图像，如图 5-9 所示。

图 5-9 打开的素材图像

STEP 02 在“图层”面板中，选中“图层 2”图层，选择“编辑”|“变换”|“缩放”命令，如图 5-10 所示。

STEP 03 将鼠标指针移至变换控制框右上方的控制柄上，当鼠标指针呈双向箭头形状时，按住鼠标左键的同时向左下方拖曳，将图像缩小至合适大小，如图 5-11 所示。

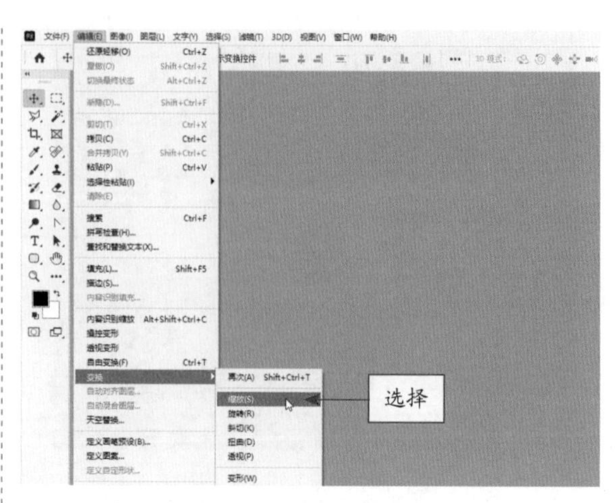

图 5-10 选择“缩放”命令

图 5-11 将图像缩小至合适大小

STEP 04 将鼠标指针移至变换控制框内的同时，单击鼠标右键，在弹出的快捷菜单中选择“旋转”命令，如图 5-12 所示。

图 5-12 选择“旋转”命令

STEP 05 将鼠标指针移至变换控制框右上方的控制柄外，当鼠标指针呈↰形状时，按住鼠标左键的同时向逆时针方向旋转，如图 5-13 所示。

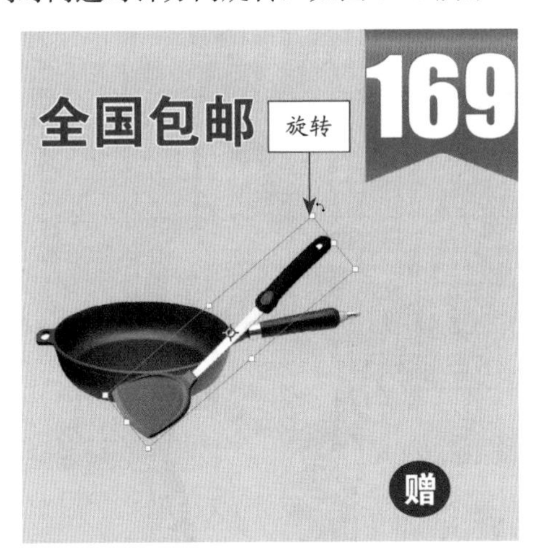

图 5-13　逆时针旋转

STEP 06 执行上述操作后，按 Enter 键确认，即可旋转图像，并适当调整其位置，效果如图 5-14 所示。

图 5-14　旋转图像后的效果

专家指点

在 Photoshop 中对图像进行缩放操作时，按住 Shift 键和鼠标左键的同时拖曳，可以等比例缩放图像。

5.2 商品图像的色彩处理

受拍摄环境的影响，商家对拍摄出来的商品图像素材的色彩不满意，或者想通过改变图像颜色，使自己的商品呈现出与竞品不同的视觉感受时，可以对商品图像进行色彩修饰。在 Photoshop 中可以通过多种方式对商品图像进行调色。

5.2.1 调整曝光：恢复商品图像的亮度

拍摄好的商品图像，常常会存在曝光不足或者曝光过度的问题，使用 Photoshop 中的“曝光度”命令可以调整照片的曝光问题。“曝光度”命令是模拟摄像机内的曝光程序来对照片进行二次曝光处理，通过调节“曝光度”“位移”“灰度系数校正”参数来控制图像的明暗。图 5-15 所示为“曝光度”对话框。

图 5-15　“曝光度”对话框

“曝光度”对话框中主要选项的基本含义如下。

- 预设：可以选择一个预设的曝光度调整图像。
- 曝光度：拖动滑块或输入相应的数值可以调整图像的高光部分，但对极限阴影的影响很轻微。
- 位移：使阴影和中间调变暗，对高光的影响很轻微。

◉ 灰度系数校正：用来减淡或加深图像中的灰色部分，特殊情况下也可以用来提亮图像中的灰暗区域，增强暗部的层次。

有些照片因为曝光过度而导致画面偏白，或因为曝光不足而导致画面偏暗，可以使用“曝光度”命令调整图像的亮度。下面介绍调整商品图像曝光度的操作方法。

	素材文件	素材\第5章\旗袍.jpg
	效果文件	效果\第5章\旗袍.jpg
	视频文件	扫码可直接观看视频

【操练+视频】
——调整曝光：恢复商品图像的亮度

STEP 01 选择“文件”|“打开”命令，打开一幅素材图像，如图5-16所示。

图5-16　打开的素材图像

STEP 02 选择“图像”|“调整”|“曝光度”命令，弹出“曝光度”对话框，设置“曝光度”为1.55、“位移”为-0.002、“灰度系数校正”为1.16，单击“确定”按钮，即可调整图像的曝光度，效果如图5-17所示。

图5-17　最终效果

5.2.2　调整色彩：让商品颜色更加亮丽

使用Photoshop中的“自然饱和度”命令，可以调整整幅商品图像或单个颜色分量的饱和度和亮度值。下面介绍调整商品图像色彩的操作方法。

	素材文件	素材\第5章\长裙.jpg
	效果文件	效果\第5章\长裙.jpg
	视频文件	扫码可直接观看视频

【操练+视频】
——调整色彩：让商品颜色更加亮丽

STEP 01 选择“文件”|“打开”命令，打开一幅素材图像，如图5-18所示。

STEP 02 选择“图像”|“调整”|“自然饱和度”命令，如图5-19所示。

STEP 03 执行操作后，弹出“自然饱和度”对话框，设置“自然饱和度”为50、“饱和度”为12，如图5-20所示。

图 5-18　打开的素材图像

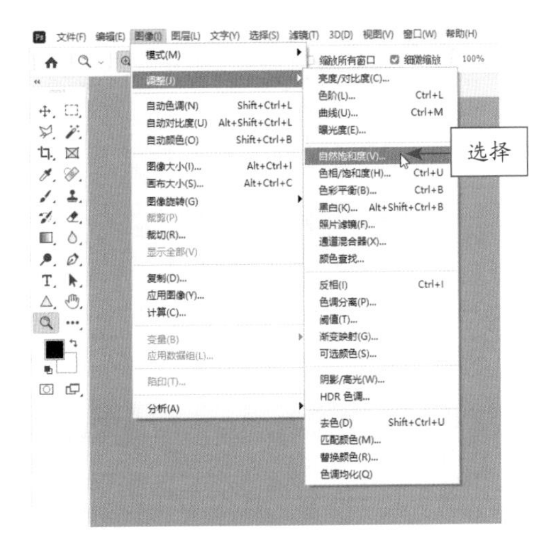

图 5-19　选择“自然饱和度”命令

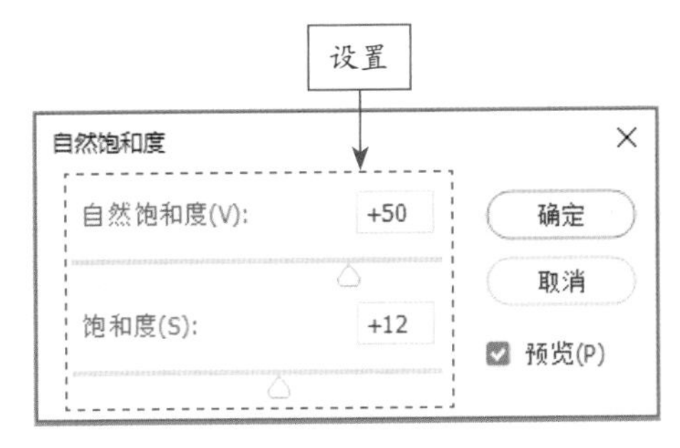

图 5-20　设置相应参数

STEP 04 单击“确定”按钮，即可调整图像的色彩饱和度，效果如图 5-21 所示。

图 5-21　最终效果

专家指点

拍摄好的商品图像素材，常常会存在偏色的问题，此时可以通过 Photoshop 中的“自动色调”“自动对比度”以及“自动颜色”命令来自动调整图像的色彩与色调，使照片恢复正常的色彩与色调效果。例如，“自动色调”命令会根据图像整体颜色的明暗程度进行自动调整，使得亮部与暗部的颜色按一定的比例进行分布。

5.2.3　还原颜色：恢复商品的原本色彩

拍摄出来的商品图像常常存在色彩不平衡的问题，使用 Photoshop 中的“色彩平衡”命令可以增加或减少处于高光、中间调及阴影区域中的特定颜色，使混合颜色达到平衡，改变图像的整体色调，从而还原图像的真实色彩。

下面介绍恢复商品图像原本色彩的操作方法。

	素材文件	素材 \ 第 5 章 \ 拖鞋 .jpg
	效果文件	效果 \ 第 5 章 \ 拖鞋 .jpg
	视频文件	扫码可直接观看视频

【操练 + 视频】
——还原颜色：恢复商品的原本色彩

STEP 01 选择“文件”|“打开”命令，打开一幅素材图像，如图 5-22 所示。

图 5-22　打开的素材图像

STEP 02 选择菜单栏中的“图像”|“调整”|“色彩平衡”命令，如图 5-23 所示。

图 5-23　选择“色彩平衡”命令

STEP 03 弹出“色彩平衡”对话框，设置“色阶”为 100、0、0，如图 5-24 所示。

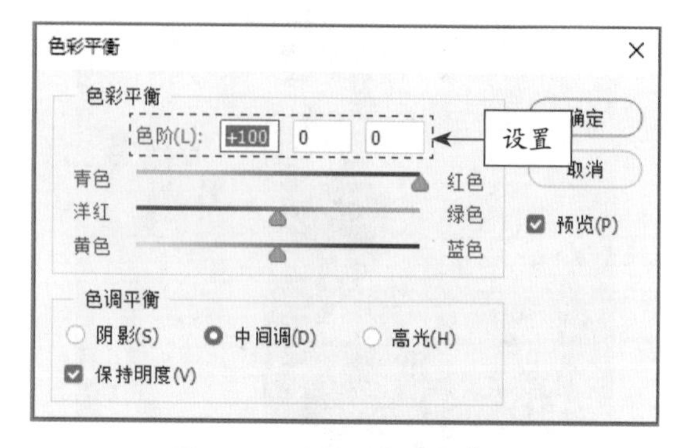

图 5-24　设置“色阶”参数

STEP 04 单击“确定”按钮，即可恢复图像的色彩，效果如图 5-25 所示。

图 5-25　最终效果

专家指点

在“色彩平衡”对话框的“色彩平衡”选项组中，分别显示了“青色和红色”“洋红和绿色”“黄色和蓝色”这 3 对互补的颜色，每一对颜色中间的滑块可用于控制各主要色彩的增减，从而改变画面的整体色调效果。

5.3 商品图像的修复处理

由于拍摄环境或灯光等问题，常常会使拍摄出来的商品图像存在一定的瑕疵，如果不调整图像就直接用于店铺装修或广告海报中，会极大降低所售商品的页面展示效果，影响用户对商品品质的正确判断。

在 Photoshop 中可以通过多种方式对商品图像的瑕疵进行修复，以及对图像局部进行优化处理。本节将介绍使用 Photoshop 修复商品图像瑕疵的操作方法。

5.3.1　污点修复：修复商品图中的瑕疵

污点修复画笔工具可以自动进行像素的取样，只需在图像中有杂色或污渍的地方按住鼠标左键并拖曳进行涂抹，即可修复图像。选取工具箱中的污点修复画笔工具，其工具属性栏如图 5-26 所示。

图 5-26　污点修复画笔工具的属性栏

下面介绍运用污点修复画笔工具修复图像的操作方法。

素材文件	素材 \ 第 5 章 \ 女包 .jpg
效果文件	效果 \ 第 5 章 \ 女包 .jpg
视频文件	扫码可直接观看视频

【操练 + 视频】
——污点修复：修复商品图中的瑕疵

STEP 01 选择“文件”|“打开”命令，打开一幅素材图像，如图 5-27 所示。

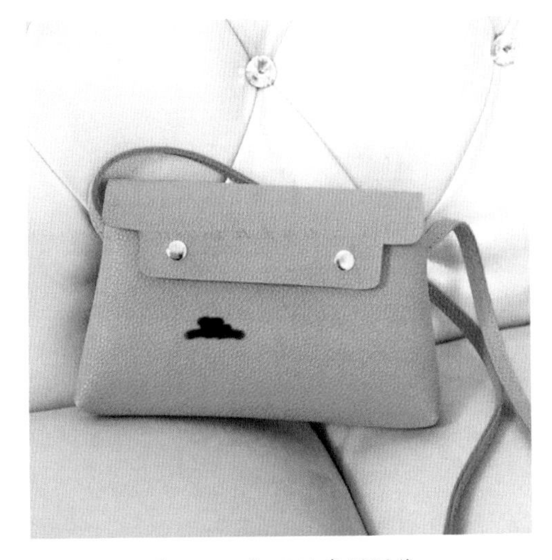

图 5-27　打开的素材图像

STEP 02 选取工具箱中的污点修复画笔工具，如图 5-28 所示。

图 5-28　选取污点修复画笔工具

STEP 03 移动鼠标指针至图像编辑窗口中的合适位置，按住鼠标左键并拖曳，对图像进行涂抹，鼠标涂抹过的区域呈黑色显示，如图 5-29 所示。

图 5-29　涂抹图像

STEP 04 释放鼠标左键，即可修复图像，效果如图 5-30 所示。

图 5-30　最终效果

专家指点

Photoshop 中的污点修复画笔工具能够自动分析鼠标涂抹处及周围图像的不透明度、颜色与质感，从而进行采样与修复操作。污点修复画笔工具属性栏中主要选项的含义如下。

- 模式：在该下拉列表框中可以设置修复图像与目标图像之间的混合方式。
- 内容识别：选择该选项后，在修复图像时，将根据当前图像的内容识别像素并自动填充。
- 创建纹理：选择该选项后，在修复图像时，将根据当前图像周围的纹理自动创建一个相似的纹理，从而在修复瑕疵的同时保证不改变原图像的纹理。
- 近似匹配：选择该选项后，在修复图像时，将根据当前图像周围的像素来修复瑕疵。

5.3.2 去除杂物：处理不要的瑕疵图像

很多时候，在拍摄商品或模特图像时，由于拍摄环境有限，导致拍摄的图像中出现多余的干扰物，此时可以使用 Photoshop 中的仿制图章工具将照片中的一部分绘制到带有缺陷的部分，去除不需要的瑕疵图像。

仿制图章工具可以从图像中取样，然后将样本应用到其他图像或同一图像的其他部分。选取工具箱中的仿制图章工具，其工具属性栏如图 5-31 所示。

图 5-31　仿制图章工具的属性栏

在仿制图章工具的属性栏中，各主要选项的含义如下。

- “切换画笔设置面板”按钮：单击该按钮，将打开“画笔设置”面板，可对画笔属性进行更加具体的设置。
- “切换到仿制源面板”按钮：单击该按钮，将打开“仿制源”面板，可对仿制的源图像进行更加具体的管理和设置。
- “不透明度”下拉列表框：用于设置应用仿制图章工具时的不透明度。
- “流量”下拉列表框：用于设置扩散速度。
- “对齐”复选框：选中该复选框，取样的图像源在应用时，若由于某些原因停止，则再次仿制图像时，仍可从上次仿制结束的位置开始；若取消选中该复选框，则每次仿制图像时，都将从取样点的位置开始应用。
- “样本”下拉列表框：用于定义取样源的图层范围，主要包括“当前图层”“当前和下方图层”“所有图层”3 个选项。
- “在仿制时忽略调整图层”按钮：当设置“样本”为“当前和下方图层”或“所有图层”时，才能激活该功能按钮，且激活该功能按钮后，在定义取样源时可以忽略图层中的调整图层。

下面介绍运用仿制图章工具修复图像的操作方法。

	素材文件	素材 \ 第 5 章 \ 婚纱 .jpg
	效果文件	效果 \ 第 5 章 \ 婚纱 .jpg
	视频文件	扫码可直接观看视频

【操练 + 视频】
——去除杂物：处理不要的瑕疵图像

STEP 01 选择“文件” | “打开”命令，打开一幅素材图像，如图 5-32 所示。

图 5-32　打开的素材图像

STEP 02 选取工具箱中的仿制图章工具，将鼠标指针移至图像编辑窗口中的适当位置处，按住 Alt 键的同时单击鼠标左键，进行取样，如图 5-33 所示。

图 5-33　进行取样

STEP 03 释放 Alt 键，将鼠标指针移至需要修复的图像位置处，按住鼠标左键并拖曳涂抹图像，即可对样本对象进行复制，如图 5-34 所示。

图 5-34　涂抹图像

STEP 04 多次取样并涂抹图像，将瑕疵图像完全覆盖掉，效果如图 5-35 所示。

图 5-35　最终效果

5.3.3　锐化处理：把模糊商品图变清晰

很多人在使用单反相机或者智能手机拍摄商品图像时，经常会遇到被摄主体十分模糊而背景却很清晰的情况，其实这主要是由于对焦不准确造成的，我们可以在后期使用 Photoshop 来处理，把模糊的商品图片变得清晰。下面进行详细介绍。

	素材文件	素材 \ 第 5 章 \ 布娃娃 .jpg
	效果文件	效果 \ 第 5 章 \ 布娃娃 .jpg
	视频文件	扫码可直接观看视频

【操练 + 视频】
——锐化处理：把模糊商品图变清晰

STEP 01 选择“文件” | “打开”命令，打开一幅素材图像，如图 5-36 所示。

图 5-36　打开的素材图像

STEP 02 选择菜单栏中的“滤镜”|“锐化”|“USM锐化”命令，如图5-37所示。

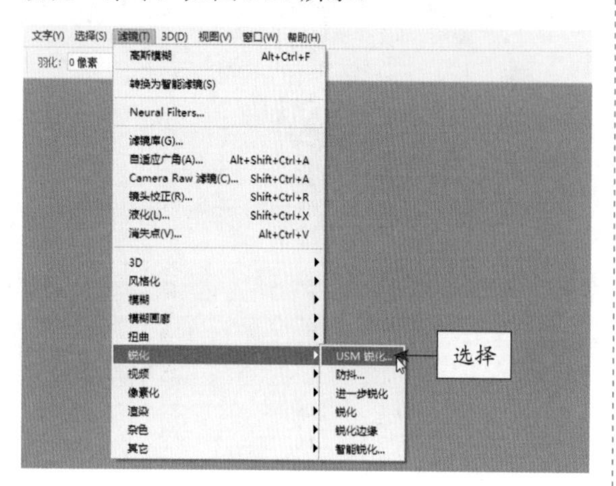

图5-37　选择“USM锐化”命令

STEP 03 弹出“USM锐化”对话框，设置“数量”为200%、“半径”为2像素、“阈值”为0色阶，如图5-38所示。

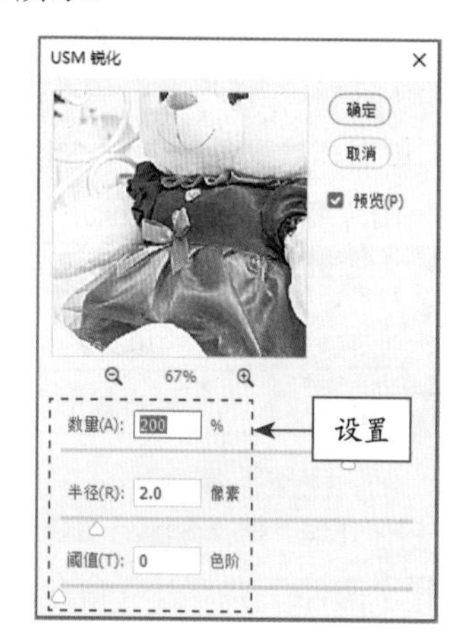

图5-38　设置参数值

STEP 04 单击“确定”按钮，即可锐化图像，效果如图5-39所示。

图5-39　锐化图像效果

STEP 05 选择菜单栏中的“编辑”|“渐隐USM锐化”命令，弹出“渐隐”对话框，设置“模式”为“明度”，如图5-40所示。

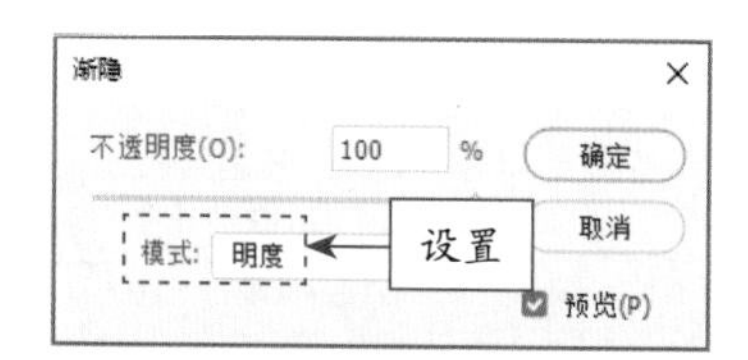

图5-40　“渐隐”对话框

STEP 06 单击“确定”按钮，即可避免对图像中的颜色进行过度的锐化处理，效果如图5-41所示。

图5-41　最终效果

5.4 商品图像的抠图处理

由于拍摄取景的问题，常常会使拍摄出来的图像内容过于复杂，致使商品显示得不清晰，如果不抠取商品就直接使用拍摄的图像，将其上传到店铺中作为装修元素，这样会降低商品的表现力，因此需要抠取出主要的商品部分来单独使用。

在Photoshop中可以通过多种方式对图像中的商品进行抠图，本节针对不同背景的商品图像，介绍如何使用Photoshop中的工具和命令将商品抠取出来。

5.4.1　形状抠图：抠出规则形状的商品

一些外形较为规则的商品，例如矩形或者圆形等，可以通过 Photoshop 中的矩形选框工具 或椭圆选框工具 来进行快速抠图。使用这两个工具创建的选区边缘非常平滑，能够将商品的边缘抠取得更加准确。

例如，Photoshop 中的矩形选框工具 可以快速地建立矩形选区，该工具是区域选择工具中最基本、最常用的工具，选择矩形选框工具后，其工具属性栏如图 5-42 所示。

图 5-42　矩形选框工具的属性栏

矩形选框工具属性栏中各主要选项的基本含义如下。

- 羽化：用来设置选区的羽化范围。
- 样式：用来设置创建选区的方法。选择“正常”选项，可以通过拖曳鼠标来创建任意大小的选区；选择“固定比例”选项，可在右侧设置选区的“宽度”和“高度”的比例；选择“固定大小”选项，可在右侧设置选区的“宽度”和“高度”的像素数值。单击 按钮，可以切换“宽度”和“高度”值。

下面介绍运用矩形选框工具 抠图的操作方法。

	素材文件	素材 \ 第 5 章 \ 电视机 .psd
	效果文件	效果 \ 第 5 章 \ 电视机 .psd、电视机 .jpg
	视频文件	扫码可直接观看视频

【操练 + 视频】
——形状抠图：抠出规则形状的商品

STEP 01 选择“文件”|“打开”命令，打开一幅素材图像，如图 5-43 所示。

STEP 02 选取工具箱中的矩形选框工具 ，移动鼠标指针至图像编辑窗口中的合适位置处，按住鼠标左键并拖曳，创建一个矩形选区，如图 5-44 所示。

图 5-43　打开的素材图像

图 5-44　创建矩形选区

STEP 03 在“图层”面板中选择“图层 2”图层，按 Delete 键，删除选区内的图像，如图 5-45 所示。

图 5-45　删除选区内的图像

STEP 04 执行操作后，即可在上层图像中抠出一个矩形孔洞，显示下层的图像，按 Ctrl + D 组合键取消选区即可，效果如图 5-46 所示。

图 5-46　最终效果

专家指点

选区在图像编辑过程中有着非常重要的作用，它限制着图像编辑的范围和区域，从而得到精确的抠图效果。与创建矩形选区有关的操作技巧如下。

- 按 M 键，可快速地选取矩形选框工具 。
- 按 Shift 键，可创建正方形选区。
- 按 Alt 键，可创建以起点为中心的矩形选区。
- 按 Alt + Shift 组合键，可创建以起点为中心的正方形选区。

5.4.2　颜色抠图：抠出纯色背景的商品

拍摄好的商品图像，当需要单独使用图像中的商品部分，并将其背景去除时，可以根据图像背景的颜色情况，使用 Photoshop 中的魔棒工具 （适合单色背景）或快速选取工具 （适合单色商品），将图像中的商品部分快速地抠取出来。

例如，魔棒工具 可用来创建与图像颜色相近或相同的像素选区，在颜色相近的图像上单击鼠标左键，即可选取相近的颜色范围。选择魔棒工具 后，其工具属性栏的变化如图 5-47 所示。

图 5-47　魔棒工具的属性栏

专家指点

魔棒工具属性栏中各主要选项的基本含义如下。

- 容差：用来控制创建选区范围的大小。数值越小，所要求的颜色越相近；数值越大，则颜色相差越大。
- 消除锯齿：该选项用来模糊羽化边缘的像素，使其与背景像素产生颜色的过渡，从而消除边缘处的明显锯齿。
- 连续：选中该复选框后，只选取与鼠标单击处相连接的相近颜色。
- 对所有图层取样：用于有多个图层的图像文件，选中该复选框后，能选取文件所有图层中相近颜色的区域；取消选中该复选框时，则只能选取当前图层中相近颜色的区域。

使用魔棒工具 时，在工具属性栏中单击“添加到选区”按钮，可以在原有选区的基础上添加新选区，将新建的选区与原来的选区合并成为新的选区。下面介绍运用魔棒工具 抠图的操作方法。

	素材文件	素材 \ 第 5 章 \T 恤 .jpg
	效果文件	效果 \ 第 5 章 \T 恤 .psd
	视频文件	扫码可直接观看视频

【操练 + 视频】
——颜色抠图：抠出纯色背景的商品

STEP 01 选择“文件”|“打开”命令，打开一幅素材图像，如图 5-48 所示。

图 5-48　打开的素材图像

STEP 02 选取工具箱中的魔棒工具，设置“容差”为 50，在白色的背景上单击鼠标左键，即可选中背景区域，如图 5-49 所示。

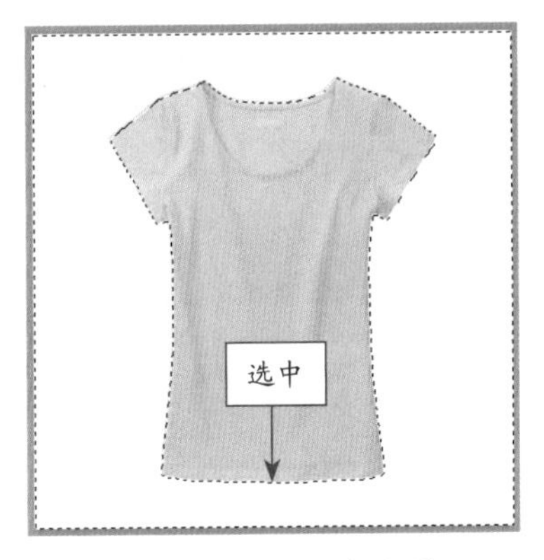

图 5-49　选中白色背景

STEP 03 选择“选择”|“反选”命令，反选选区，即可选中图像中的商品主体，如图 5-50 所示。

图 5-50　选中商品主体

STEP 04 按 Ctrl ＋ J 组合键，复制选区内的图像，并隐藏“背景”图层，即可将商品抠取出来，效果如图 5-51 所示。

图 5-51　最终效果

专家指点

在魔棒工具组中还有一个快速选择工具，它是用来选择颜色的工具，在拖曳鼠标指针的过程中，它能够快速地选择多个颜色相似的区域，相当于按住 Shift 键或 Alt 键不断使用魔棒工具单击。

5.4.3　任意抠图：抠出形状复杂的商品

如果抠取的商品外形和画面背景都比较复杂时，可以考虑使用 Photoshop 中的各种套索工具或钢笔工具将图像中的商品部分快速地抠取出来。例如，使用磁性套索工具可以自动识别对象的边界，如果对象边缘较为清晰，并且与背景对比明显，则可以使用该工具快速选择和抠取商品对象。

下面介绍运用磁性套索工具抠图的操作方法。

	素材文件	素材 \ 第 5 章 \ 手电筒 .jpg
	效果文件	效果 \ 第 5 章 \ 手电筒 .psd
	视频文件	扫码可直接观看视频

【操练＋视频】
——任意抠图：抠出形状复杂的商品

STEP 01 选择“文件”|“打开”命令，打开一幅素材图像，如图 5-52 所示。

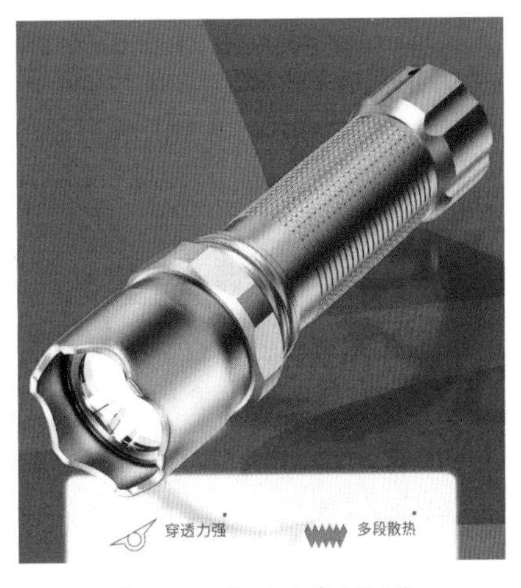

图 5-52　打开的素材图像

STEP 02 选取磁性套索工具，在商品边缘处单击鼠标左键，并沿着商品的边缘移动鼠标指针，如图 5-53 所示。

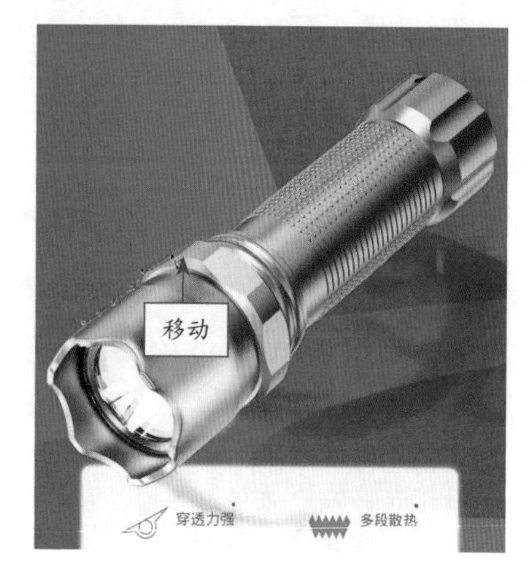

图 5-53 移动鼠标指针

STEP 03 至起始点处，单击鼠标左键，即可创建选区，如图 5-54 所示。

STEP 04 复制选区图层，并隐藏“背景”图层，即可将商品抠取出来，效果如图 5-55 所示。

图 5-54 创建选区

图 5-55 最终效果

5.5 商品图像的高级处理

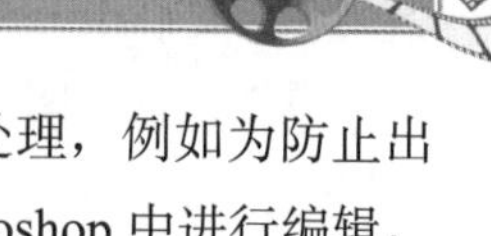

处理好商品图像素材后，为了增加图像的品质，还需要对图像进行更多的处理，例如为防止出现盗图的情况而添加水印，添加边框素材、广告文案等，这些效果都可以在 Photoshop 中进行编辑，本节将对具体的操作方法进行讲解。

5.5.1 添加文案：增强图片的带货效果

在商品图片的后期处理中，不仅会直接使用图片进行展示，同时还需要搭配广告文案，这些文字能够直观地将商品信息传递出去，图片和文字的结合使用能有效地渲染气氛和传递信息。

在 Photoshop 中可以添加各式各样的文字效果，通过使用横排文字工具 T 或直排文字工具 ↓T 可以快速地为画面添加所需的文字信息，并通过“字符”面板对文字的字体、字号、字间距和颜色等进行设置。

下面介绍添加广告文案效果的操作方法。

素材文件	素材 \ 第 5 章 \ 手机 .jpg
效果文件	效果 \ 第 5 章 \ 手机 .psd、手机 .jpg
视频文件	扫码可直接观看视频

【操练 + 视频】
——添加文案：增强图片的带货效果

STEP 01 选择“文件”|“打开”命令，打开一幅素材图像，如图 5-56 所示。

图 5-56　打开的素材图像

STEP 02 选取工具箱中的直排文字工具 ↓T，如图 5-57 所示。

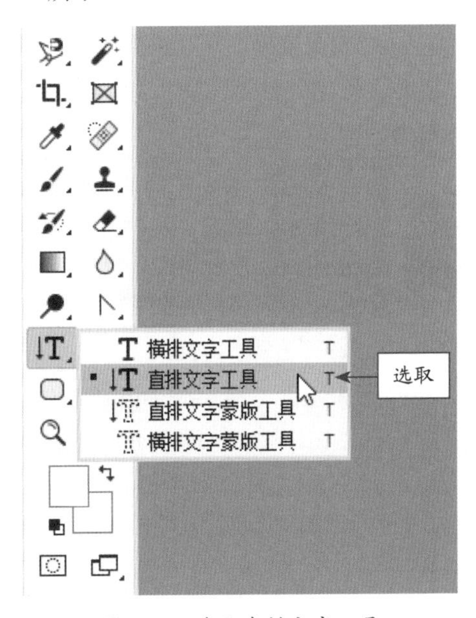

图 5-57　选取直排文字工具

专家指点

在 Photoshop 中，在英文输入法状态下，按 T 键，可以快速地切换至横排文字工具 T，然后在图像编辑窗口中输入相应的文本内容即可。如果输入的文字位置不能满足需求，此时可以使用移动工具 ✣ 将文字移动到相应位置。

STEP 03 在图像上的合适位置单击鼠标左键，确定文字的插入点，在“字符”面板中设置“字体”为“隶书”、“字体大小”为 30 点、“颜色”为蓝色（RGB 参数值分别为 5、155、255），并激活“仿粗体”图标 T，如图 5-58 所示。

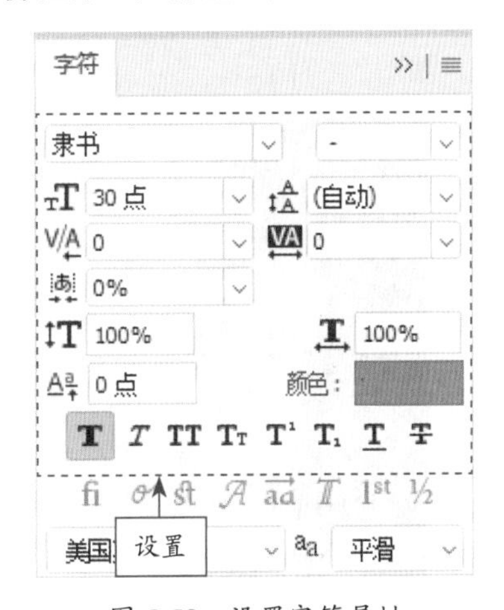

图 5-58　设置字符属性

STEP 04 输入相应文字，按 Ctrl ＋ Enter 组合键确认，并适当调整文字的位置，效果如图 5-59 所示。

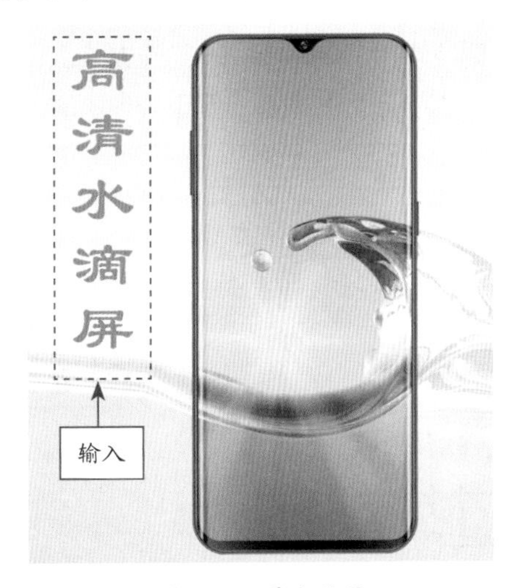

图 5-59　最终效果

5.5.2 添加水印：防止图片被他人盗用

为店铺中的商品图像添加水印，这样既可以证明图片是自己原创拍摄的，同时也能防止图片被他人盗用。使用 Photoshop 可快速为图片添加水印，具体方法如下。

素材文件	素材 \ 第 5 章 \ 汉服 .psd
效果文件	效果 \ 第 5 章 \ 汉服 .psd、汉服 .jpg
视频文件	扫码可直接观看视频

【操练＋视频】
——添加水印：防止图片被他人盗用

STEP 01 选择“文件”|“打开”命令，打开一幅素材图像，如图 5-60 所示。

图 5-60　打开的素材图像

STEP 02 打开“图层”面板，双击文字图层，弹出“图层样式”对话框，❶选中“外发光”复选框；❷设置“大小”为 8 像素，如图 5-61 所示。

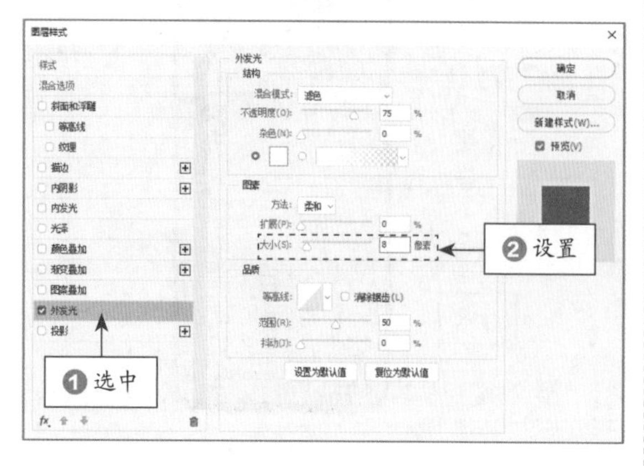

图 5-61　设置“大小”参数

STEP 03 单击“确定”按钮，即可添加“外发光”图层样式，效果如图 5-62 所示。

STEP 04 设置文字图层的“混合模式”为“变暗”，最终效果如图 5-63 所示。

图 5-62　添加图层样式效果　　图 5-63　最终效果

专家指点

给商品图像加水印是需要一定技巧的，而且其功能除了防盗外，作为一个视觉元素，美观和适合度也很重要，做得好还能提高商品和店铺的档次。

5.5.3 添加边框：让商品主体更加突出

在商品图像中添加边框可以使商品主体更有凝聚感，让视线更集中，表达的主题更直接。通过 Photoshop 可以轻松制作边框效果，下面介绍具体的操作方法。

素材文件	素材 \ 第 5 章 \ 童装 .psd
效果文件	效果 \ 第 5 章 \ 童装 .psd、童装 .jpg
视频文件	扫码可直接观看视频

【操练＋视频】
——添加边框：让商品主体更加突出

STEP 01 选择“文件”|“打开”命令，打开一幅素材图像，如图 5-64 所示。

STEP 02 打开“图层”面板，双击“图层 1”图层，如图 5-65 所示。

图 5-64　打开的素材图像

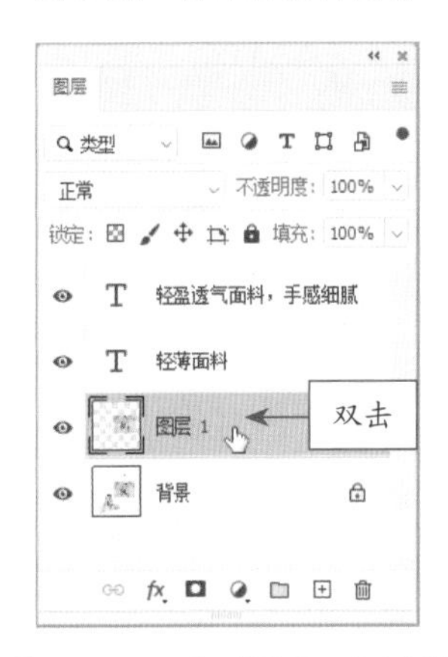

图 5-65　双击“图层 1”图层

STEP 03 弹出“图层样式”对话框，❶选中“描边”复选框；❷设置“大小”为 20 像素、“位置”为“内部”、“颜色”为白色（RGB 参数值均为 255），如图 5-66 所示。

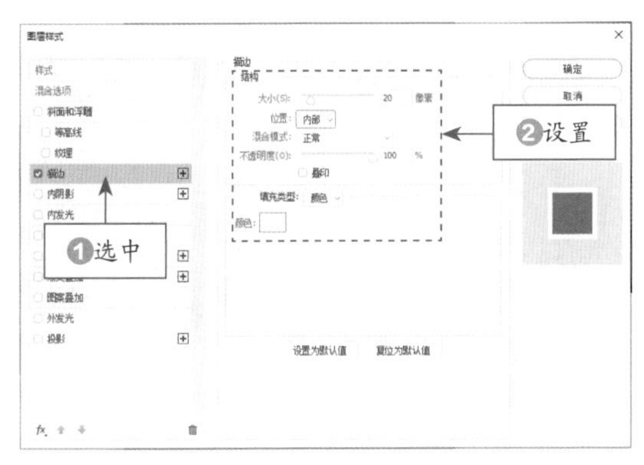

图 5-66　设置“描边”参数

STEP 04 单击“确定”按钮，即可添加“描边”图层样式，效果如图 5-67 所示。

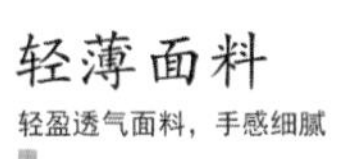

图 5-67　最终效果

专家指点

使用“描边”图层样式可以为图像制作轮廓效果，以便为商品图像添加相等宽度的边框效果。需要注意的是，最好将“位置”设置为“内部”，以便描边效果可以正常显示。

5.5.4　合成图像：将多张图片合为一张

只有掌握了商品效果图的制作能力后，才可以在后期将拍得不够好的商品图像优化得更加美观。在真正制作商品效果图时，经常需要对图片进行合成处理，下面介绍具体的操作方法。

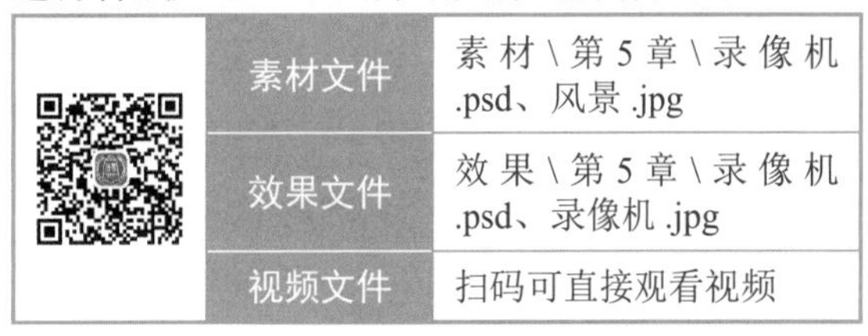

素材文件	素材 \ 第 5 章 \ 录像机 .psd、风景 .jpg
效果文件	效果 \ 第 5 章 \ 录像机 .psd、录像机 .jpg
视频文件	扫码可直接观看视频

【操练 + 视频】

——合成图像：将多张图片合为一张

STEP 01 选择“文件”|“打开”命令，打开两幅素材图像，如图 5-68 所示。

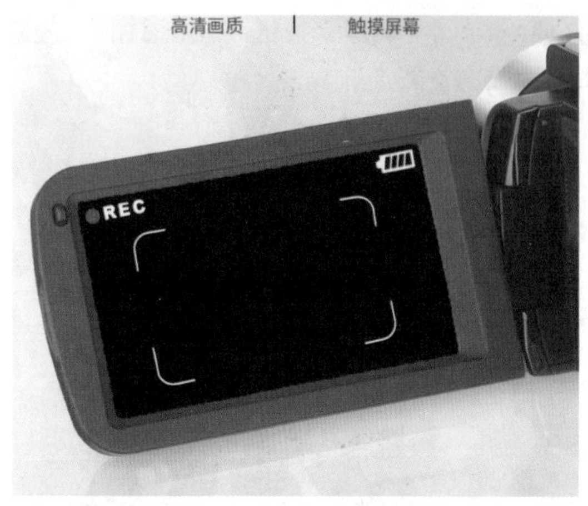

图 5-68 打开的两幅素材图像

STEP 02 选取工具箱中的移动工具✥，将风景图片拖曳至录像机图像编辑窗口中的合适位置，并适当调整其大小、位置和角度，如图 5-69 所示。

图 5-69 调整图像的大小、位置和角度

STEP 03 打开"图层"面板，将"图层 3"图层拖曳至"图层 2"图层的下方，调整图层的排列顺序，如图 5-70 所示。

图 5-70 调整图层的排列顺序

STEP 04 在"图层 3"图层上单击鼠标右键，在弹出的快捷菜单中选择"创建剪贴蒙版"命令，如图 5-71 所示。

图 5-71 选择"创建剪贴蒙版"命令

STEP 05 执行操作后，即可合成图像，效果如图 5-72 所示。

图 5-72 最终效果

5.5.5　生成切片：加快图片的下载速度

在 Photoshop 中制作的图片通常都较大，直接存储整张图片并上传到店铺中，会极大影响店铺页面的打开速度，进而影响用户的浏览体验。使用 Photoshop 中的切片工具或切片选择工具将图片分成多张切片存储并上传，可以加快店铺相关页面的图片下载速度。下面介绍商品图片切片处理的操作方法。

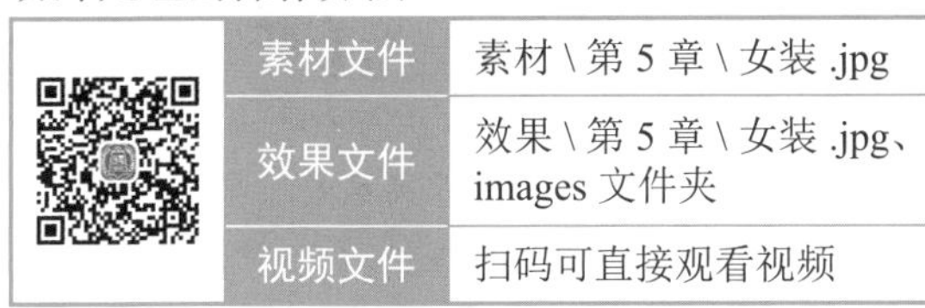

	素材文件	素材 \ 第 5 章 \ 女装 .jpg
	效果文件	效果 \ 第 5 章 \ 女装 .jpg、images 文件夹
	视频文件	扫码可直接观看视频

【操练 + 视频】
——生成切片：加快图片的下载速度

STEP 01 选择“文件”|“打开”命令，打开一幅素材图像，如图 5-73 所示。

图 5-73　打开的素材图像

STEP 02 选取工具箱中的切片选择工具，如图 5-74 所示。

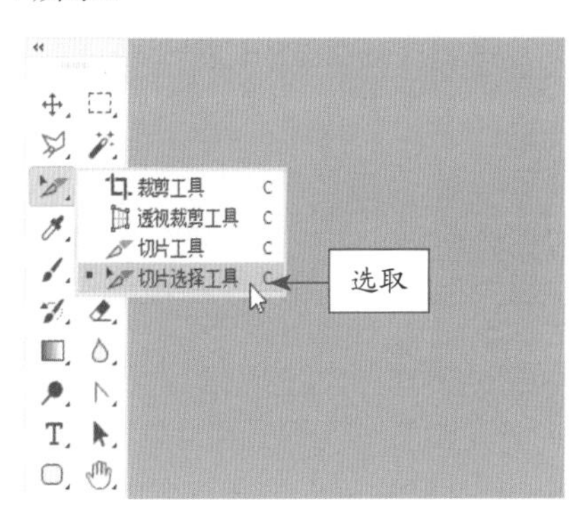

图 5-74　选取切片选择工具

STEP 03 在工具属性栏中单击“划分”按钮，如图 5-75 所示。

图 5-75　单击“划分”按钮

STEP 04 执行操作后，弹出“划分切片”对话框，设置“水平划分为”为 1 个纵向切片、“垂直划分为”为 2 个横向切片，如图 5-76 所示。

图 5-76　设置相应参数

STEP 05 单击“确定”按钮，即可创建切片，效果如图 5-77 所示。

图 5-77　创建切片效果

专家指点

当使用切片工具创建用户切片区域时，在用户切片区域之外的区域将生成自动切片，每次添加或编辑用户切片时都将重新生成自动切片，自动切片是由点线定义的。另外，可以将两个或多个切片组合为一个单独的切片，如果组合的切片不相邻，又或者比例或对齐方式不同，则新组合的切片可能会与其他切片重叠。

STEP 06 在菜单栏中，选择“文件”|“导出”|“存储为 Web 所用格式”命令，如图 5-78 所示。

图 5-78 选择相应命令

STEP 07 执行操作后，弹出“存储为 Web 所用格式”对话框，设置“预设”为“JPEG 高”，如图 5-79 所示。

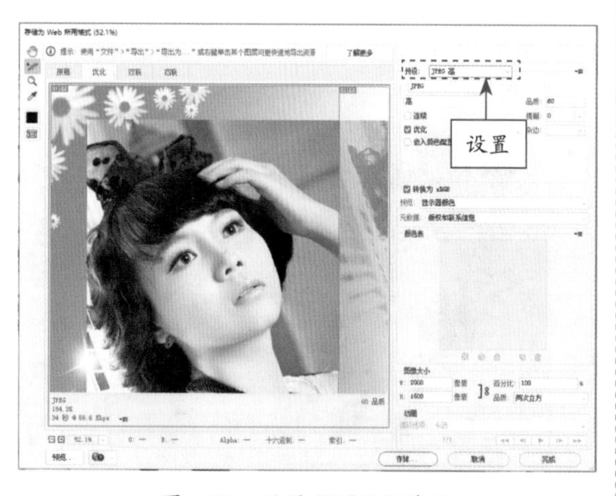

图 5-79 设置“预设”选项

STEP 08 单击“存储”按钮，弹出“将优化结果存储为”对话框，设置相应的保存位置和文件名，如图 5-80 所示。

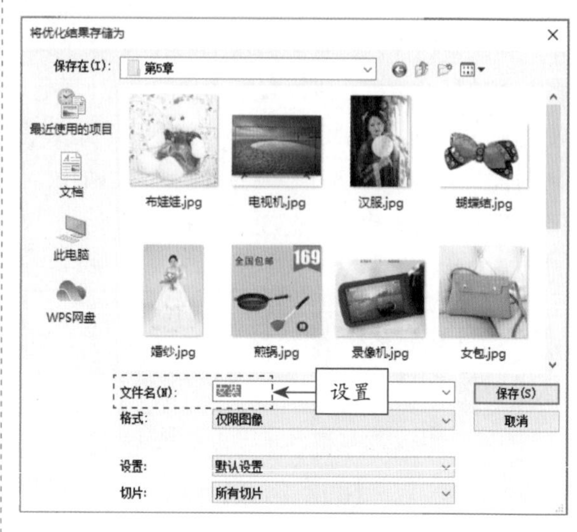

图 5-80 设置保存选项

STEP 09 单击“保存”按钮，即可保存切片，如图 5-81 所示。

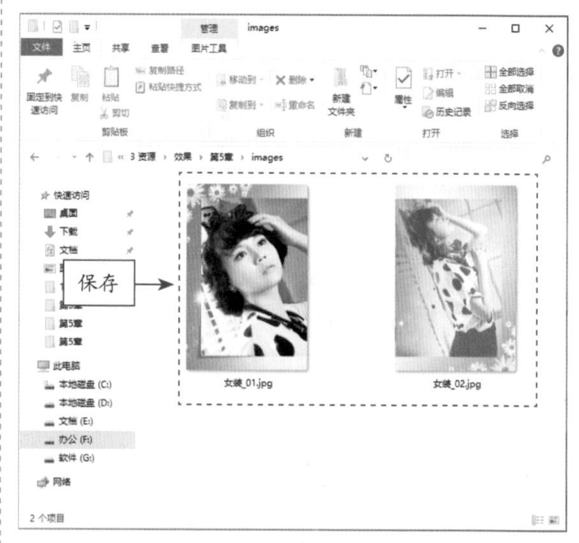

图 5-81 保存切片

第6章

视频制作：剪出高品质的商品大片

章前知识导读

如今，视频剪辑工具越来越多，功能也越来越强大。其中，剪映是抖音推出的一款视频剪辑软件，拥有全面的剪辑功能。本章将以剪映为例，介绍商品视频的基本剪辑技巧，帮助大家快速做出优质的商品视频大片。

新手重点索引

- 商品视频的后期处理
- 商品视频的效果制作

效果图片欣赏

6.1 商品视频的后期处理

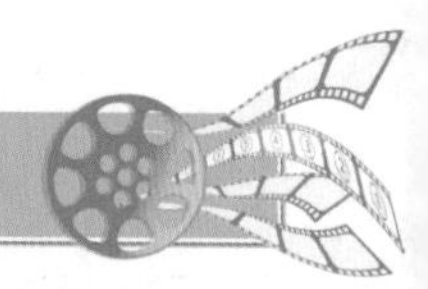

用户在网上购物时，能够对商品进行认知的手段之一就是观看主图视频或详情页视频，通过视频可以十分清楚地看到商品的外观、大小、用途等，那么如何制作商品视频呢？本节就跟大家分享商品视频的一些后期剪辑技巧，用到的剪辑软件是剪映，它不仅功能强大，而且操作简单，能够帮助大家轻松处理各类商品视频。

6.1.1 剪辑视频：将多余的画面剪切掉

拍好视频素材后，可以使用剪映的“分割”和“删除”等功能，将多余的画面剪切掉。下面介绍剪辑视频素材的具体操作方法。

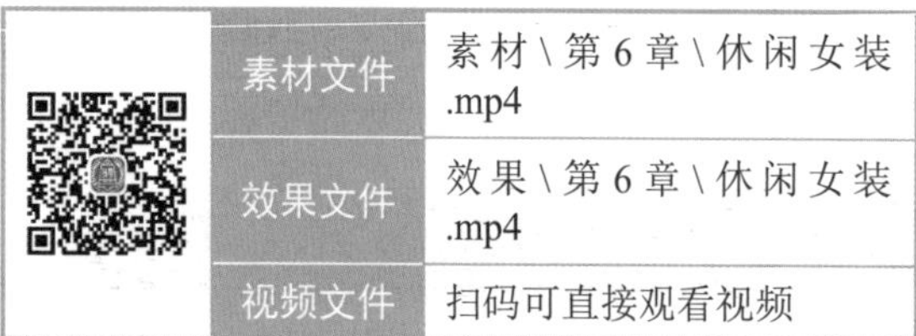

	素材文件	素材\第6章\休闲女装.mp4
	效果文件	效果\第6章\休闲女装.mp4
	视频文件	扫码可直接观看视频

【操练+视频】
——剪辑视频：将多余的画面剪切掉

STEP 01 在剪映中导入一个视频素材，将其添加到视频轨道，如图6-1所示。

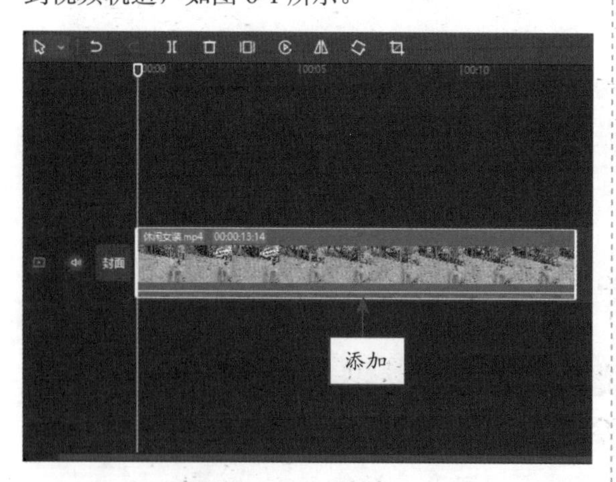

图6-1 添加到视频轨道

STEP 02 ①拖曳时间轴至10s处；②单击“分割”按钮，如图6-2所示。

STEP 03 执行上述操作后，即可分割视频，软件会自动选择分割出来的后半段视频，单击“删除”按钮，如图6-3所示。

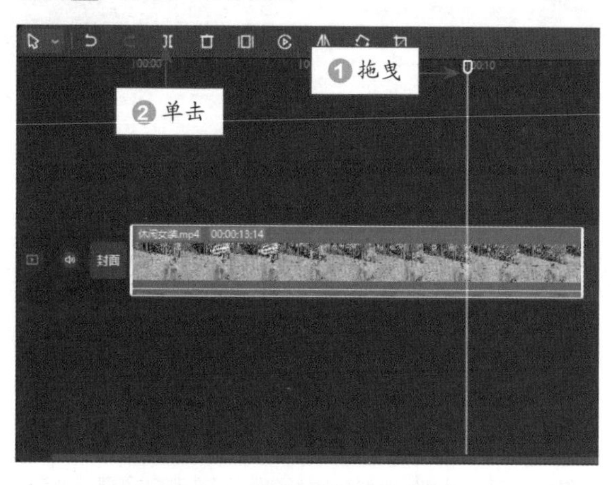

图6-2 单击“分割”按钮

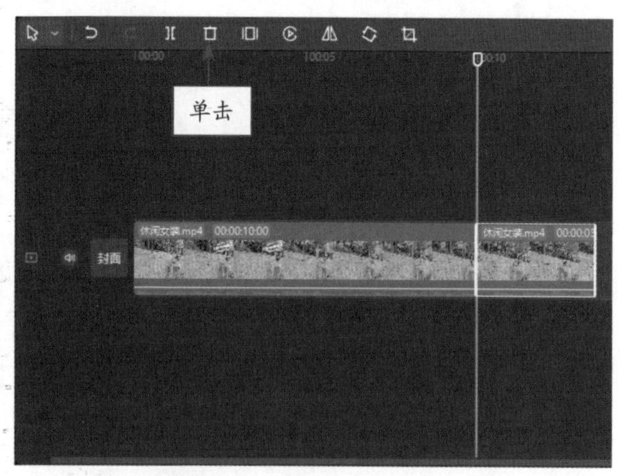

图6-3 单击“删除”按钮

STEP 04 执行操作后，即可删除多余的视频片段，在“播放器”窗口中预览视频效果，如图6-4所示。

图 6-4　预览视频效果

6.1.2　美化人物：让模特颜值变得更高

使用“智能美颜”和“智能美体”功能可以美化视频中的人物，让人物的皮肤变得更加细腻，脸蛋变得更娇小，身材变得更加修长。下面介绍美化视频人物的具体操作方法。

	素材文件	素材 \ 第 6 章 \ 汉服展示 .mp4
	效果文件	效果 \ 第 6 章 \ 汉服展示 .mp4
	视频文件	扫码可直接观看视频

【操练 + 视频】
——美化人物：让模特颜值变得更高

STEP 01 在剪映中导入一个视频素材，将其添加到视频轨道中，如图 6-5 所示。

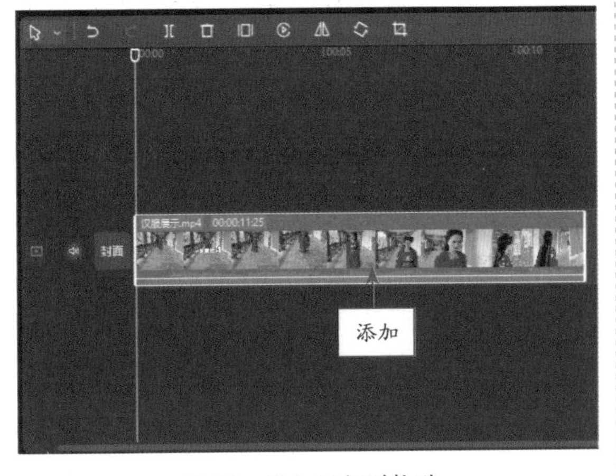

图 6-5　添加视频到轨道

STEP 02 选择视频素材，在“画面”操作区的“基础”选项卡中，❶选中“智能美颜”和“智能美体”复选框；❷分别设置各参数，如图 6-6 所示。

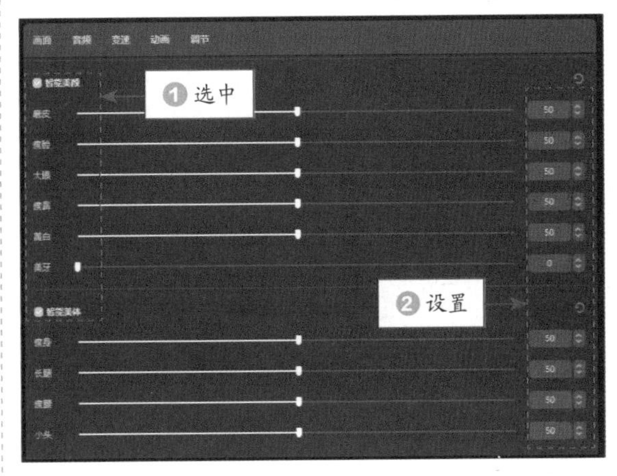

图 6-6　设置相应参数

STEP 03 执行操作后，即可美化视频中的人物，在“播放器”窗口中预览视频效果，如图 6-7 所示。

图 6-7　预览视频效果

6.1.3 调节色彩：让视频画面富有生机

使用剪映可以非常方便地调整视频的色彩和明度，并且准确地传达某种情感和思想，让画面富有生机。下面介绍调整视频色彩的具体操作方法。

	素材文件	素材 \ 第 6 章 \ 连衣裙 .mp4
	效果文件	效果 \ 第 6 章 \ 连衣裙 .mp4
	视频文件	扫码可直接观看视频

【操练＋视频】
——调节色彩：让视频画面富有生机

STEP 01 在剪映中导入一个视频素材，将其添加到视频轨道，如图 6-8 所示。

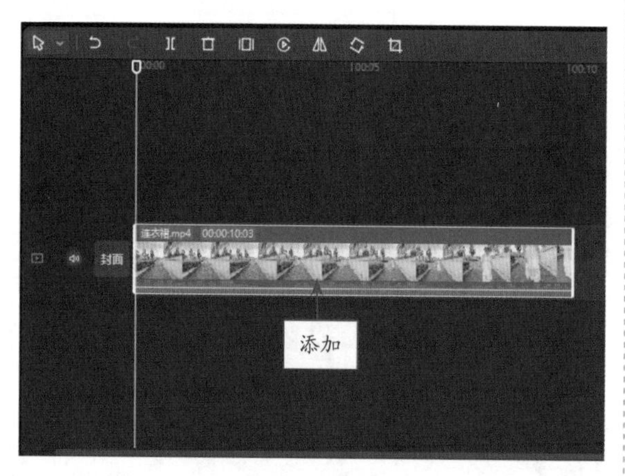

图 6-8 添加视频到轨道

STEP 02 选择视频素材，在“播放器”窗口中预览原视频效果，如图 6-9 所示。

图 6-9 预览原视频效果

STEP 03 ❶在操作区中单击“调节”按钮；❷在“基础”选项卡中设置“色温”为 10、“饱和度”为 50、“对比度”为 20，如图 6-10 所示。

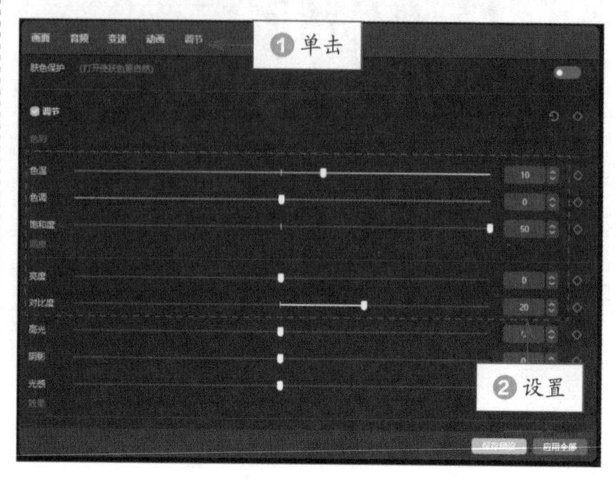

图 6-10 设置相应参数

STEP 04 在“播放器”窗口中，预览调色后的视频效果，如图 6-11 所示。

图 6-11 预览调色后的视频效果

专家指点

剪映中常用的明度处理工具包括“亮度”“对比度”“高光”“阴影”“光感”，可以解决商品视频的曝光问题，调整画面的光影对比效果，打造出充满魅力的视频画面效果。

6.1.4 添加文字：增强用户的观看体验

剪映除了能够剪辑视频外，也可以使用它给拍摄的商品视频添加合适的文字内容，通过文字的展现形式来向用户推荐商品。需要注意的是，商品视频中的文字内容必须精准，而且不能过度使用，否则会影响用户的观看体验，令他们对视频中的商品麻木无感。下面介绍给视频添加文字的具体操作方法。

素材文件	素材 \ 第 6 章 \ 小摆件 .mp4
效果文件	效果 \ 第 6 章 \ 小摆件 .mp4
视频文件	扫码可直接观看视频

【操练 + 视频】
——添加文字：增强用户的观看体验

STEP 01 在剪映中导入一个视频素材，将其添加到视频轨道，如图 6-12 所示。

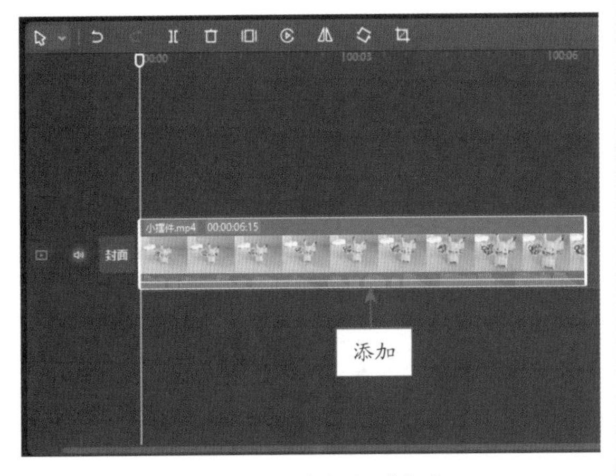

图 6-12　添加视频到轨道

STEP 02 在“文本”功能区的“新建文本”选项卡中，单击“默认文本”选项右下角的“添加到轨道”按钮，如图 6-13 所示。

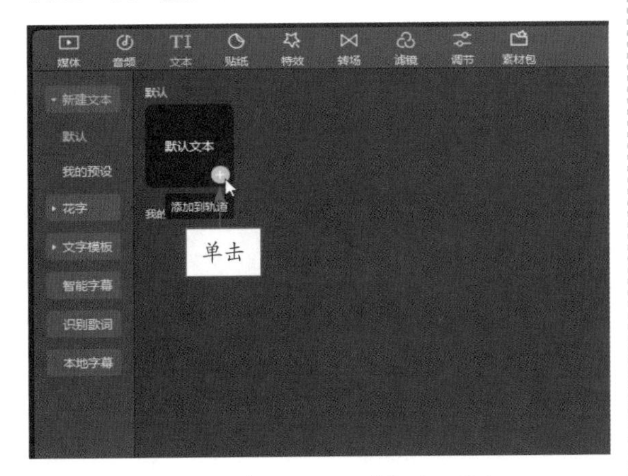

图 6-13　单击“添加到轨道”按钮

STEP 03 在“文本”操作区的“基础”选项卡中，输入相应文字，如图 6-14 所示。

图 6-14　输入相应文字

STEP 04 适当设置文字的“字体”“字号”和“样式”选项，如图 6-15 所示。

图 6-15　设置文字格式

STEP 05 ❶选中“描边”复选框；❷在“颜色”列表框中选择相应的颜色，如图 6-16 所示。

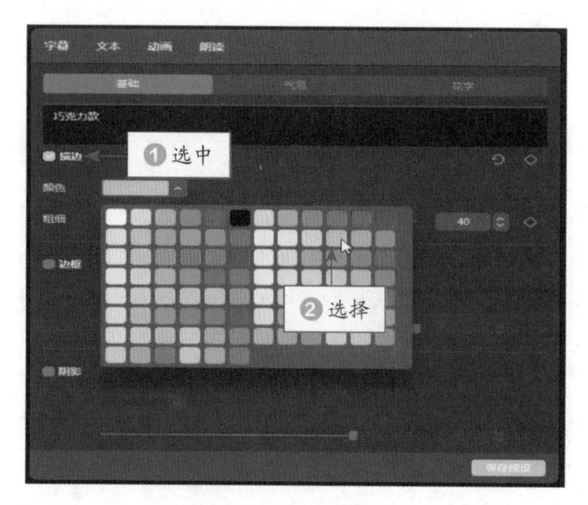

图 6-16　选择相应的颜色

STEP 06 在“播放器”窗口中，适当调整文字的位置，如图 6-17 所示。

图 6-17　调整文字的位置

STEP 07 将文本的持续时间调整为与视频素材一致，如图 6-18 所示。

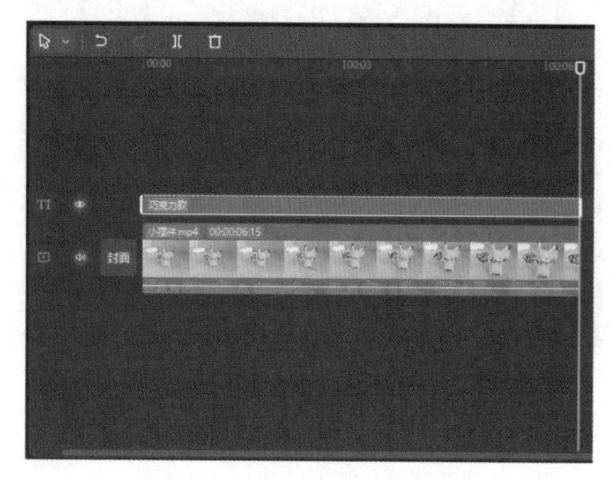

图 6-18　调整文本的持续时间

STEP 08 在“播放器”窗口中，预览视频效果，如图 6-19 所示。

图 6-19　预览视频效果

6.1.5　剪辑音乐：添加合适的背景音乐

剪映具有非常丰富的背景音乐曲库，而且进行了十分细致的分类，可以根据商品视频内容或主题来快速添加合适的背景音乐。下面介绍添加和剪辑背景音乐的具体操作方法。

	素材文件	素材 \ 第 6 章 \ 水杯 .mp4
	效果文件	效果 \ 第 6 章 \ 水杯 .mp4
	视频文件	扫码可直接观看视频

【操练 + 视频】
——剪辑音乐：添加合适的背景音乐

STEP 01 在剪映中导入一个视频素材，将其添加到视频轨道，如图 6-20 所示。

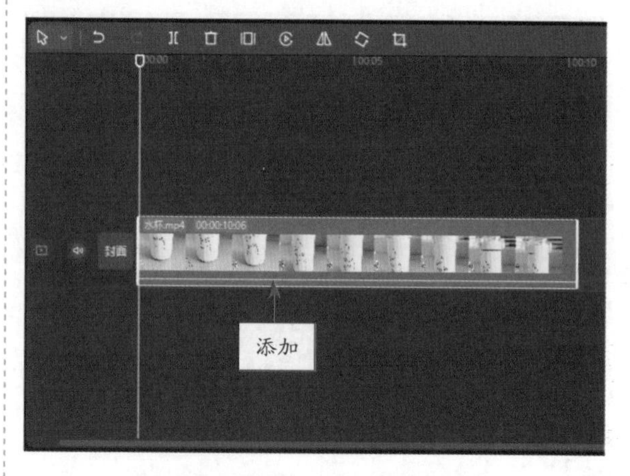

图 6-20　添加视频到轨道

STEP 02 在功能区中单击“音频”按钮，如图 6-21 所示。

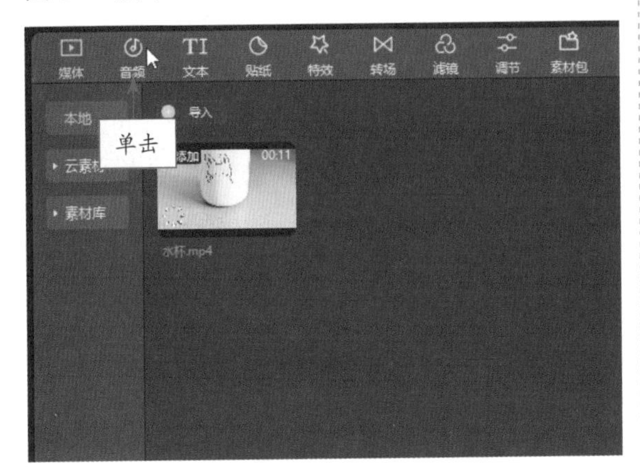

图 6-21　单击“音频”按钮

STEP 03 ❶切换至“轻快”选项卡；❷选择一首合适的背景音乐，如图 6-22 所示。

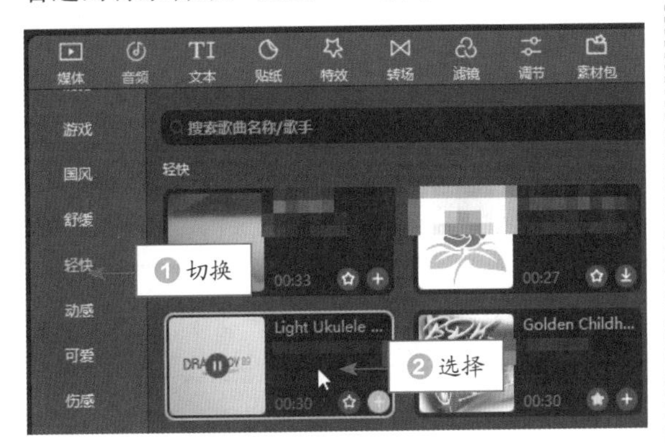

图 6-22　选择合适的背景音乐

STEP 04 单击所选音乐右下角的“添加到轨道”按钮，如图 6-23 所示。

图 6-23　单击“添加到轨道”按钮

STEP 05 执行操作后，即可将所选背景音乐添加到音频轨道中，❶拖曳时间轴至视频素材的结束位置处；❷单击“分割”按钮；❸即可分割音频素材，如图 6-24 所示。

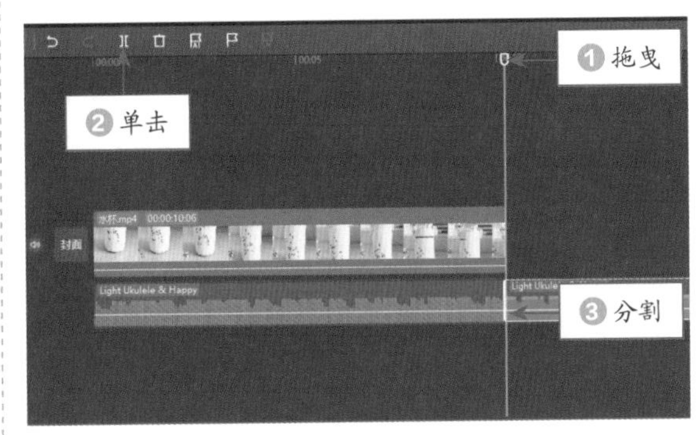

图 6-24　分割音频素材

STEP 06 单击“删除”按钮，删除后半段多余的音频，在“播放器”窗口中，预览视频效果，如图 6-25 所示。

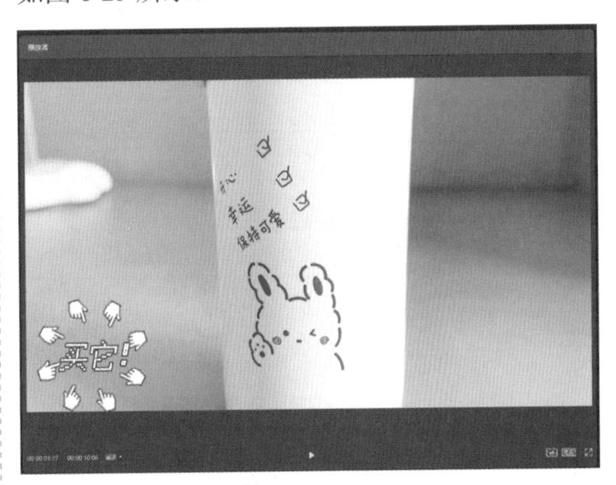

图 6-25　预览视频效果

6.2 商品视频的效果制作

一个火爆的商品视频依靠的不仅仅是拍摄和剪辑，而适当地添加一些特效能为视频增添意想不到的效果，会让画面变得更加吸睛。

本节主要介绍剪映中自带的一些转场、特效和动画等功能的使用方法，帮助大家做出各种精彩的商品视频效果。

6.2.1 滤镜效果：让视频色彩更加丰富

绚丽的色彩可以增强主图视频的画面表现力，使画面呈现出动态的美感，在剪映中可以利用 HSL 调色工具分别对特定颜色的色相、饱和度和亮度进行单独的调整，同时还可以使用滤镜功能对画面整体色调进行处理，使得视频画面的色彩更加丰富。下面介绍使用 HSL 和滤镜调色的具体操作方法。

	素材文件	素材 \ 第 6 章 \ 防晒衣 .mp4
	效果文件	效果 \ 第 6 章 \ 防晒衣 .mp4
	视频文件	扫码可直接观看视频

【操练 + 视频】
——滤镜效果：让视频色彩更加丰富

STEP 01 在剪映中导入一个视频素材，将其添加到视频轨道中，如图 6-26 所示。

STEP 02 选择视频轨道，预览原视频效果，如图 6-27 所示。

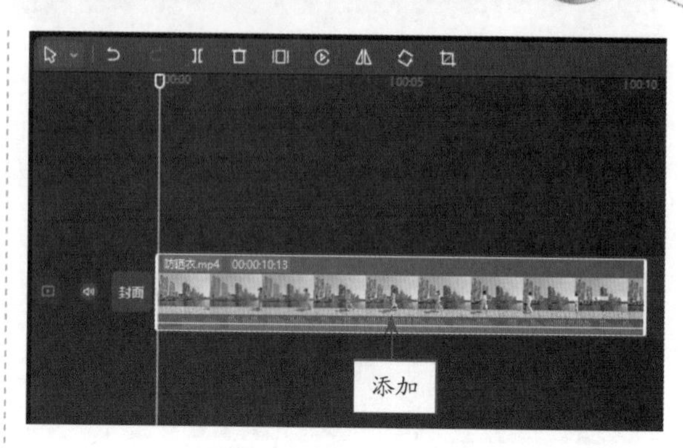

图 6-26 添加视频到轨道

图 6-27 预览原视频效果

STEP 03 在“调节”操作区中，❶切换至 HSL 选项卡；❷设置蓝色的“饱和度”为 100、“亮度”为 -50，让视频画面中的天空更加湛蓝，如图 6-28 所示。

图 6-28 设置相应参数

专家指点

HSL 色彩模式是工业界的一种颜色标准，是通过对色相（Hue）、饱和度（Saturation）和亮度（Luminance）3 个颜色通道的变化以及它们相互之间的叠加来得到各式各样的颜色。

STEP 04 在“滤镜”功能区中，❶切换至“风景”选项卡；❷单击“晴空”滤镜右下角的“添加到轨道”按钮，如图 6-29 所示。

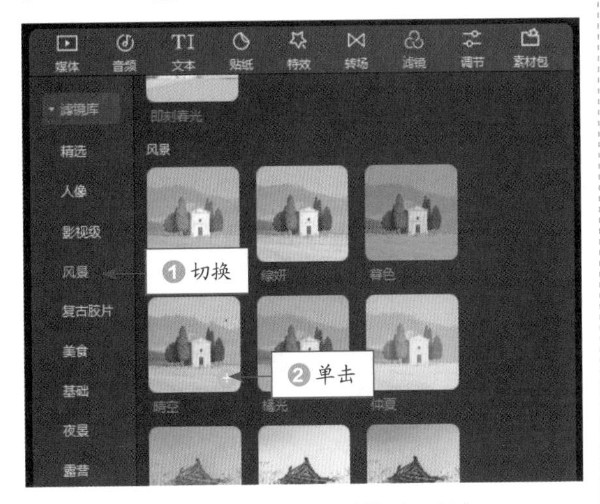

图 6-29　单击“添加到轨道”按钮

STEP 05 调整“晴空”滤镜的时长，使其与视频素材一致，如图 6-30 所示。

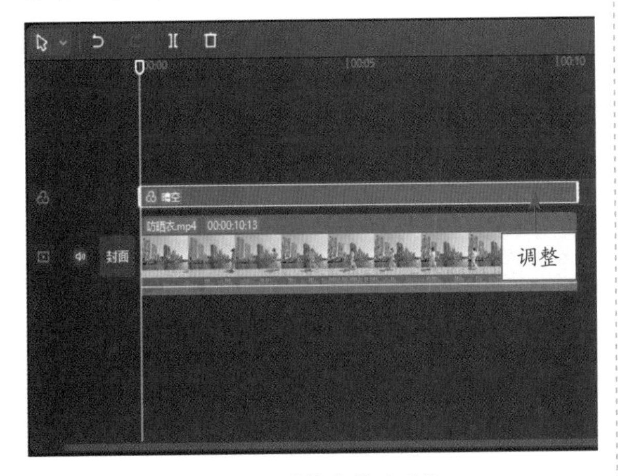

图 6-30　调整滤镜的时长

STEP 06 在“播放器”窗口中，预览视频效果，如图 6-31 所示。

图 6-31　预览视频效果

6.2.2　转场效果：使镜头的过渡更自然

由多个素材组成的商品视频少不了转场，有特色的转场不仅能为视频增色，还能使镜头的过渡更加自然。下面介绍为视频添加转场效果的具体操作方法。

	素材文件	素材 \ 第 6 章 \ 牛仔裙 1.mp4、牛仔裙 2.mp4、牛仔裙 3.mp4
	效果文件	效果 \ 第 6 章 \ 牛仔裙 .mp4
	视频文件	扫码可直接观看视频

【操练 + 视频】
——转场效果：使镜头的过渡更自然

STEP 01 在剪映中导入 3 个视频素材，分别将其添加到视频轨道中，如图 6-32 所示。

STEP 02 将时间轴拖曳至前两个视频素材的连接处，如图 6-33 所示。

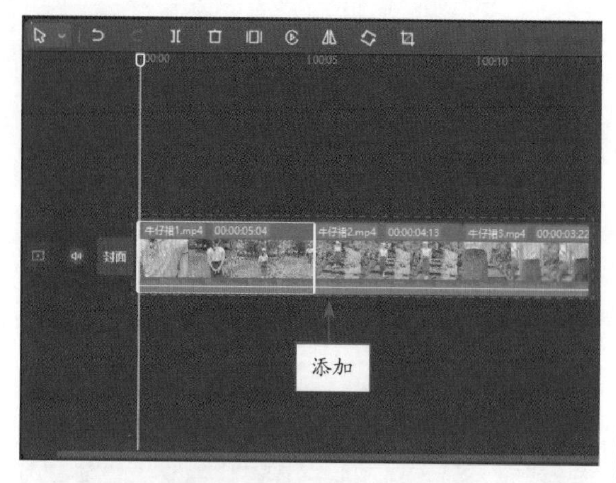

图 6-32 添加视频到轨道

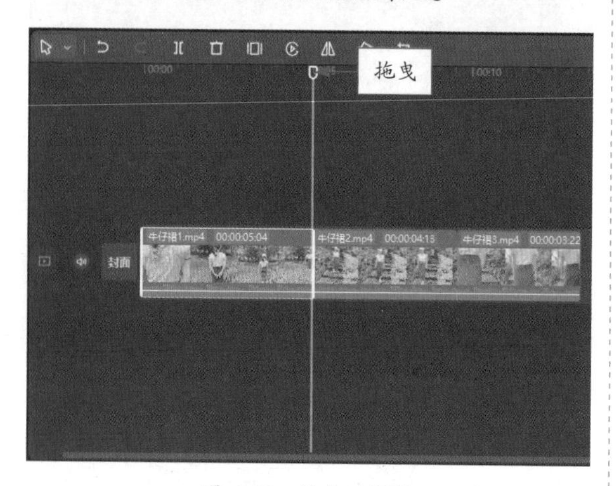

图 6-33 拖曳时间轴

STEP 03 ❶单击“转场”按钮；❷切换至“幻灯片”选项卡，如图 6-34 所示。

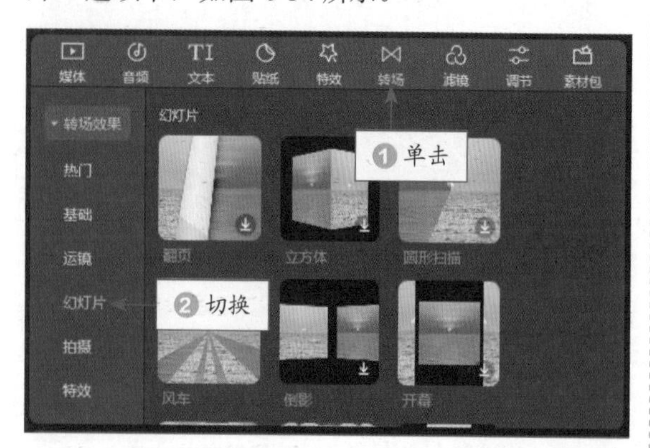

图 6-34 切换至“幻灯片”选项卡

STEP 04 选择“百叶窗”转场效果，并单击“添加到轨道”按钮，如图 6-35 所示。

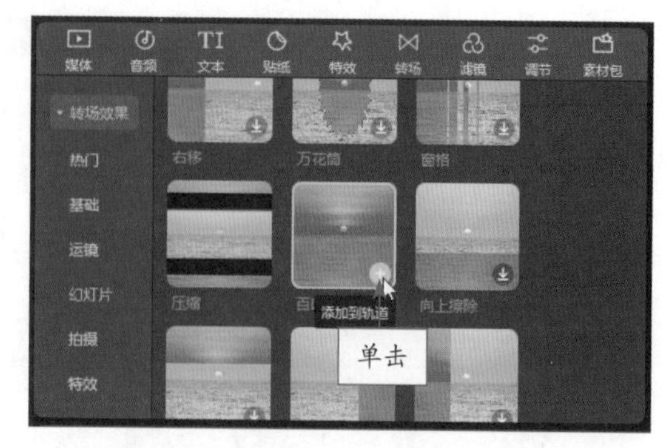

图 6-35 单击“添加到轨道”按钮

STEP 05 执行操作后，即可添加“百叶窗”转场效果，如图 6-36 所示。

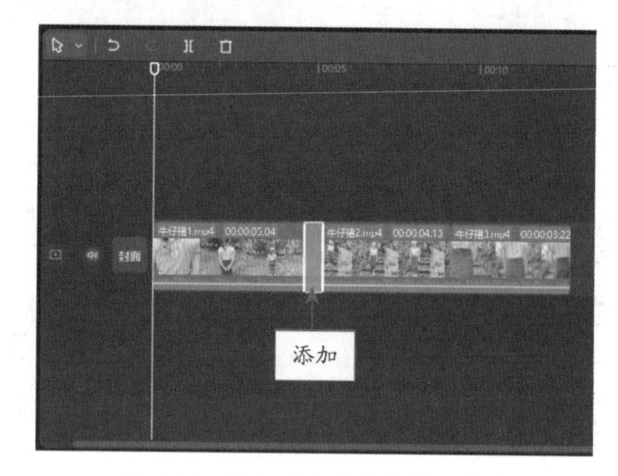

图 6-36 添加“百叶窗”转场效果

STEP 06 在“转场”操作区中，设置“时长”为 1.0s，如图 6-37 所示。

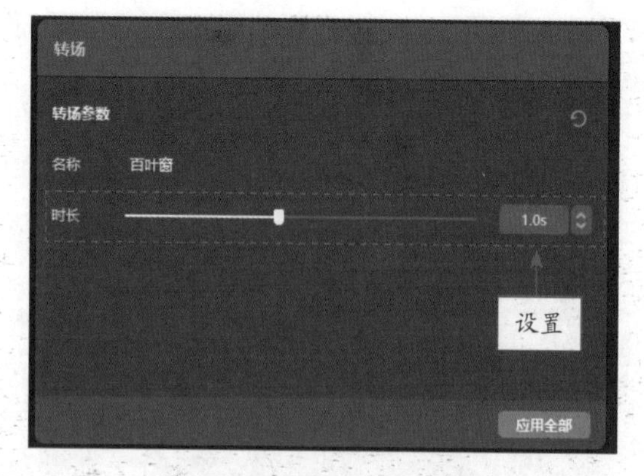

图 6-37 设置“时长”参数

STEP 07 拖曳时间轴至后两个视频素材的连接处，❶切换至“特效”选项卡；❷单击“炫光”转场右下角的“添加到轨道”按钮，如图 6-38 所示。

图 6-38　单击“添加到轨道”按钮

STEP 08 在视频轨道中选择“炫光”转场效果，在“转场”操作区中，设置“时长”为 0.8s，如图 6-39 所示。

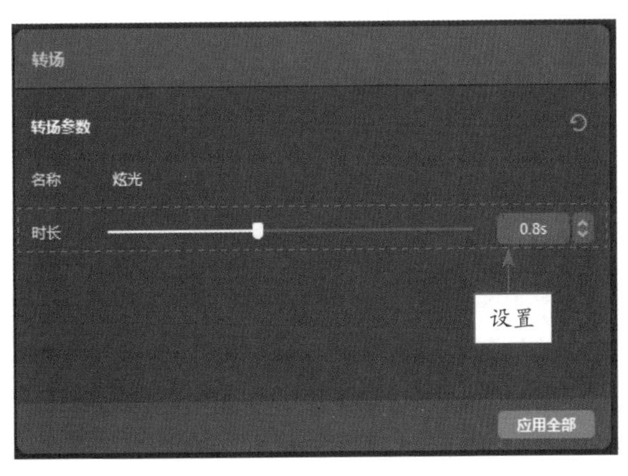

图 6-39　设置“时长”参数

STEP 09 在“播放器”窗口中，预览视频效果，如图 6-40 所示。

图 6-40　预览视频效果

6.2.3　画面特效：增强视频画面代入感

在制作商品视频的时候，可以给视频添加一些画面特效，例如下雪、下雨、阳光、星火、花瓣等，这些特效会让视频画面充满立体感和氛围感，同时让用户更有代入感，产生身临其境的视觉体验。下面介绍为视频添加画面特效的具体操作方法。

素材文件	素材 \ 第 6 章 \ 居家靠垫 .mp4
效果文件	效果 \ 第 6 章 \ 居家靠垫 .mp4
视频文件	扫码可直接观看视频

【操练 + 视频】

——画面特效：增强视频画面代入感

STEP 01 在剪映中导入一个视频素材，将其添加到视频轨道中，如图 6-41 所示。

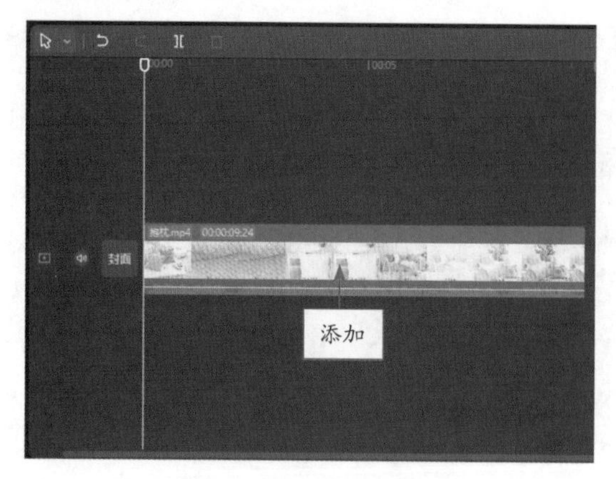

图 6-41　添加视频到轨道

STEP 02 在“特效”功能区中，❶切换至“氛围”选项卡；❷单击“萤光飞舞”特效右下角的“添加到轨道”按钮，如图 6-42 所示。

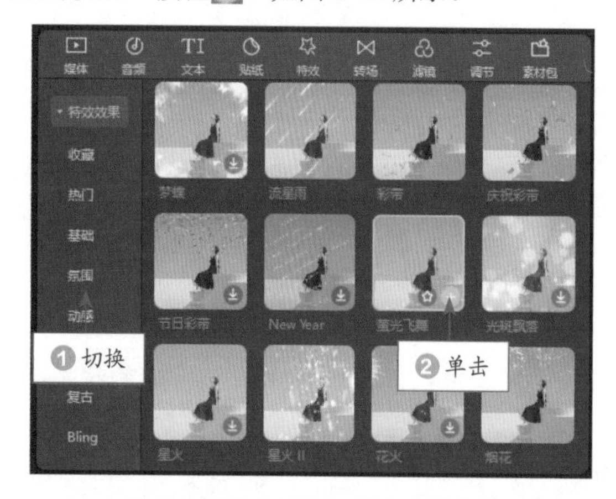

图 6-42　单击“添加到轨道”按钮

STEP 03 执行操作后，即可添加“萤光飞舞”特效，如图 6-43 所示。

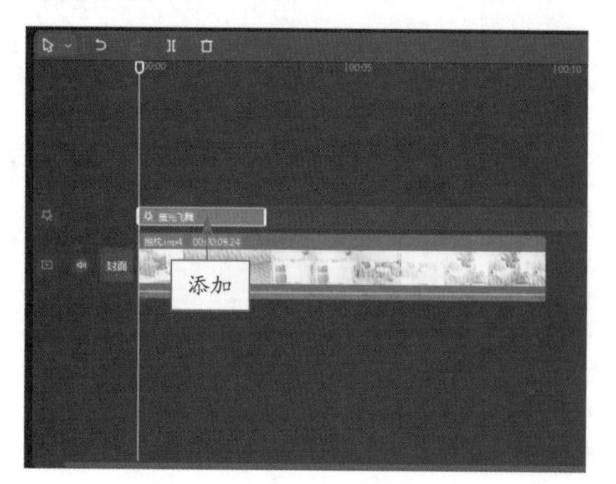

图 6-43　添加“萤光飞舞”特效

STEP 04 将时间轴拖曳至“萤光飞舞”特效的结束位置处，如图 6-44 所示。

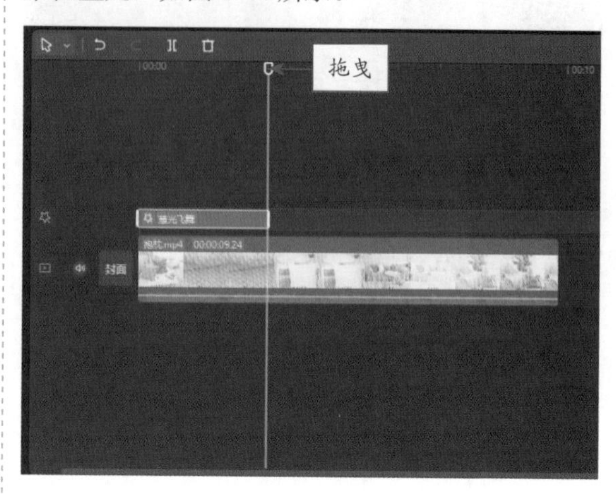

图 6-44　拖曳时间轴

专家指点

在时间线窗口中，开启“自动吸附”功能，在拖曳时间轴时可以使其自动吸附到素材的起始或结束位置处。

STEP 05 在“特效”功能区中，❶切换至“边框”选项卡；❷单击“白色线框”特效右下角的“添加到轨道”按钮，如图 6-45 所示。

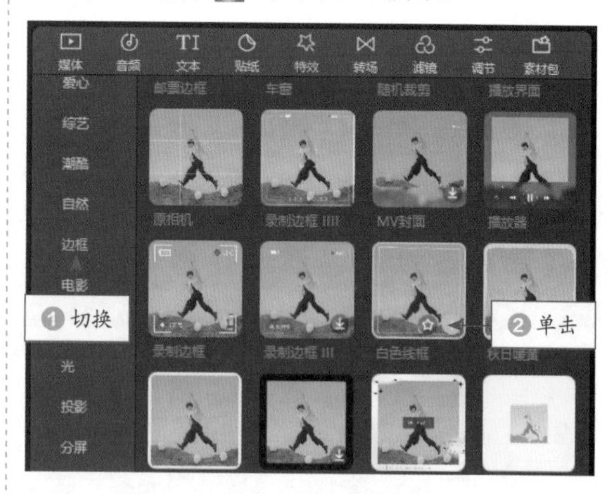

图 6-45　单击“添加到轨道”按钮

STEP 06 适当调整“白色线框”特效的时长，使其结束位置与视频素材的结尾处对齐，如图 6-46 所示。

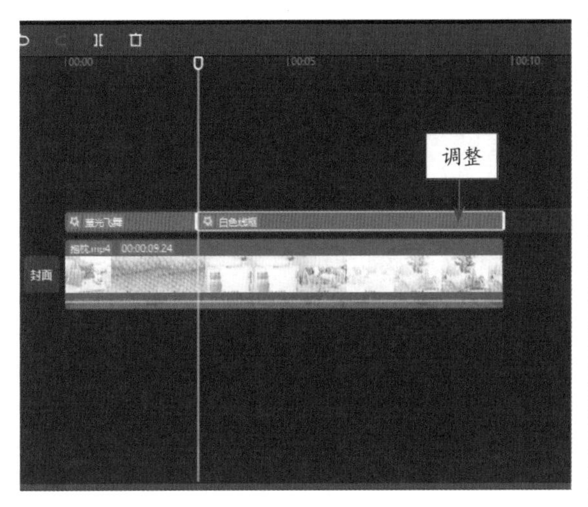

图 6-46　调整特效轨道的时长

STEP 07 在“播放器”窗口中，预览视频效果，如图 6-47 所示。

图 6-47　预览视频效果

图 6-47　预览视频效果（续）

6.2.4　动画效果：让视频变得更加生动

在剪映中给视频素材添加动画效果后，可以让商品视频在播放的时候画面变得更加生动。下面介绍为视频添加动画效果的具体操作方法。

	素材文件	素材 \ 第 6 章 \ 墨镜 1.mp4、墨镜 2.mp4
	效果文件	效果 \ 第 6 章 \ 墨镜 .mp4
	视频文件	扫码可直接观看视频

【操练 + 视频】
——动画效果：让视频变得更加生动

STEP 01 在剪映中导入两个视频素材，分别将其添加到视频轨道中，如图 6-48 所示。

STEP 02 在视频轨道中，选择第 1 个视频素材，如图 6-49 所示。

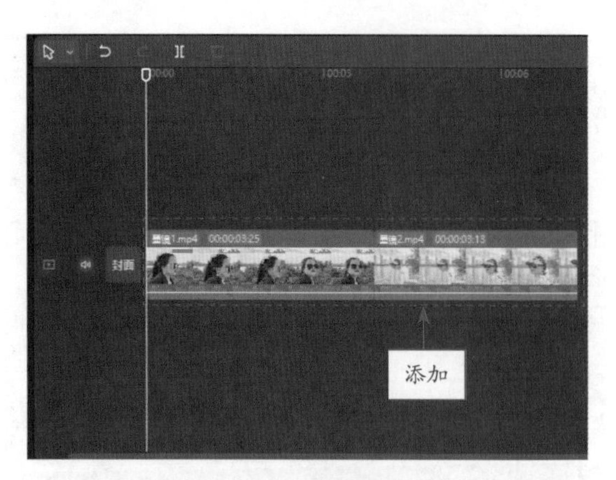

图 6-48 添加视频到轨道

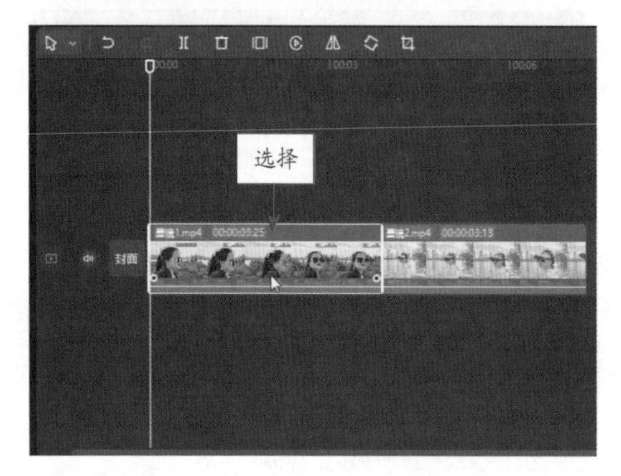

图 6-49 选择第 1 个视频素材

STEP 03 ❶切换至“动画”操作区中的“出场”选项卡；❷选择“旋转”动画效果；❸设置“动画时长”为 2.0s，如图 6-50 所示。

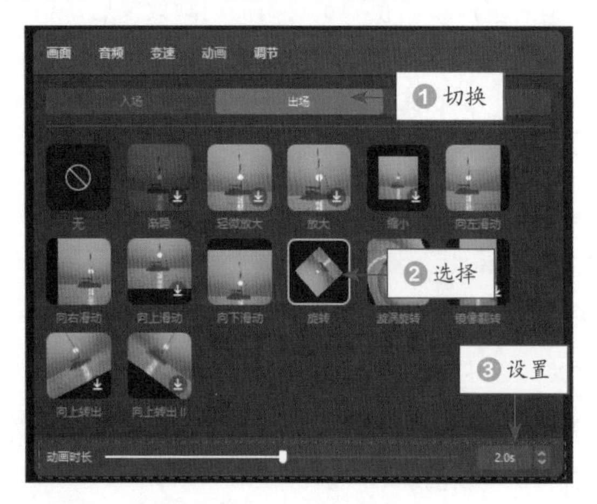

图 6-50 设置出场动画效果

STEP 04 在“播放器”窗口中，预览出场动画效果，如图 6-51 所示。

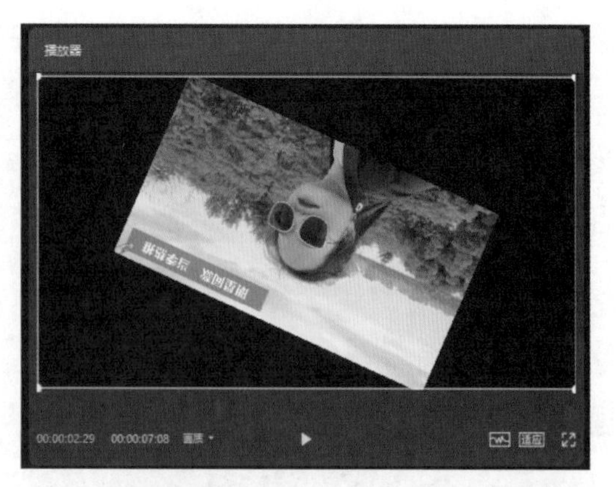

图 6-51 预览出场动画效果

STEP 05 在视频轨道中，选择第 2 个视频素材，如图 6-52 所示。

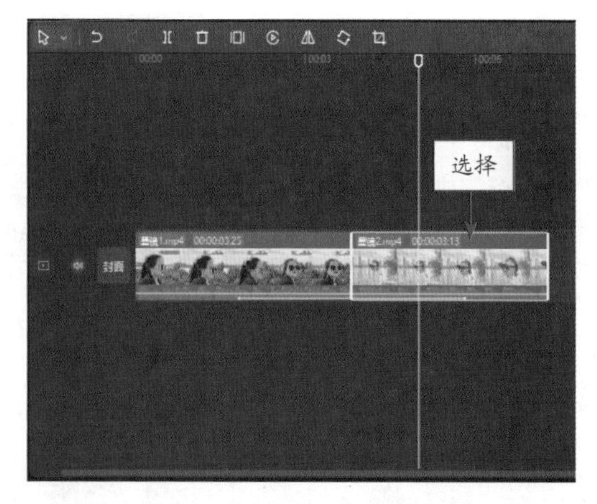

图 6-52 选择第 2 个视频素材

STEP 06 ❶切换至“入场”选项卡；❷选择“旋转”动画效果；❸设置“动画时长”为 2.0s，如图 6-53 所示。

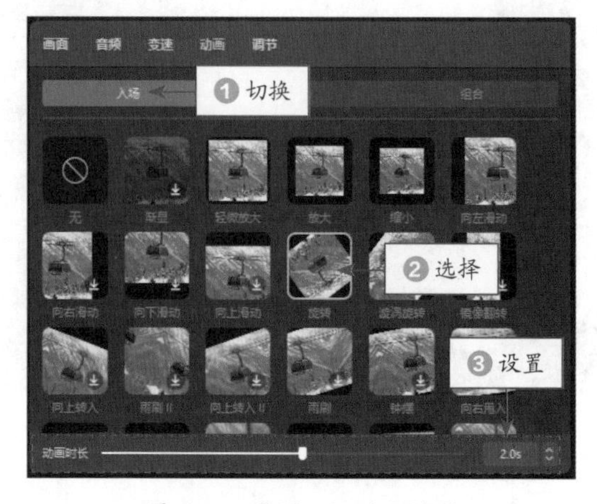

图 6-53 设置入场动画效果

STEP 07 在“播放器”窗口中，预览视频效果，如图 6-54 所示。

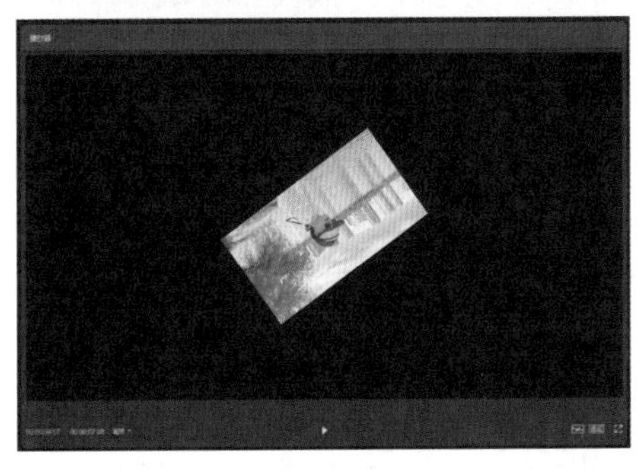

图 6-54　预览视频效果

6.2.5　合成效果：营造身临其境画面感

在剪映中运用“色度抠图”功能可以抠出不需要的色彩，从而留下想要的视频画面，运用这个功能可以套用很多素材，比如“穿越手机”这个素材，让画面从手机中切换出来，营造出身临其境的视觉效果。下面介绍合成视频效果的具体操作方法。

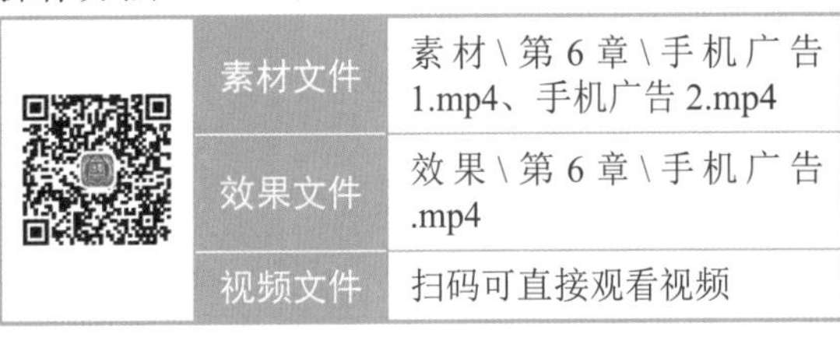

	素材文件	素材 \ 第 6 章 \ 手机广告 1.mp4、手机广告 2.mp4
	效果文件	效果 \ 第 6 章 \ 手机广告 .mp4
	视频文件	扫码可直接观看视频

【操练 + 视频】
——合成效果：营造身临其境画面感

STEP 01 在剪映中导入一个视频素材和一个绿幕素材，❶将视频素材添加到视频轨道中；❷将绿幕素材拖曳至画中画轨道中，如图 6-55 所示。

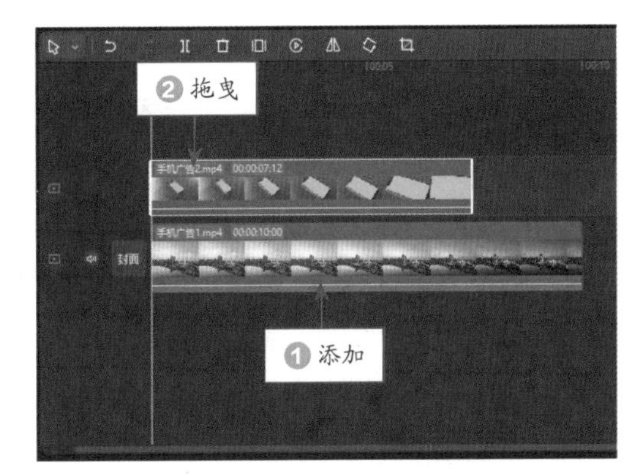

图 6-55　添加素材至相应轨道

STEP 02 选择画中画轨道中的绿幕素材，将其调至全屏大小，❶在“画面”操作区中切换至“抠像”选项卡；❷选中“色度抠图”复选框；❸单击“取色器”按钮，如图 6-56 所示。

图 6-56　单击“取色器”按钮

STEP 03 在“播放器”窗口中，单击绿色的手机屏幕，选取颜色，如图 6-57 所示。

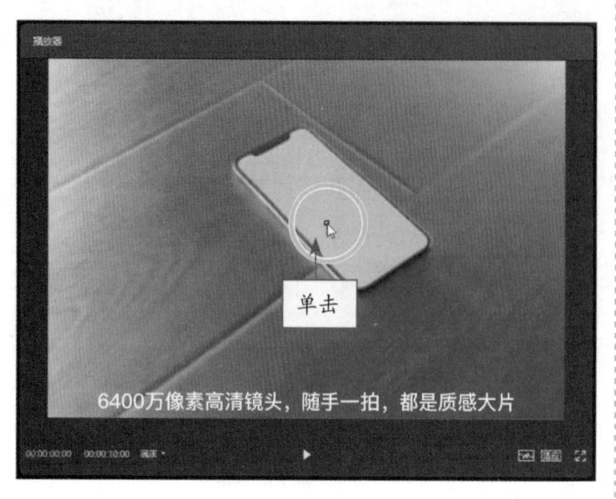

图 6-57　选取颜色

STEP 04 在“抠像”选项卡中，设置“强度”和“阴影”的参数均为 100，如图 6-58 所示。

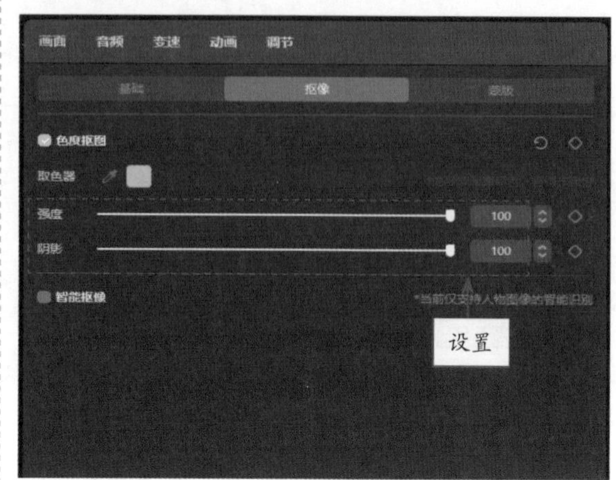

图 6-58　设置相应参数

STEP 05 在“播放器”窗口中，预览视频效果，如图 6-59 所示。

图 6-59　预览视频效果

专家指点

“色度抠图”功能的原理是选取一些特定的颜色，系统会自动将该颜色从画面中抠出，拍电影时常用的绿布拍摄就是利用了该原理。

第7章 淘宝、天猫的平面设计与视频制作

章前知识导读

淘宝和天猫都是阿里巴巴旗下的电商平台，如今可谓是家喻户晓，影响力十分大，因此做好淘宝和天猫的店铺美工非常重要。本节主要通过两个综合实例，详细介绍淘宝和天猫平台的平面设计和视频制作技巧。

新手重点索引

- 平面设计：美妆网店首页
- 视频制作：女装模特展示

效果图片欣赏

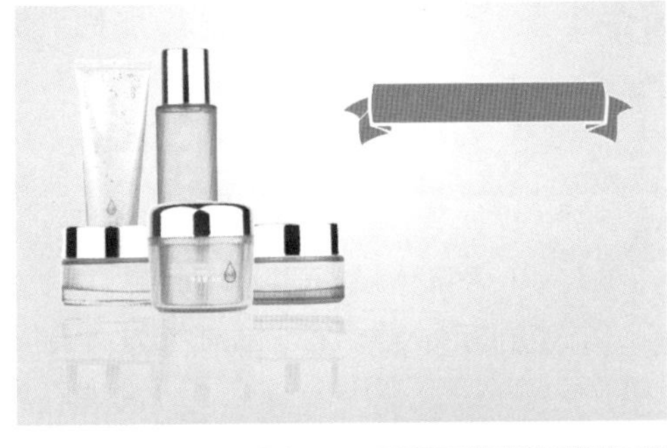

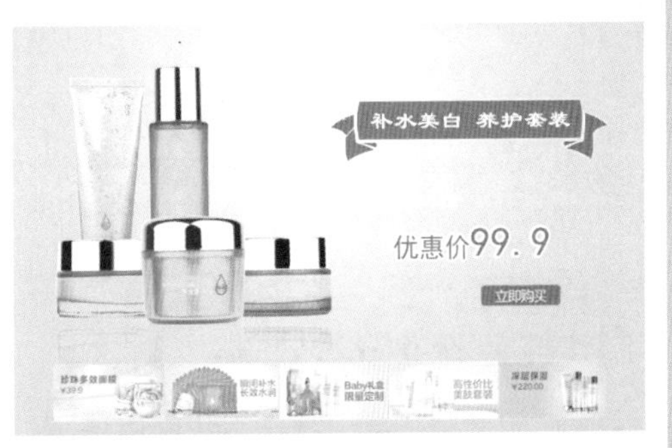

7.1 平面设计：美妆网店首页

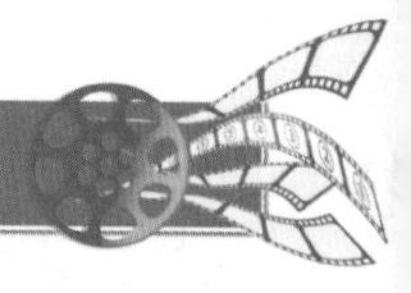

本实例是为淘宝美妆网店设计的首页欢迎模块，在画面的配色中借鉴商品的色彩，并通过大小和外形不同的文字来表现店铺活动的主题内容，使用同一色系的颜色来提升画面的品质，让设计的整体效果更加协调统一。

本实例最终效果如图 7-1 所示。

图 7-1 实例效果

7.1.1 制作纯色渐变背景效果

下面主要运用渐变工具，制作美妆网店首页的纯色渐变背景效果，具体操作方法如下。

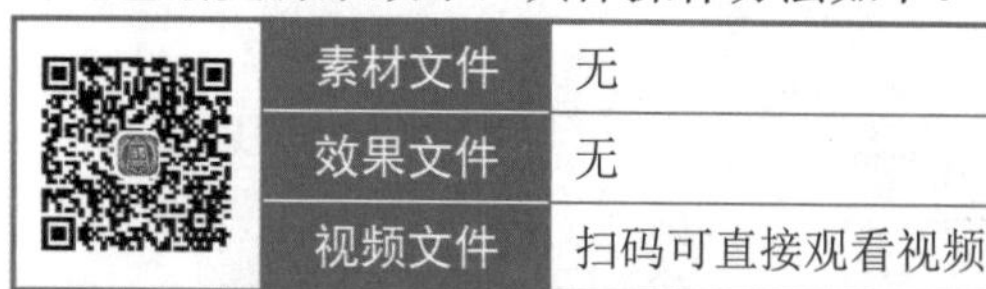

素材文件	无
效果文件	无
视频文件	扫码可直接观看视频

【操练＋视频】
——制作纯色渐变背景效果

STEP 01 选择“文件”|“新建”命令，弹出“新建文档”对话框，❶设置“名称”为“美妆网店首页”、“宽度”为 800 像素、“高度”为 500 像素、“分辨率”为 300 像素 / 英寸、“颜色模式”为“RGB 颜色”、“背景内容”为“白色”；❷单击“创建”按钮，如图 7-2 所示，新建一个空白图像文件。

STEP 02 选取工具箱中的渐变工具，设置渐变色为白色（RGB 参数值均为 255）到蓝色（RGB 参数值分别为 86、200、236），如图 7-3 所示。

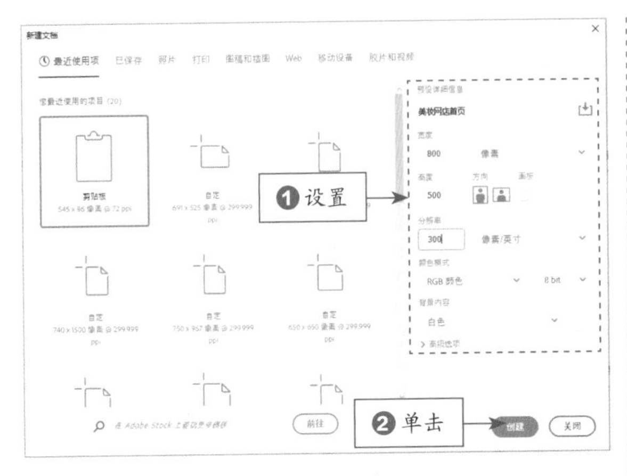

图 7-2　单击“创建”按钮

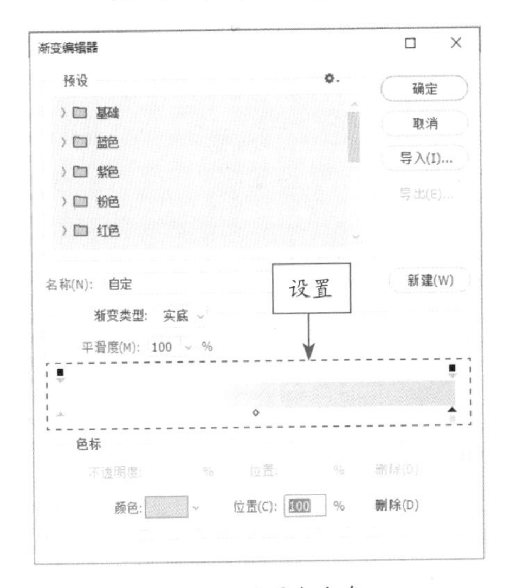

图 7-3　设置渐变色

STEP 03 在“图层”面板中，新建“图层 1”图层，如图 7-4 所示。

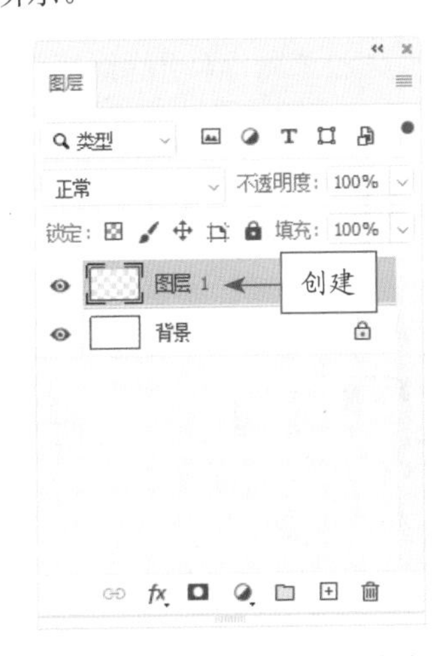

图 7-4　新建“图层 1”图层

STEP 04 在工具属性栏中单击“径向渐变”按钮■，在图像上拖曳鼠标填充渐变色，如图 7-5 所示。

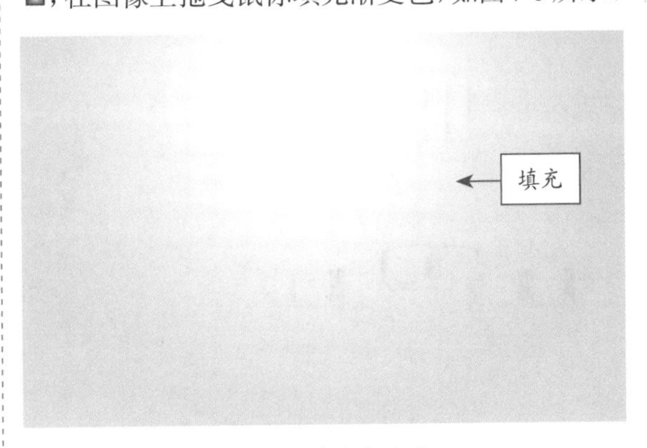

图 7-5　填充渐变色

7.1.2　调整商品图像的亮度

下面主要通过“亮度 / 对比度”命令，对美妆网店首页中的商品图像亮度进行调整，并制作其倒影效果，具体操作方法如下。

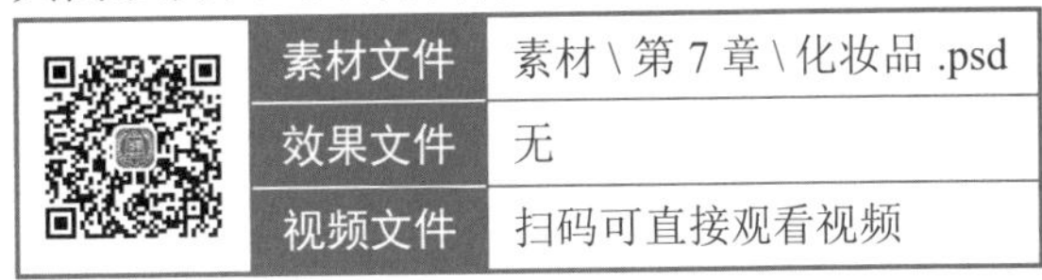

	素材文件	素材 \ 第 7 章 \ 化妆品 .psd
	效果文件	无
	视频文件	扫码可直接观看视频

【操练 + 视频】
——调整商品图像的亮度

STEP 01 打开“化妆品 .psd”素材图像，运用移动工具✥将素材图像拖曳至背景图像编辑窗口中的合适位置处，如图 7-6 所示。

图 7-6　拖曳素材图像

STEP 02 选择“图像”|“调整”|“亮度 / 对比度”命令，弹出“亮度 / 对比度”对话框，设置“亮

度”为 20、“对比度”为 18，单击“确定”按钮，效果如图 7-7 所示。

图 7-7　调整亮度和对比度效果

STEP 03 在“图层”面板中选中“图层 2”图层，按 Ctrl ＋ J 组合键，得到“图层 2 拷贝”图层，如图 7-8 所示。

图 7-8　拷贝图层

STEP 04 按 Ctrl ＋ T 组合键，调出变换控制框，单击鼠标右键，在弹出的快捷菜单中选择“垂直翻转”命令，如图 7-9 所示。

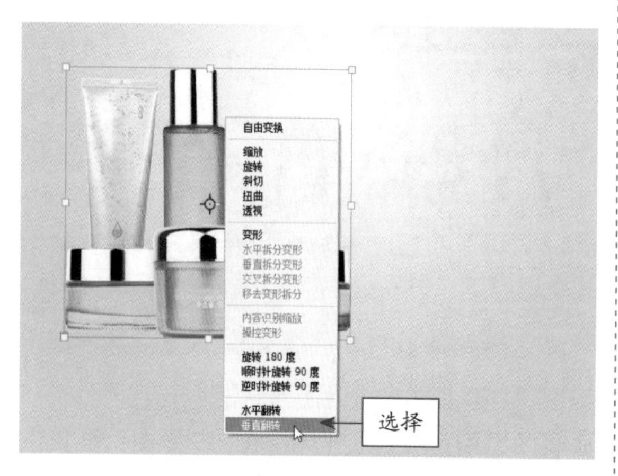

图 7-9　选择“垂直翻转”命令

STEP 05 执行操作后，对图像的位置进行适当地调整，按 Enter 键确认，效果如图 7-10 所示。

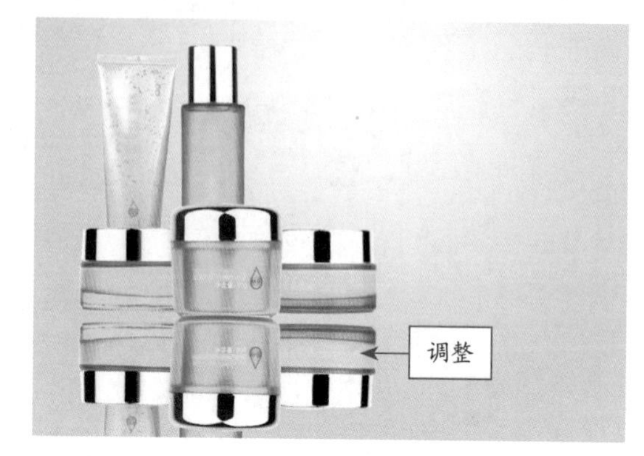

图 7-10　调整图像位置

STEP 06 ❶单击“图层”面板底部的“添加图层蒙版”按钮 ；❷为“图层 2 拷贝”图层添加图层蒙版，如图 7-11 所示。

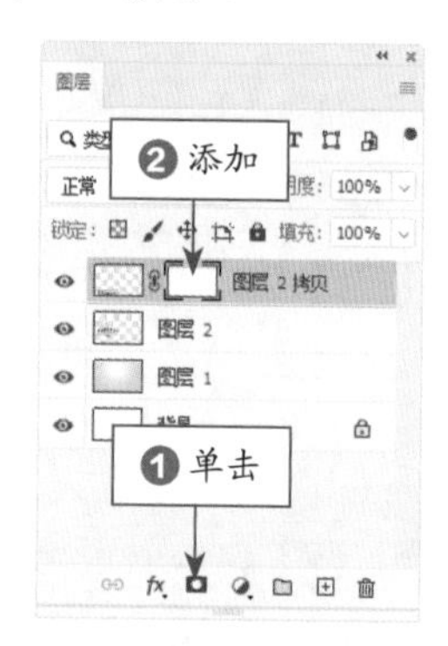

图 7-11　添加图层蒙版

STEP 07 选取工具箱中的渐变工具，设置默认的黑色到白色的线性渐变，按住鼠标左键从下至上拖曳，填充图层蒙版，即可隐藏部分图像效果，如图 7-12 所示。

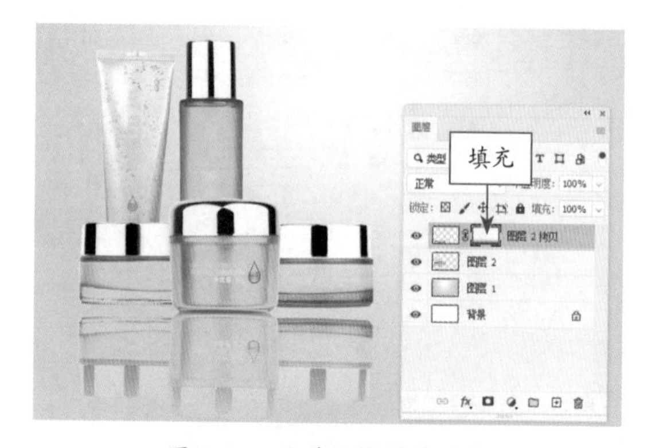

图 7-12　隐藏部分图像效果

STEP 08 设置图层的“不透明度”为 30%，制作倒影效果，如图 7-13 所示。

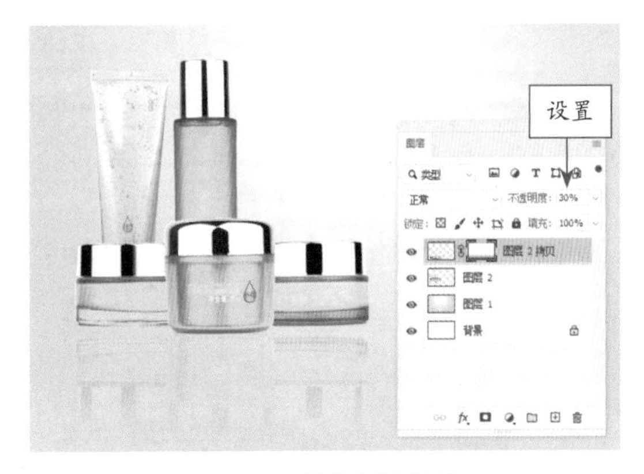

图 7-13　制作倒影效果

7.1.3　制作首页商品文案效果

使用横排文字工具给商品添加解释说明，让买家更能了解商品。下面详细介绍制作美妆网店首页文案的方法。

	素材文件	素材 \ 第 7 章 \ 装饰 .psd、文字 .psd、首页链接 .psd
	效果文件	效果 \ 第 7 章 \ 美妆网店首页 .psd、美妆网店首页 .jpg
	视频文件	扫码可直接观看视频

【操练 + 视频】
——制作首页商品文案效果

STEP 01 打开“装饰 .psd”素材图像，运用移动工具✥将素材图像拖曳至背景图像编辑窗口中的合适位置处，如图 7-14 所示。

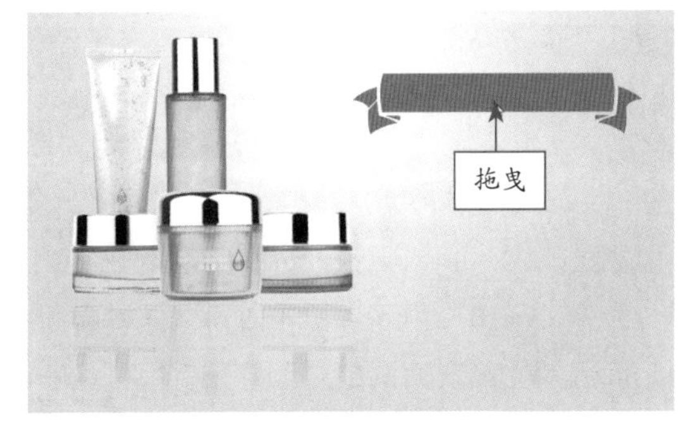

图 7-14　添加装饰素材

STEP 02 为“装饰”图层添加默认的“外发光”图层样式，效果如图 7-15 所示。

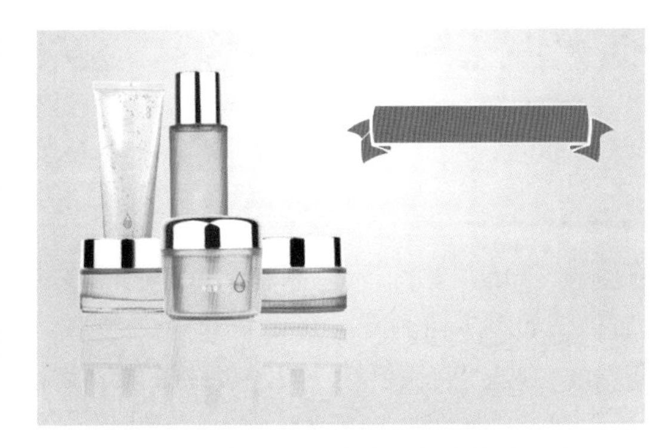

图 7-15　添加“外发光”图层样式效果

STEP 03 运用横排文字工具 T 在图像编辑窗口上输入相应的主题文字，设置“字体”为“隶书”、“字体大小”为 7 点、“颜色”为白色（RGB 参数值均为 255），并激活仿粗体图标 **T**，文字效果如图 7-16 所示。

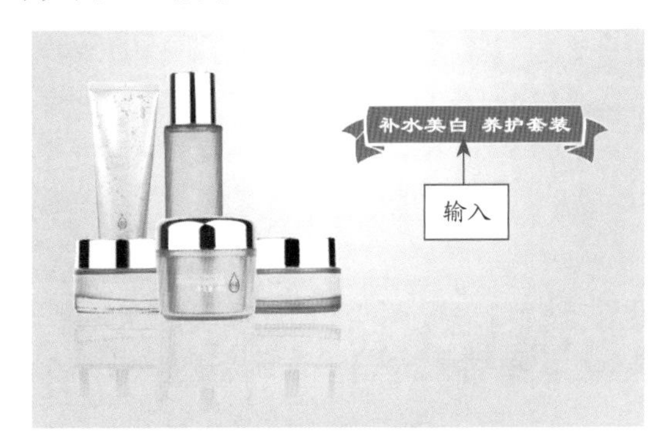

图 7-16　输入主题文字并设置效果

STEP 04 运用横排文字工具 T 在图像上输入相应的价格文字，设置“字体”为“黑体”、“字体大小”为 6 点、“颜色”为白色（RGB 参数值均为 255），并激活“删除线”图标 T̶，文字效果如图 7-17 所示。

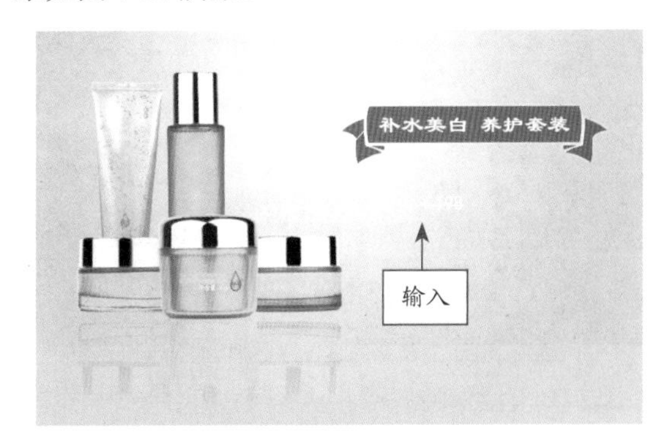

图 7-17　输入价格文字并设置效果

专家指点

对文字进行艺术化处理是 Photoshop 的强项之一。Photoshop 中的文字是以数学方式定义的形状组成的，在将文字栅格化之前，Photoshop 会保留基于矢量的文字轮廓，我们可以任意缩放文字并调整文字的大小，而不会产生锯齿。

STEP 05 打开“文字 .psd”素材图像，运用移动工具✥将素材图像拖曳至背景图像编辑窗口中的合适位置处，如图 7-18 所示。

STEP 06 打开“首页链接 .psd”素材图像，运用移动工具✥将素材图像拖曳至背景图像编辑窗口中的合适位置处，如图 7-19 所示。

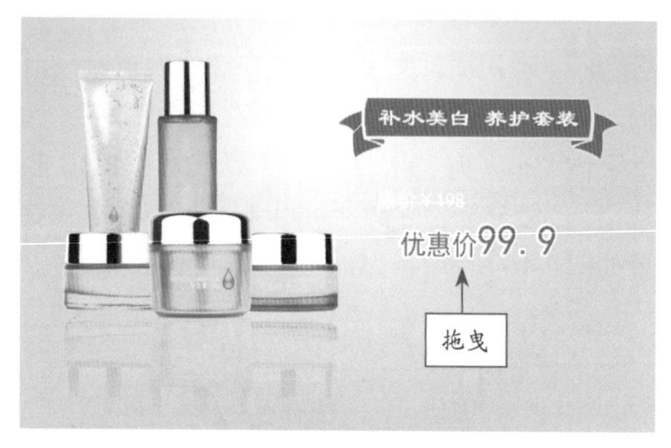

图 7-18 添加文字素材

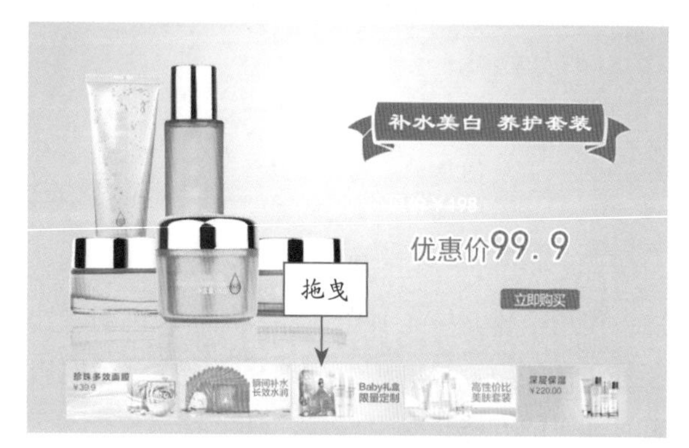

图 7-19 添加首页链接素材

7.2 视频制作：女装模特展示

本实例是为天猫女装网店设计的商品详情视频（简称商详视频）效果，主要通过模特实拍视频的方式，展现女装的各种特色卖点，从而提升顾客的购买欲望。商详视频通常位于商品详情页的顶部，可用于展示商品详情页的全部内容。商详视频能够有效地利用手机屏幕聚焦信息的特点，为用户提供一个更加纯粹、直观的购物场景，让他们通过视频即可充分了解商品的各方面。

本实例最终效果如图 7-20 所示。

图 7-20 实例效果

图 7-20　实例效果（续）

7.2.1　剪辑女装视频素材

下面主要对拍好的视频素材进行剪辑处理，控制视频的整体时长，使其满足各种电商平台的发布要求，具体操作方法如下。

素材文件	素材 \ 第 7 章 \1.mp4 ～ 6.mp4
效果文件	无
视频文件	扫码可直接观看视频

【操练 + 视频】
——剪辑女装视频素材

STEP 01 在剪映中导入 6 个视频素材，如图 7-21 所示。

图 7-21　导入多个视频素材

STEP 02 将视频素材按顺序分别添加到视频轨道中，如图 7-22 所示。

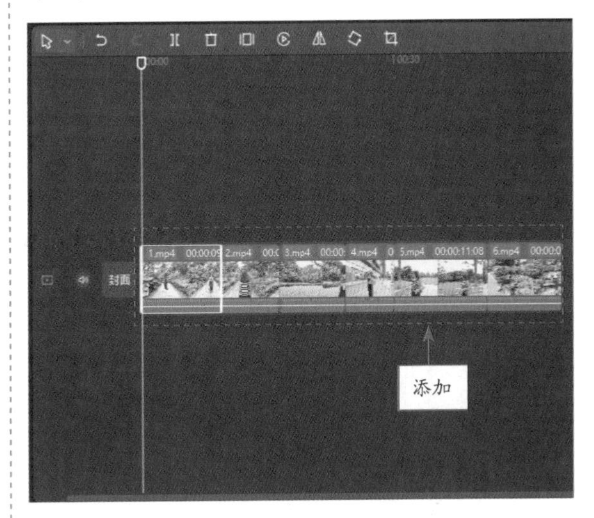

图 7-22　添加视频到轨道中

STEP 03 选择第 1 个视频素材，拖曳左右两侧的白色拉杆，将其时长调整为 5s，如图 7-23 所示。

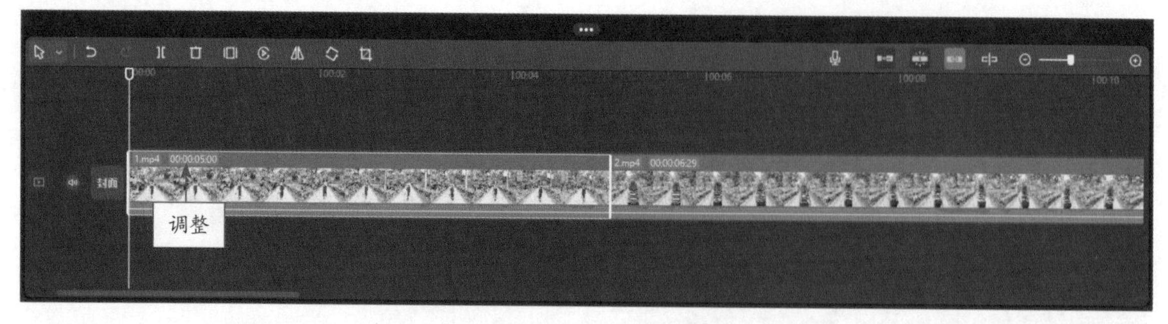

图 7-23　调整视频素材的时长

STEP 04 使用相同的操作方法，调整其他视频素材的时长均为 5s，如图 7-24 所示。

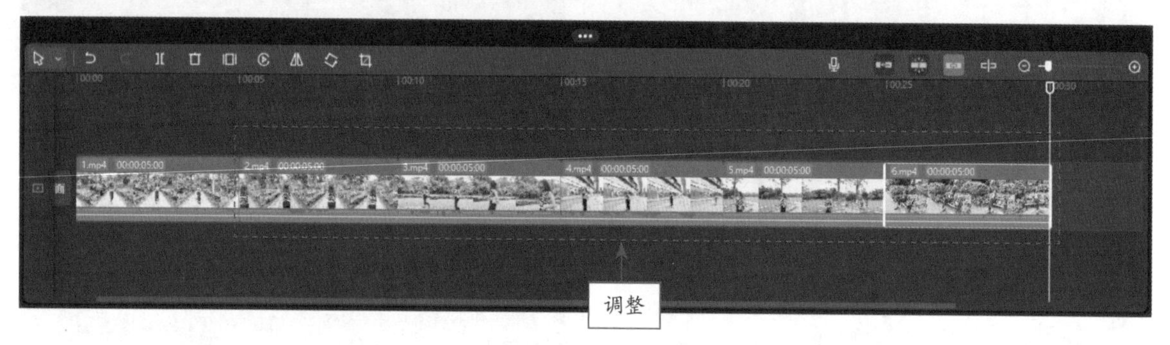

图 7-24　调整其他视频素材的时长

7.2.2　为视频添加转场效果

下面主要为视频素材添加转场效果，让各个素材之间的过渡效果变得更加协调，具体操作方法如下。

	素材文件	无
	效果文件	无
	视频文件	扫码可直接观看视频

【操练 + 视频】
——为视频添加转场效果

STEP 01 将时间轴拖曳至前两个视频素材中间的连接处，如图 7-25 所示。

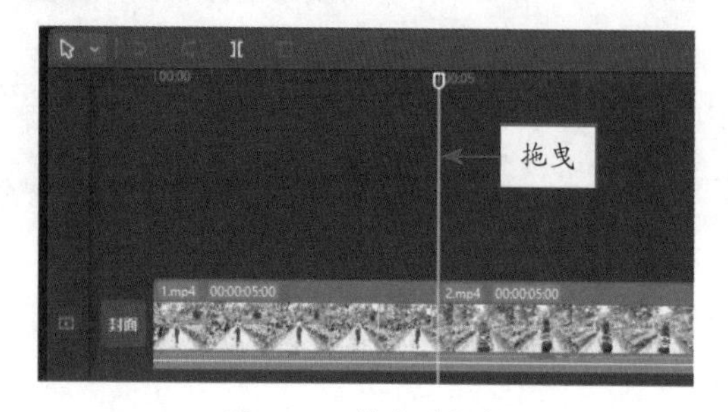

图 7-25　拖曳时间轴

STEP 02 在“转场”功能区中，❶切换至“基础”选项卡；❷选择“渐变擦除”转场效果，如图 7-26 所示。

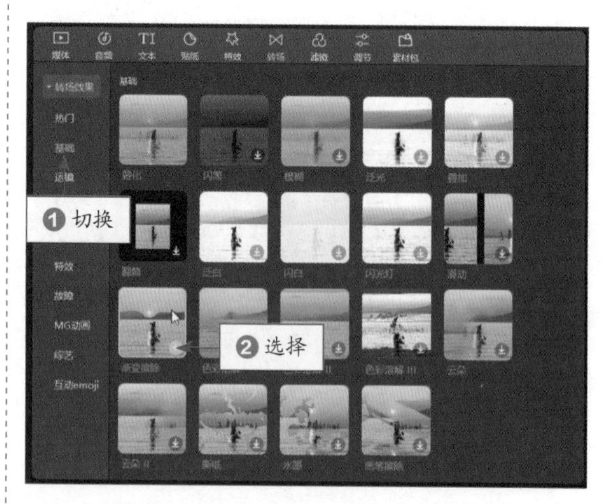

图 7-26　选择“渐变擦除”转场效果

STEP 03 单击“添加到轨道”按钮，即可添加转场效果，如图 7-27 所示。

STEP 04 在“播放器”窗口中，预览“渐变擦除”转场效果，如图 7-28 所示。

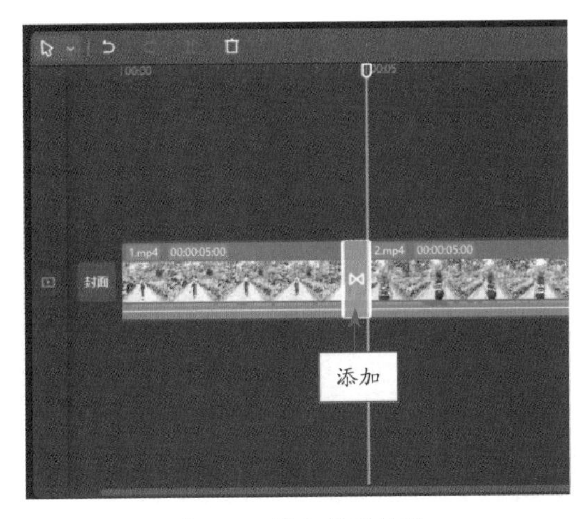

图 7-27　添加转场效果

图 7-28　预览“渐变擦除”转场效果

STEP 05 将时间轴拖曳至视频轨道中的第 2 个视频素材和第 3 个视频素材中间的连接处，如图 7-29 所示。

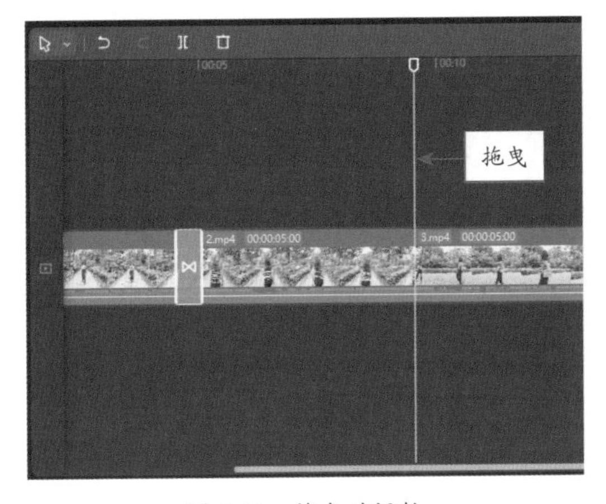

图 7-29　拖曳时间轴

STEP 06 在“转场”功能区中，❶切换至“运镜”选项卡；❷选择“无限穿越 I ”转场效果，如图 7-30 所示。

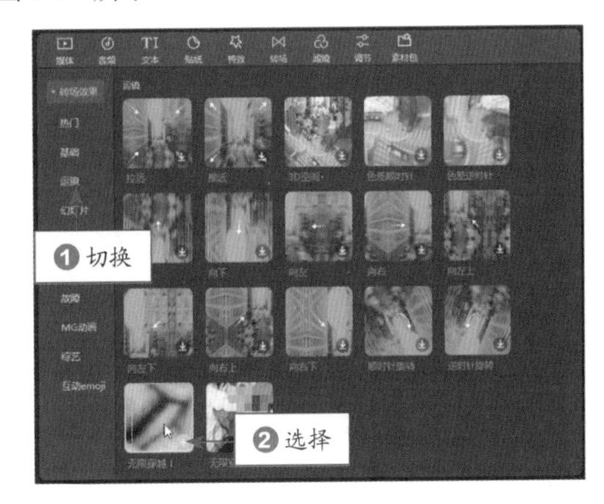

图 7-30　选择“无限穿越 I ”转场效果

STEP 07 单击“添加到轨道”按钮，即可添加转场效果，如图 7-31 所示。

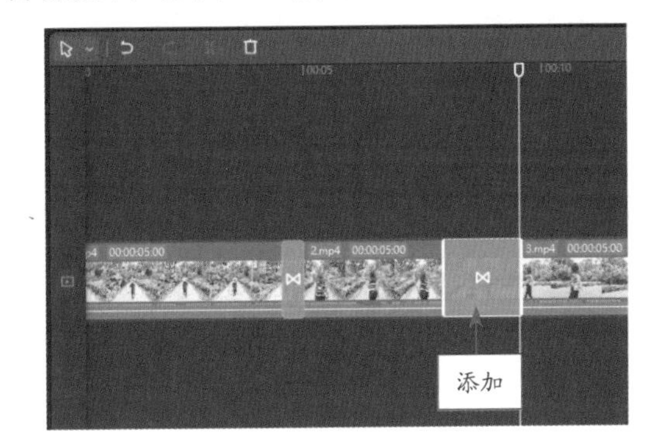

图 7-31　添加转场效果

STEP 08 在“转场”操作区中，设置“时长”为 2.0s，如图 7-32 所示。

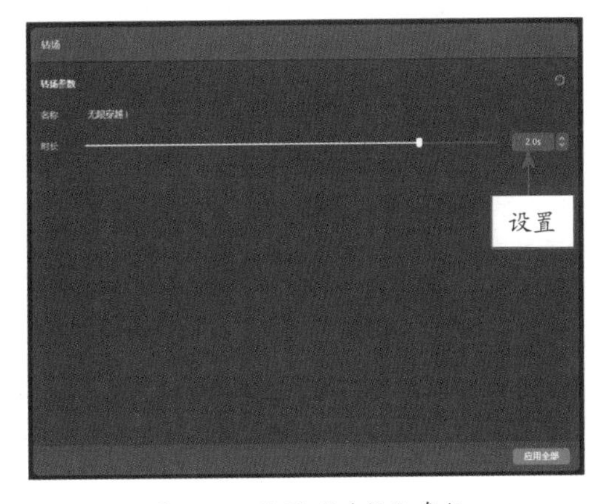

图 7-32　设置“时长”参数

STEP 09 在“播放器”窗口中，预览“无限穿越 I ”转场效果，如图 7-33 所示。

图 7-33 预览“无限穿越 I ”转场效果

STEP 10 将时间轴拖曳至第 3 个视频素材和第 4 个视频素材中间的连接处，在“转场”功能区中，❶切换至“幻灯片”选项卡；❷选择“压缩”转场效果，如图 7-34 所示。

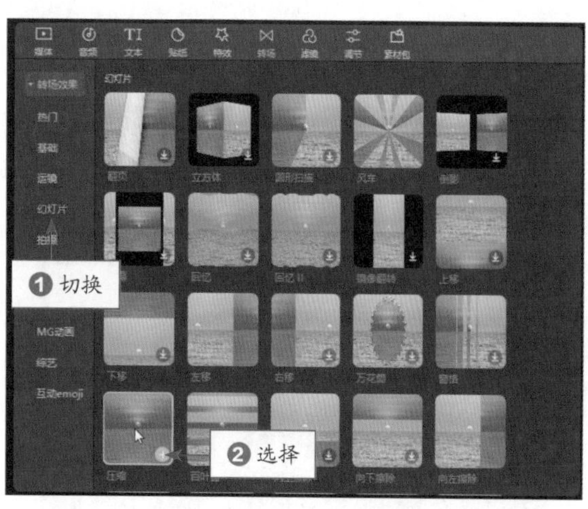

图 7-34 选择“压缩”转场效果

STEP 11 单击“添加到轨道”按钮，即可添加转场效果，如图 7-35 所示。

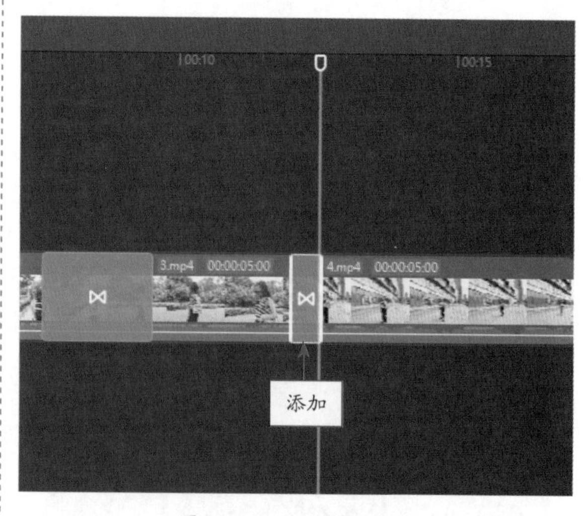

图 7-35 添加转场效果

STEP 12 在“播放器”窗口中，预览“压缩”转场效果，如图 7-36 所示。

图 7-36　预览“压缩”转场效果

专家指点

技巧转场是指通过后期剪辑软件在两个片段中间添加转场特效，来实现场景的转换。常用的技巧转场方式有叠化、遮罩、幻灯片、特效、运镜、模糊等。

STEP 13 将时间轴拖曳至第 4 个视频素材和第 5 个视频素材中间的连接处，在“转场”功能区中，❶切换至“特效”选项卡；❷选择“光束”转场效果，如图 7-37 所示。

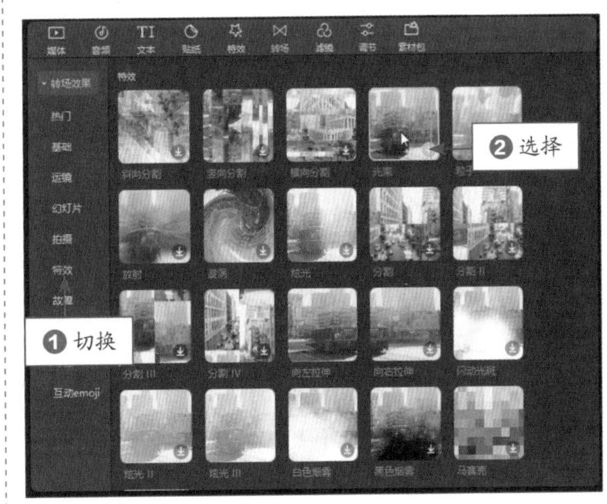

图 7-37　选择“光束”转场效果

STEP 14 单击“添加到轨道”按钮，即可添加转场效果，如图 7-38 所示。

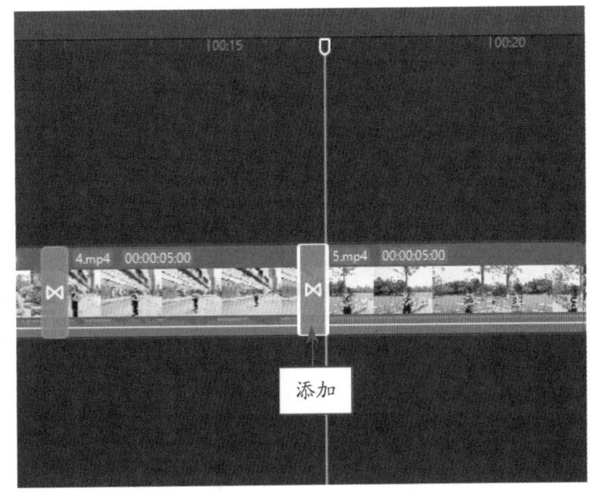

图 7-38　添加转场效果

STEP 15 在“播放器”窗口中，预览“光束”转场效果，如图 7-39 所示。

图 7-39　预览“光束”转场效果

STEP 16 将时间轴拖曳至第 5 个视频素材和第 6 个视频素材中间的连接处，在“转场”功能区中，❶切换至“特效”选项卡；❷选择“向左拉伸”转场效果，如图 7-40 所示。

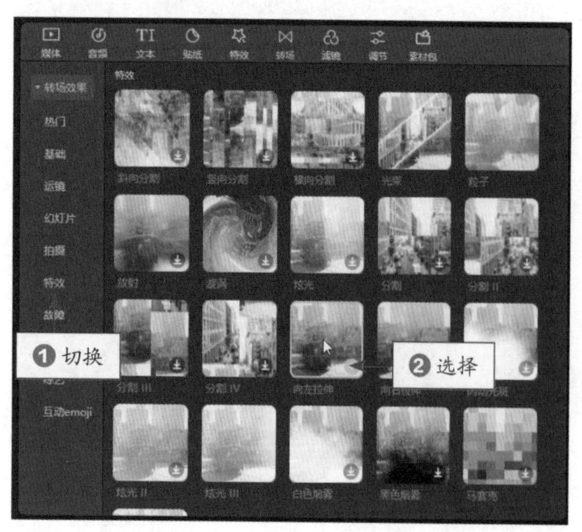

图 7-40　选择“向左拉伸”转场效果

STEP 17 单击“添加到轨道”按钮，即可添加转场效果，如图 7-41 所示。

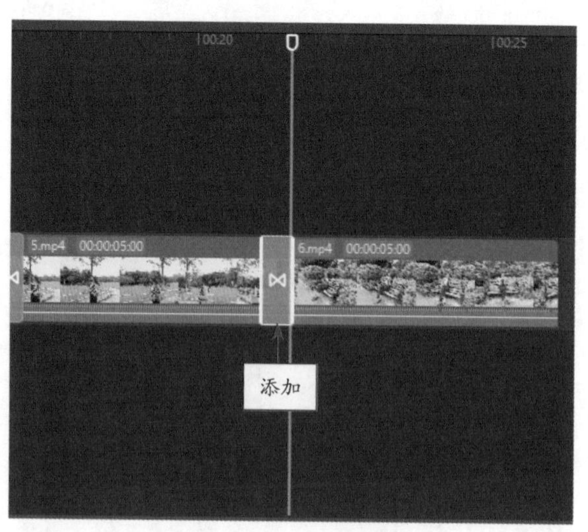

图 7-41　添加转场效果

STEP 18 在“播放器”窗口中，预览“向左拉伸”转场效果，如图 7-42 所示。

图 7-42　预览“向左拉伸”转场效果

7.2.3　制作片头和片尾效果

下面主要为视频添加片头、片尾和边框特效，让作品显得更加专业，具体操作方法如下。

	素材文件	无
	效果文件	无
	视频文件	扫码可直接观看视频

【操练＋视频】
——制作片头和片尾效果

STEP 01 将时间轴拖曳至视频轨道的起始位置处，如图 7-43 所示。

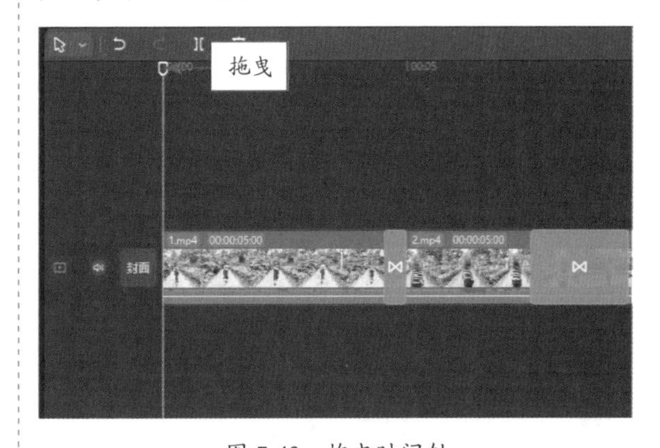

图 7-43　拖曳时间轴

STEP 02 在“特效”功能区的“特效效果”列表中，选择“基础”选项，如图 7-44 所示。

图 7-44　选择“基础”选项

STEP 03 在“基础”选项卡中，选择“纵向开幕”特效，如图 7-45 所示。

STEP 04 单击“添加到轨道”按钮，即可添加“纵向开幕”特效，如图 7-46 所示。

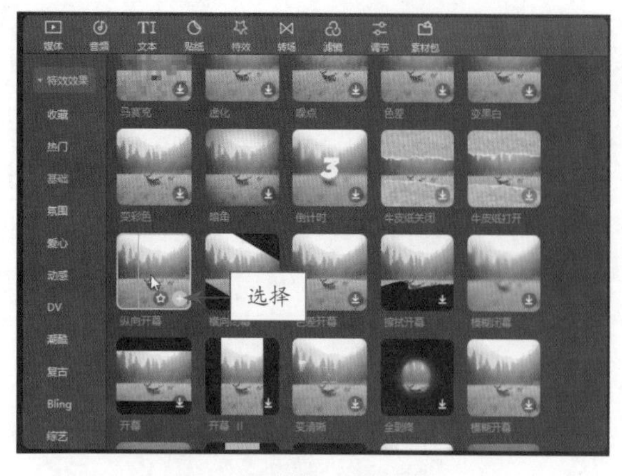

图 7-45　选择“纵向开幕”特效

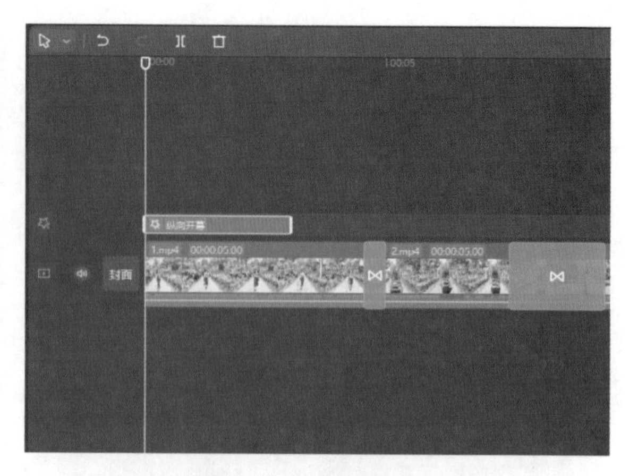

图 7-46　添加“纵向开幕”特效

STEP 05 在“播放器”窗口中，预览“纵向开幕”特效，如图 7-47 所示。

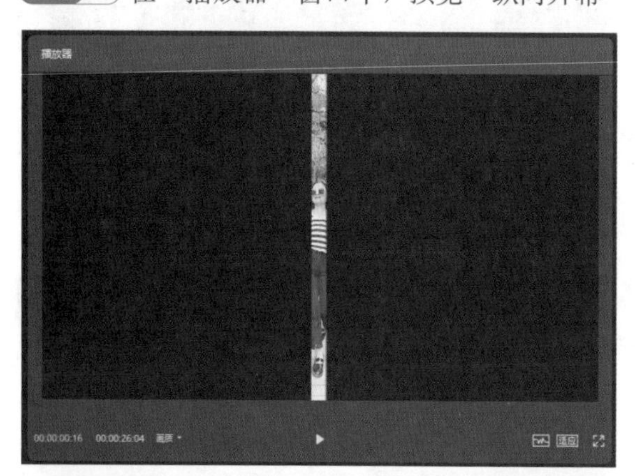

图 7-47　预览“纵向开幕”特效

STEP 06 在“基础”选项卡中，选择“横向闭幕”特效，如图 7-48 所示。

STEP 07 单击“添加到轨道”按钮，在视频的结束位置处添加一个“横向闭幕”特效，并适当调整其时长，如图 7-49 所示。

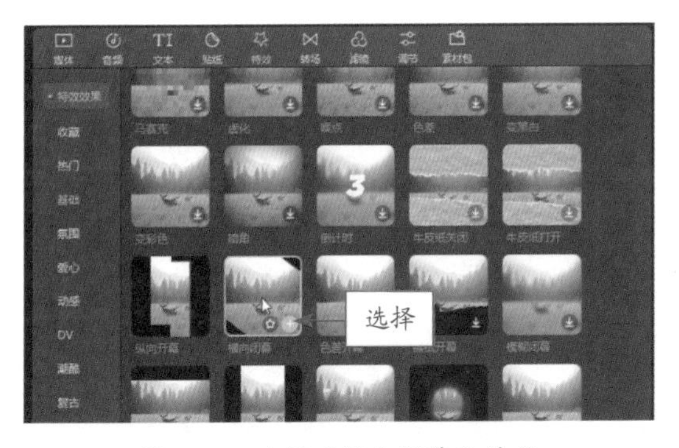

图 7-48　选择“横向闭幕”特效

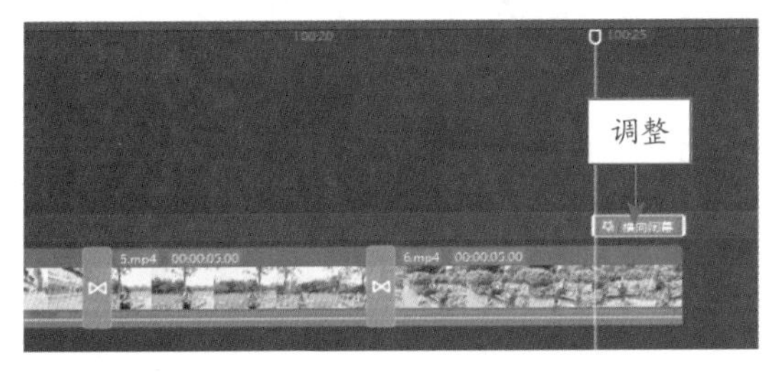

图 7-49　调整“横向闭幕”特效

STEP 08 在“播放器”窗口中，预览“横向闭幕”特效，如图 7-50 所示。

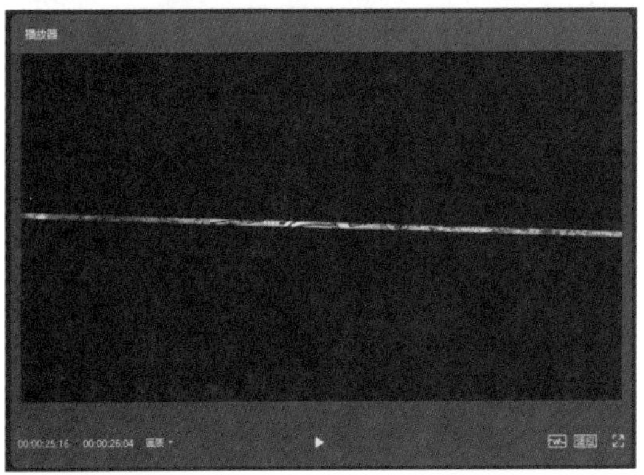

图 7-50　预览“横向闭幕”特效

专家指点

“播放器”窗口左下角的时间，表示当前时长和视频的总时长。单击“播放器”窗口右下角的按钮，可全屏预览视频效果。单击“播放器”窗口中的“播放”按钮，即可播放并预览视频效果。当出现错误的操作时，可以单击时间线窗口工具栏中的“撤销”按钮，即可撤销上一步的操作。

STEP 09 在“特效”功能区的“边框”选项卡中，选择“录制边框”特效，如图 7-51 所示。

图 7-51　选择“录制边框”特效

STEP 10 单击“添加到轨道”按钮，在“纵向开幕”特效的后方添加一个“录制边框”特效，如图 7-52 所示。

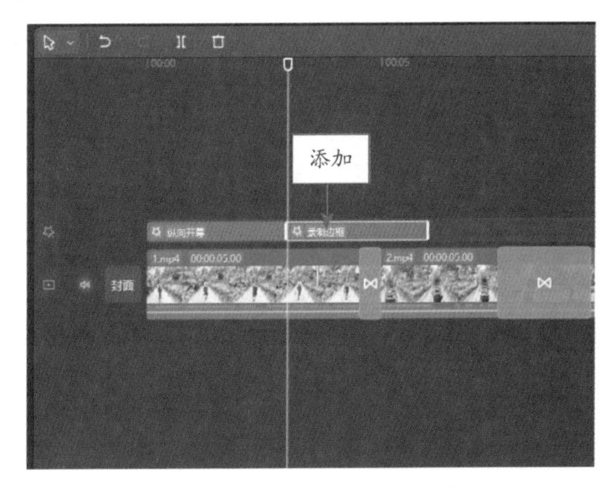

图 7-52　添加“录制边框”特效

STEP 11 适当调整“录制边框”特效的时长，如图 7-53 所示。

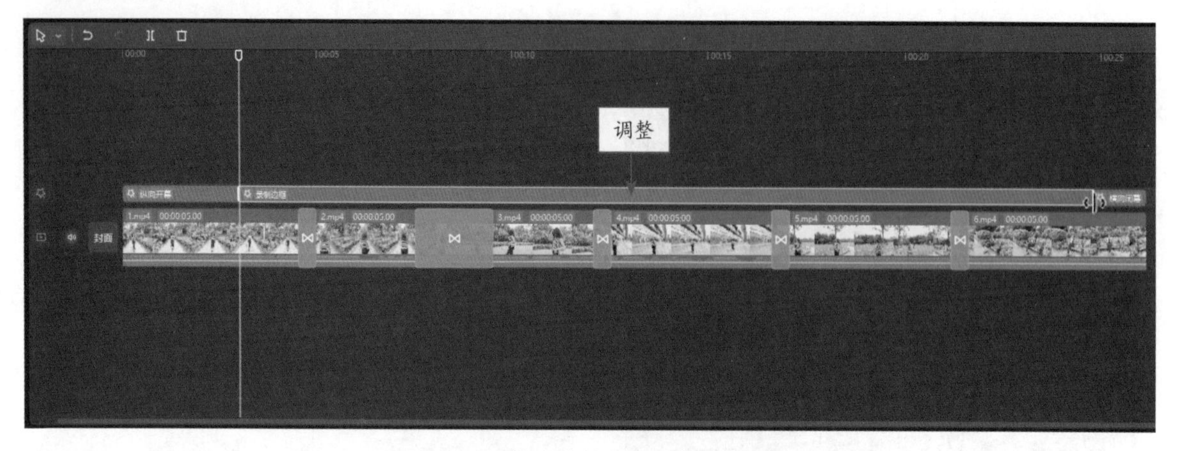

图 7-53　调整“录制边框”特效的时长

STEP 12 在“播放器”窗口中，预览“录制边框”特效，如图 7-54 所示。

图 7-54　预览“录制边框”特效

7.2.4　为视频添加卖点文案

下面主要为视频添加标题字幕和卖点文案等文字元素，让用户对女装的特色一目了然，具体操作方法如下。

	素材文件	无
	效果文件	无
	视频文件	扫码可直接观看视频

【操练 + 视频】
——为视频添加卖点文案

STEP 01 将时间轴拖曳至视频轨道的起始位置处，如图 7-55 所示。

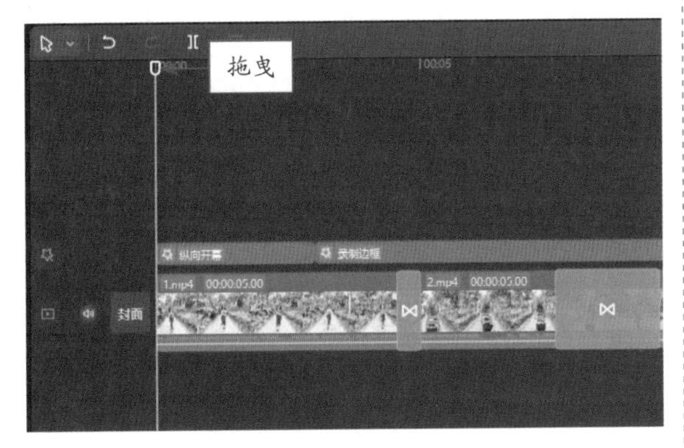

图 7-55　拖曳时间轴

STEP 02 在“文本”功能区中，单击左侧的“文字模板”按钮，如图 7-56 所示。

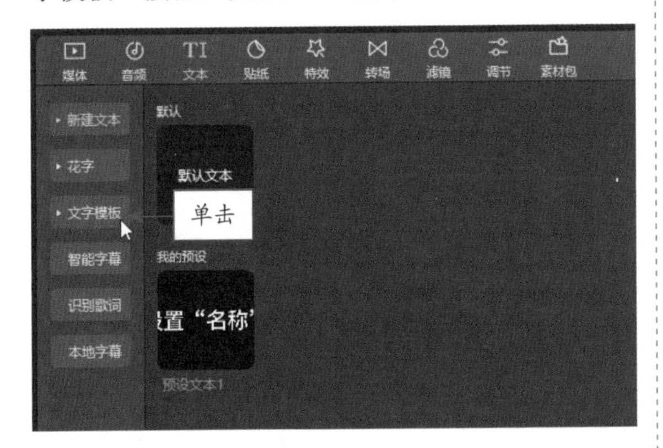

图 7-56　单击“文字模板”按钮

STEP 03 ❶切换至“片头标题”选项卡；❷选择相应的文字模板，如图 7-57 所示。

STEP 04 单击“添加到轨道”按钮，即可添加相应的文字模板，如图 7-58 所示。

STEP 05 在“文本”操作区的“基础”选项卡中，修改相应的文字内容，如图 7-59 所示。

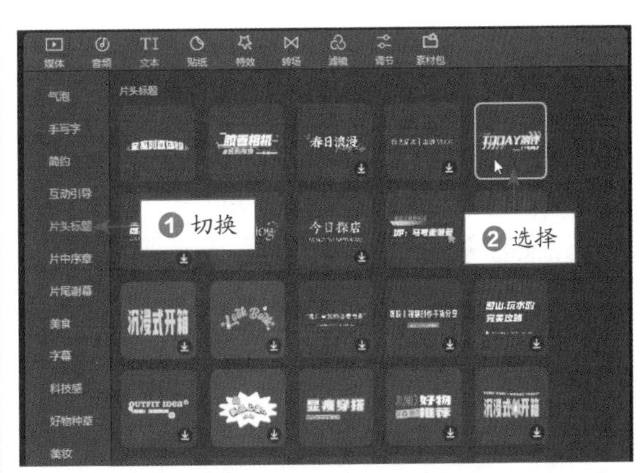

图 7-57　选择相应的文字模板

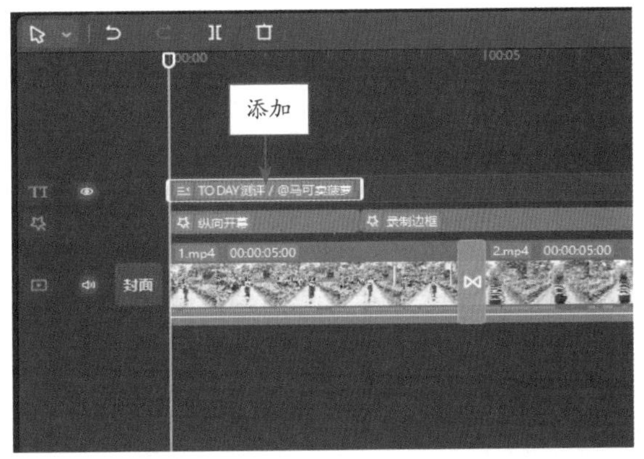

图 7-58　添加相应的文字模板

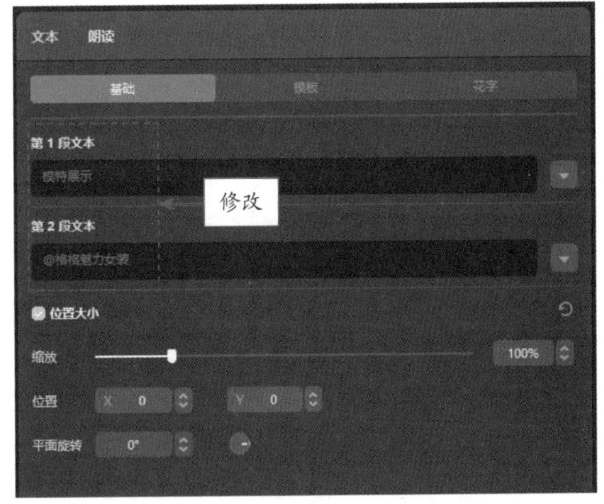

图 7-59　修改相应的文字内容

STEP 06 在“播放器”窗口中，预览文字模板效果，如图 7-60 所示。

图 7-60　预览文字模板效果

STEP 07 适当调整文字模板的时长，使其与第 1 个视频素材的时长一致，如图 7-61 所示。

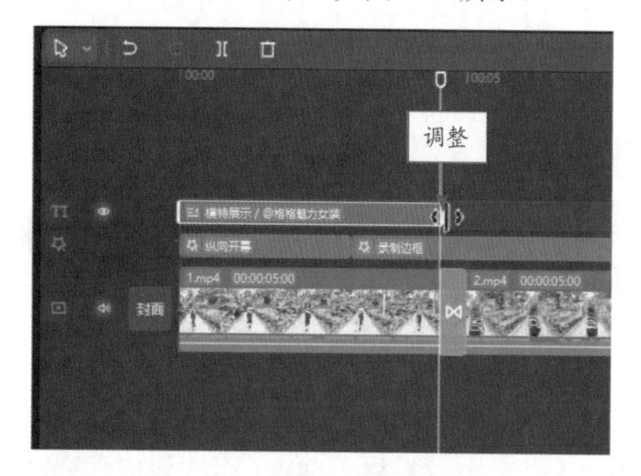

图 7-61　调整文字模板的时长

STEP 08 在“片头标题”选项卡中，选择相应的文字模板，如图 7-62 所示。

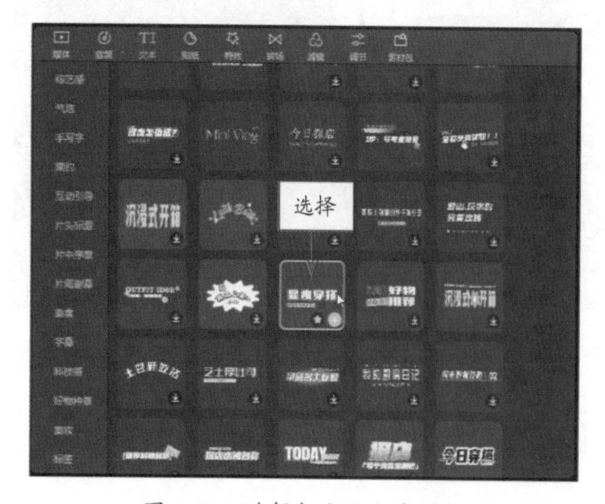

图 7-62　选择相应的文字模板

STEP 09 单击“添加到轨道”按钮，将其添加到文本轨道中，并适当调整第 2 个文字模板的位置和时长，如图 7-63 所示。

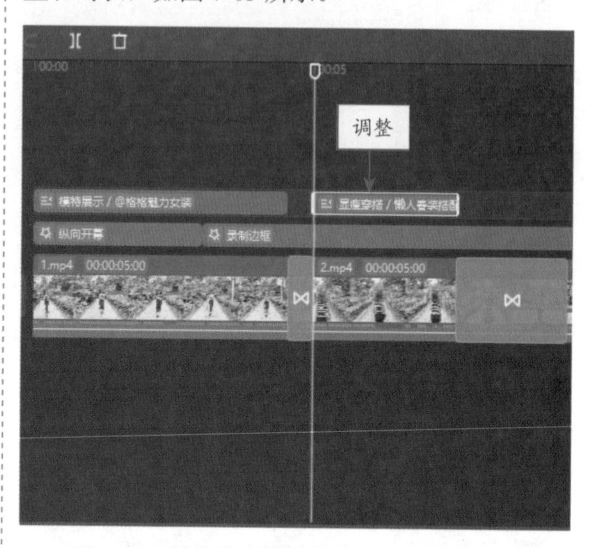

图 7-63　调整第 2 个文字模板的位置和时长

STEP 10 在“播放器”窗口中，适当调整第 2 个文字模板的大小和位置，并预览文字模板效果，如图 7-64 所示。

图 7-64　预览文字模板效果

STEP 11 ❶切换至“花字”选项卡；❷单击相应花字模板中的“添加到轨道”按钮，如图 7-65 所示。

STEP 12 将花字模板添加到文本轨道中，并适当调整第 3 个文字素材的位置和时长，如图 7-66 所示。

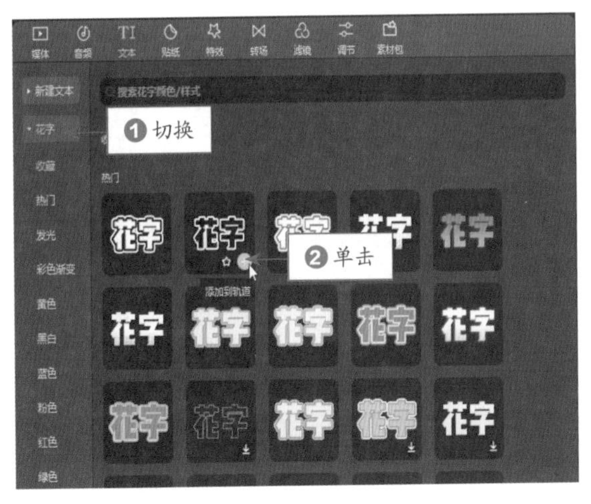

图 7-65　单击“添加到轨道”按钮

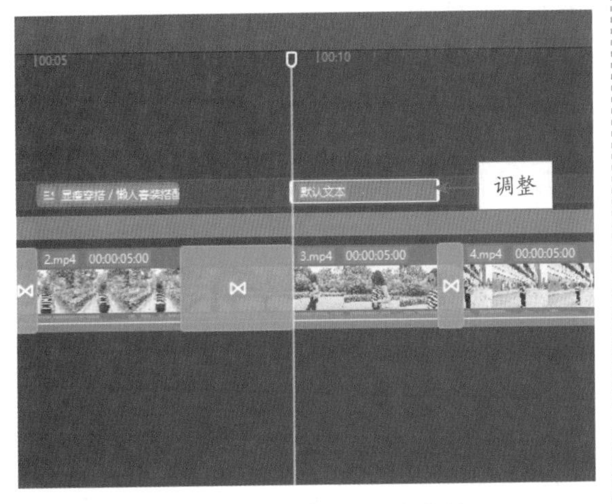

图 7-66　调整第 3 个文字素材

STEP 13 在“文本”操作区的“基础”选项卡中，输入相应的文字内容，如图 7-67 所示。

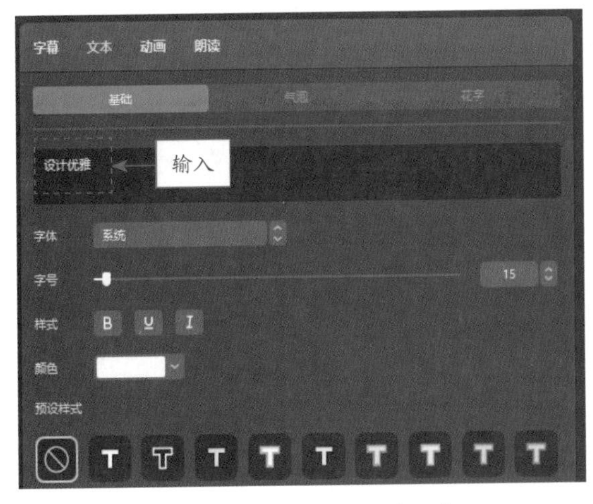

图 7-67　输入相应的文字内容

STEP 14 在“播放器”窗口中，适当调整第 3 个文字素材的大小和位置，并预览文字效果，如图 7-68 所示。

图 7-68　预览文字效果

STEP 15 ❶切换至“动画”操作区；❷在“入场”选项卡中选择“向上滑动”动画效果，如图 7-69 所示。

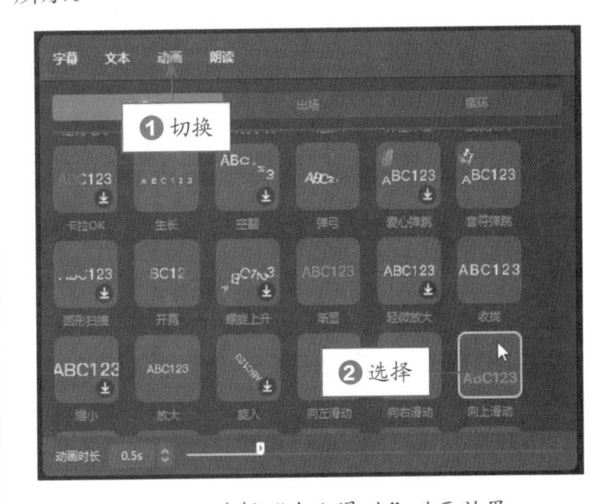

图 7-69　选择“向上滑动”动画效果

STEP 16 ❶切换至“出场”选项卡；❷选择“向上溶解”动画效果，如图 7-70 所示。

> **专家指点**
>
> 给文字添加入场动画效果后，文字可以呈现出一种从小到大或从无到有的动画效果，不仅可以更好地突出视频主题，而且还能给用户带来唯美的视觉体验。“向上溶解”动画效果是指文字在即将消失的时候，会呈现出向上方溶解为粒子的动画特效。

图 7-70　选择“向上溶解”动画效果

STEP 17 复制并粘贴第 3 个文字素材，适当调整其位置和时长，如图 7-71 所示。

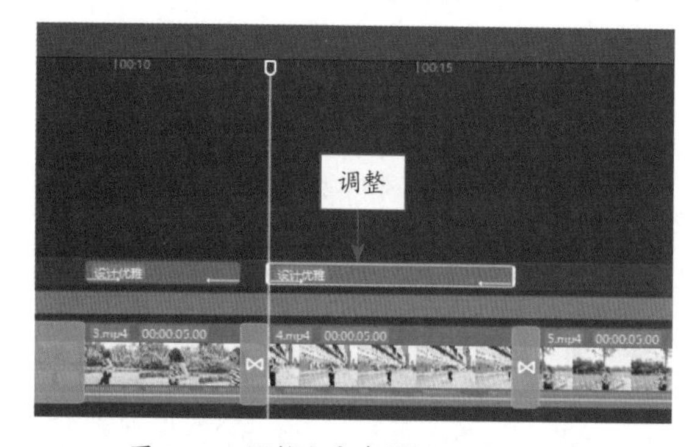

图 7-71　调整文字素材的位置和时长

STEP 18 修改文字内容，在“播放器”窗口中预览第 4 个文字素材的效果，如图 7-72 所示。

图 7-72　预览文字效果

STEP 19 使用相同的操作方法，制作其他的文字效果，如图 7-73 所示。

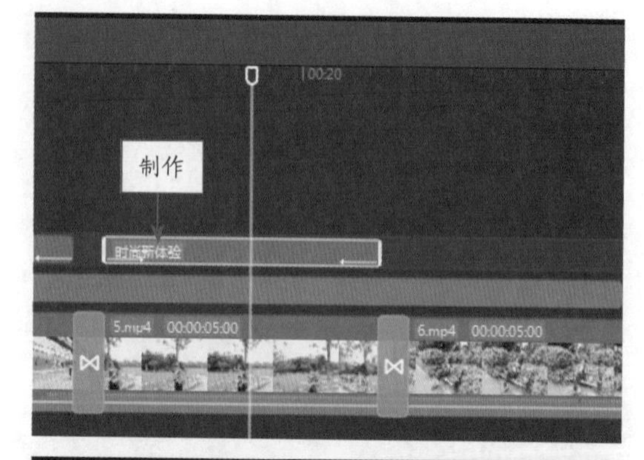

图 7-73　制作其他的文字效果

7.2.5　为视频添加背景音乐

下面主要为视频添加背景音乐和滤镜效果，让视频的氛围感更强烈，具体操作方法如下。

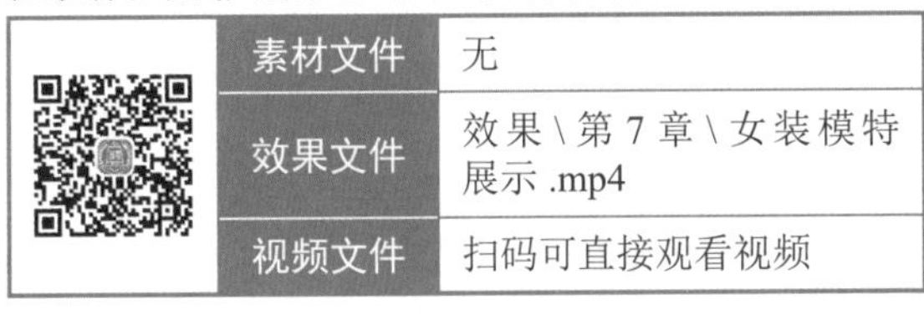	素材文件	无
	效果文件	效果 \ 第 7 章 \ 女装模特展示 .mp4
	视频文件	扫码可直接观看视频

【操练 + 视频】
——为视频添加背景音乐

STEP 01 将时间轴拖曳至视频轨道的起始位置处，如图 7-74 所示。

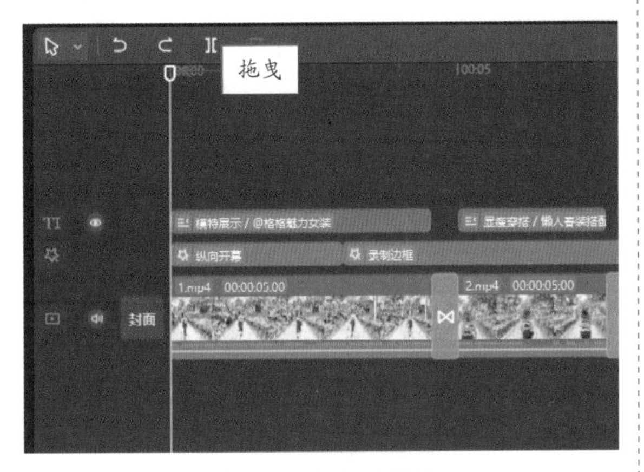

图 7-74　拖曳时间轴

STEP 02 在“音频”功能区中，单击“音乐素材”按钮，如图 7-75 所示。

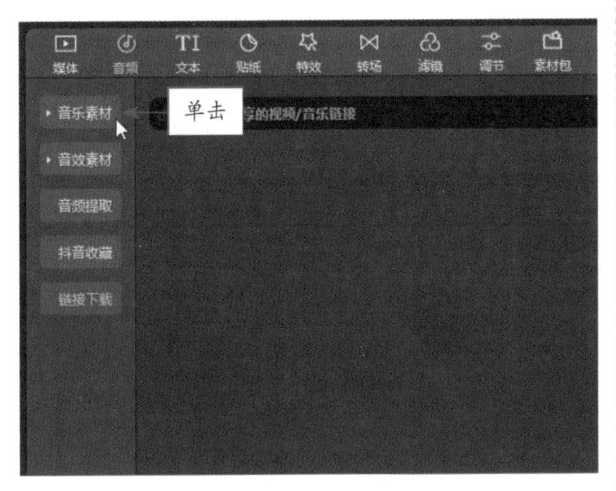

图 7-75　单击“音乐素材”按钮

STEP 03 ❶切换至“轻快”选项卡；❷选择相应的音乐素材，如图 7-76 所示。

图 7-76　选择相应的音乐素材

STEP 04 单击“添加到轨道”按钮，将音乐素材添加到音频轨道中，如图 7-77 所示。

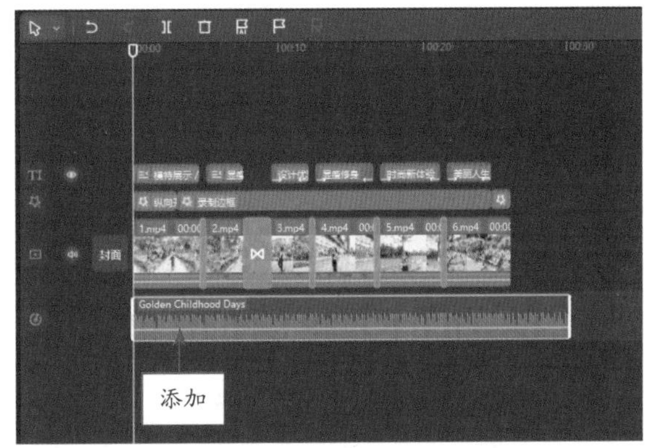

图 7-77　添加音频到轨道中

STEP 05 适当调整音乐素材的时长，使其与视频素材的结束处对齐，如图 7-78 所示。

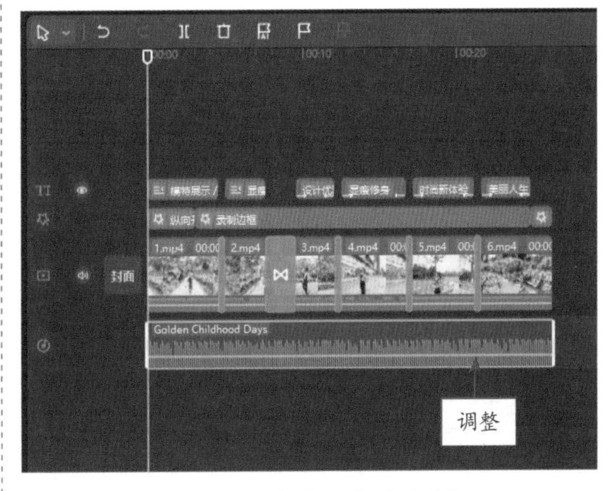

图 7-78　调整音乐素材的时长

STEP 06 在“滤镜”功能区的“滤镜库”列表中，选择“风景”选项，如图 7-79 所示。

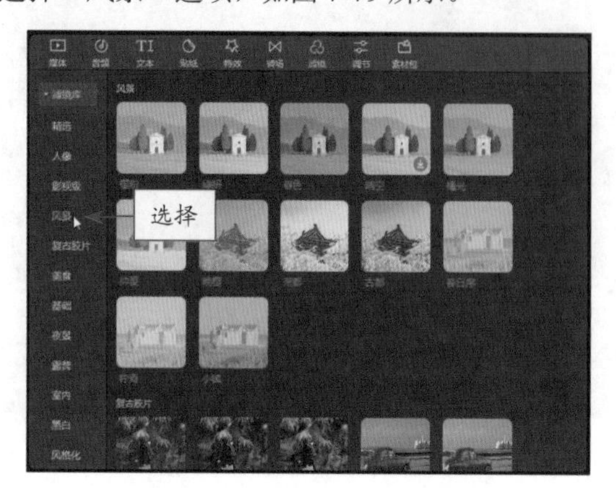

图 7-79　选择“风景”选项

STEP 07 在“风景”选项卡中，选择“绿妍”滤镜，如图 7-80 所示。

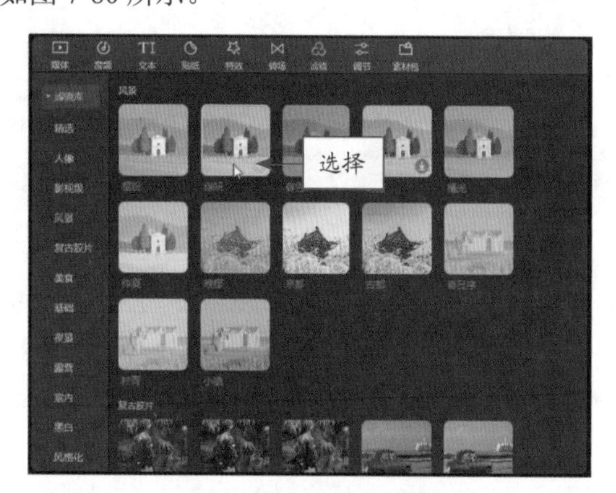

图 7-80　选择“绿妍”滤镜

STEP 08 单击“添加到轨道”按钮，将“绿妍”滤镜添加到滤镜轨道中，并适当调整滤镜效果的时长，如图 7-81 所示。

图 7-81　调整滤镜效果的时长

STEP 09 在“播放器”窗口中，预览滤镜效果，如图 7-82 所示。

图 7-82　预览滤镜效果

第8章

京东、拼多多的平面设计与视频制作

章前知识导读

除了淘宝、天猫外，京东和拼多多也是非常重要的电商平台，吸引了众多商家的入驻，其市场份额也不容小觑。本章主要介绍京东、拼多多的平面设计与视频制作技巧，帮助大家做出精美的店铺装修效果。

新手重点索引

- 平面设计：图书商品详情页
- 视频制作：图书主图视频

效果图片欣赏

8.1 平面设计：图书商品详情页

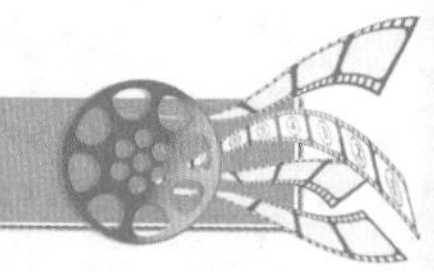

本实例是为京东平台上的图书网店设计的商品详情页图片，通过虚实对比的方式突出图书商品主体，并加入大量的卖点文案内容，吸引进入商品详情页的用户快速下单，从而提升商品的转化率。本实例最终效果如图 8-1 所示。

图 8-1 实例效果

8.1.1 制作商品详情页的主体效果

下面主要通过置入商品素材和添加图层样式等操作，制作商品详情页的主体效果，具体操作方法如下。

	素材文件	素材\第 8 章\图书背景.jpg、图书封面.psd、宣传文案.psd
	效果文件	无
	视频文件	扫码可直接观看视频

【操练+视频】
——制作商品详情页的主体效果

STEP 01 选择“文件”|“打开”命令，打开一幅素材图像，如图 8-2 所示。

图 8-2 打开的素材图像

STEP 02 选择“滤镜”|“模糊”|“高斯模糊”命令，弹出“高斯模糊”对话框，设置“半径”为 1 像素，如图 8-3 所示。

图 8-3　设置“半径”参数

STEP 03 单击“确定”按钮，即可模糊图像，效果如图 8-4 所示。

图 8-4　模糊图像

STEP 04 新建“亮度 / 对比度 1”调整图层，在“属性”面板中设置“亮度”为 28、“对比度”为 5，调整背景图像的亮度和对比度，效果如图 8-5 所示。

> **专家指点**
>
> 应用“高斯模糊”滤镜可以使图像中清晰或对比度较强烈的区域产生模糊的效果。

图 8-5　调整图像的亮度和对比度效果

STEP 05 打开“图书封面 .psd”素材图像，运用移动工具✥将其拖曳至背景图像编辑窗口中的合适位置处，效果如图 8-6 所示。

图 8-6　添加图书封面素材

STEP 06 双击“图层 1”图层，弹出“图层样式”对话框，❶选中“投影”复选框；❷设置相应参数，如图 8-7 所示。

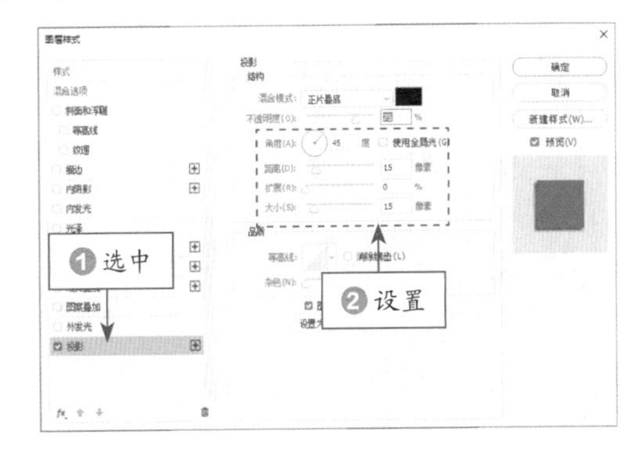

图 8-7　设置“投影”参数

专家指点

通过复制与粘贴图层样式的操作，可以减少重复操作。在操作时，首先选择包含要复制的图层样式的源图层，在该图层的图层名称上单击鼠标右键，在弹出的快捷菜单中选择“拷贝图层样式”命令。

然后选择要粘贴图层样式的目标图层，它可以是单个图层也可以是多个图层，在图层名称上单击鼠标右键，在弹出的快捷菜单中选择“粘贴图层样式”命令即可。

STEP 07 单击“确定”按钮，应用“投影”图层样式，效果如图 8-8 所示。

图 8-8 应用“投影”图层样式效果

STEP 08 选取工具箱中的椭圆选框工具◌，在右下角创建一个椭圆选区，并适当调整其位置，如图 8-9 所示。

图 8-9 调整椭圆选区的位置

STEP 09 新建“图层 2”图层，为选区填充白色（RGB 参数值均为 255），并取消选区，如图 8-10 所示。

图 8-10 填充白色

STEP 10 设置“图层 2”图层的“不透明度”为 80%，调整图像的不透明度，效果如图 8-11 所示。

图 8-11 调整图像的不透明度效果

STEP 11 为“图层 2”图层添加一个图层蒙版，运用渐变工具■从上至下填充默认的黑色至白色的线性渐变，隐藏白色图像的部分效果，如图 8-12 所示。

STEP 12 双击“图层 2”图层，弹出“图层样式”对话框，❶选中“外发光”复选框；❷设置相应参数，如图 8-13 所示。

图 8-12　图像效果

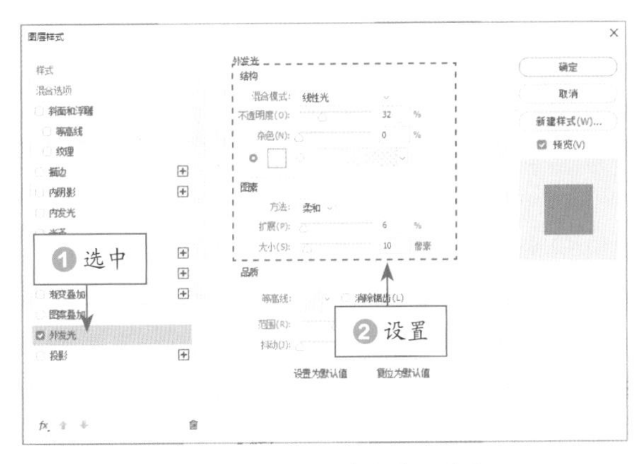

图 8-13　设置“外发光”参数

STEP 13 单击“确定”按钮，应用“外发光”图层样式，效果如图 8-14 所示。

图 8-14　应用“外发光”图层样式

STEP 14 打开“宣传文案 .psd”素材图像，运用移动工具✣将图层组中的图像拖曳至当前图像编辑窗口中，并适当调整图像的位置，最终效果如图 8-15 所示。

图 8-15　调整图像位置

8.1.2　制作商品详情页的文案效果

下面主要运用直排文字工具↓T 和“字符”面板制作商品详情页中的文案效果，具体操作方法如下。

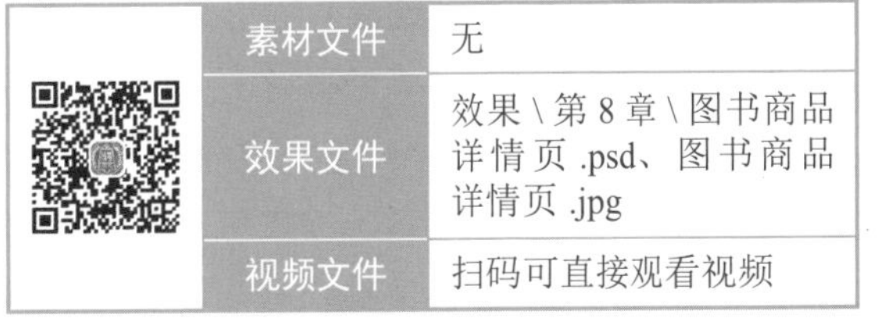

	素材文件	无
	效果文件	效果 \ 第 8 章 \ 图书商品详情页 .psd、图书商品详情页 .jpg
	视频文件	扫码可直接观看视频

【操练 + 视频】
——制作商品详情页的文案效果

STEP 01 选取工具箱中的直排文字工具↓T，在“字符”面板中设置“字体”为“楷体”、“字体大小”为 30 点、“设置所选字符的字距调整”为 -100、“颜色”为红色（RGB 参数值分别为 237、23、98），并激活仿粗体图标**T**，如图 8-16 所示。

STEP 02 在图像编辑窗口中输入相应文字，如图 8-17 所示。

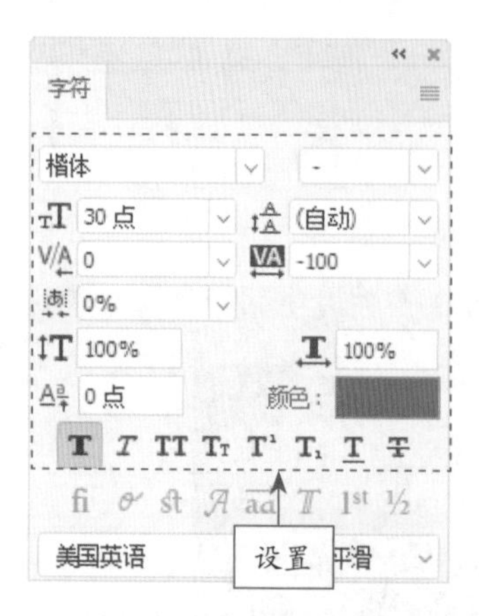

图 8-16 设置字符属性

图 8-17 输入相应文字

STEP 03 双击文字图层，弹出“图层样式”对话框，❶选中“描边”复选框；❷设置“颜色”为白色（RGB 参数值均为 255），其他参数设置如图 8-18 所示。

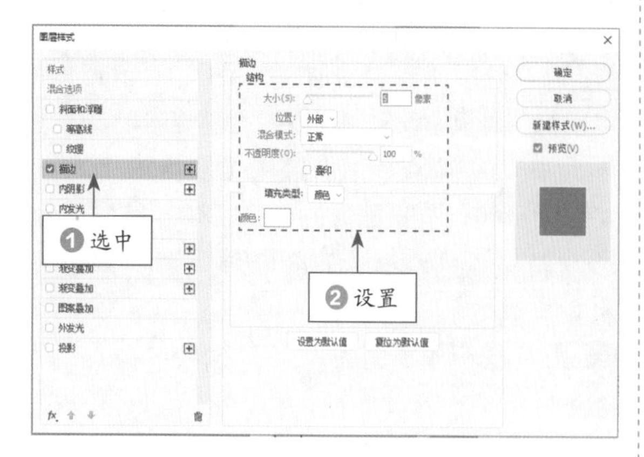

图 8-18 设置“描边”参数

STEP 04 单击“确定”按钮，应用“描边”图层样式，效果如图 8-19 所示。

图 8-19 应用“描边”图层样式效果

专家指点

创建图层样式后，可以将其转换为普通图层，并且不会影响图像的整体效果。在效果图层上单击鼠标右键，在弹出的快捷菜单中选择“创建图层”命令，即可将图层样式转换为普通图层。

STEP 05 选取工具箱中的圆角矩形工具▢，在工具属性栏中设置工具模式为“形状”、“半径”为 15 像素、“填充”为红色（RGB 参数值分别为 237、23、98），绘制一个圆角矩形形状，如图 8-20 所示。

图 8-20 绘制一个圆角矩形形状

STEP 06 选取工具箱中的矩形工具▭，在工具属性栏中设置工具模式为“形状”、“填充”为红色（RGB 参数值分别为 237、23、98），绘制一个矩形形状，如图 8-21 所示。

图 8-21 绘制矩形形状

STEP 07 复制该矩形图像，并适当调整其位置，效果如图 8-22 所示。

图 8-22 复制并调整矩形形状位置

STEP 08 使用直排文字工具 IT 输入相应文字，在“字符”面板中设置“字体”为“黑体”、“字体大小”为 5 点、“设置所选字符的字距调整”为 200、“颜色”为白色（RGB 参数值均为 255），效果如图 8-23 所示。

图 8-23 输入相应文字

STEP 09 选取工具箱中的直线工具╱，在工具属性栏中设置工具模式为“形状”、“填充”为白色（RGB 参数值均为 255）、“形状描边宽度”为 3 像素，绘制一个直线形状，效果如图 8-24 所示。

图 8-24 绘制直线形状

STEP 10 使用直排文字工具 IT 输入相应文字，在“字符”面板中设置“字体”为“隶书”、“字体大小”为 8 点、“设置所选字符的字距调整”为 200、“颜色”为白色（RGB 参数值均为 255），效果如图 8-25 所示。

图 8-25 输入相应文字

STEP 11 双击文字图层，弹出“图层样式”对话框，❶选中“投影”复选框；❷设置相应参数，如图 8-26 所示。

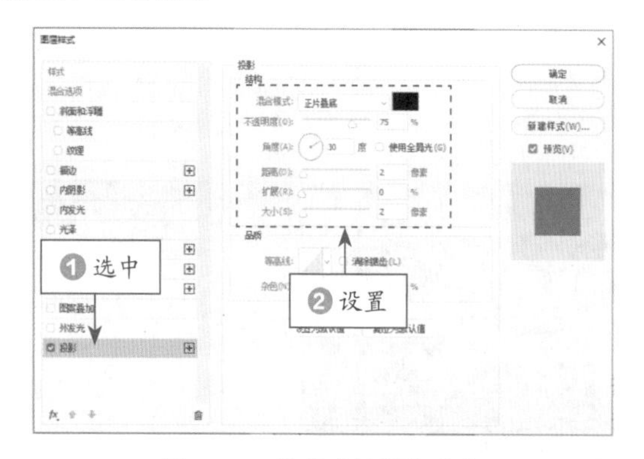

图 8-26 设置“投影”参数

STEP 12 单击“确定”按钮，应用“投影”图层样式，效果如图 8-27 所示。

图 8-27 应用“投影”图层样式效果

STEP 13 使用直排文字工具 输入相应文字，在“字符”面板中设置“字体”为“黑体”、“字体大小”为 3 点、“颜色”为白色（RGB 参数值均为 255），并激活仿粗体图标，效果如图 8-28 所示。

图 8-28 输入相应文字

STEP 14 双击文字图层，弹出“图层样式”对话框，选中“投影”复选框，设置“距离”为 1 像素、“大小”为 1 像素，单击“确定”按钮，为文字应用“投影”图层样式，最终效果如图 8-29 所示。

图 8-29 应用“投影”图层样式效果

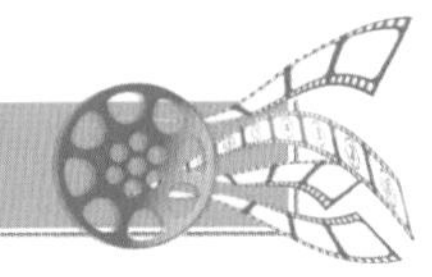

8.2 视频制作：图书主图视频

本实例是为拼多多平台上的图书网店设计的商品主图视频。首先将制作好的素材导入剪映中，并添加至视频轨道，然后按照一定的顺序进行排列，例如由远及近、由外观到功能等，最后添加合适的文案和背景音乐，注重展现图书的封面、特色和内容等信息。本实例最终效果如图 8-30 所示。

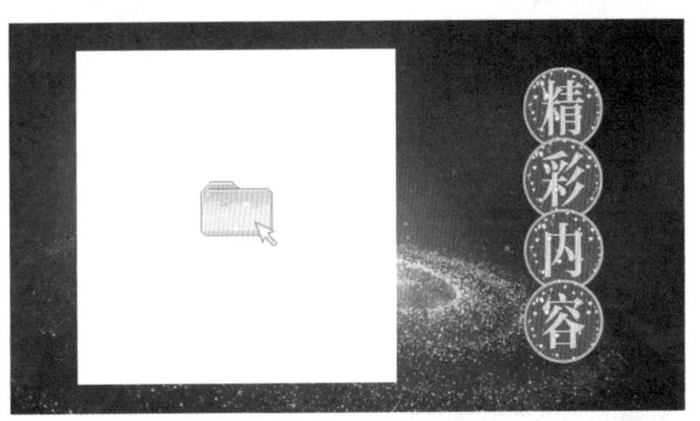

图 8-30　预览视频效果

专家指点

优秀的主图视频通常包括商品卖点、品牌故事、设计理念等内容，在制作时尽量要多加入一些创意，以此将商品的功能和卖点展现出来。

8.2.1 导入图片和视频素材

制作主图视频的第一步就是导入准备好的照片和视频素材，并适当调整各素材的轨道位置和持续时间，具体操作方法如下。

	素材文件	素材 \ 第 8 章 \ 背景 .mp4、封面 .png、内页展示与精美图例 .mp4、精彩内容 .mp4
	效果文件	无
	视频文件	扫码可直接观看视频

【操练 + 视频】
——导入图片和视频素材

STEP 01 ❶在剪映中导入多个素材文件；❷单击背景素材右下角的“添加到轨道”按钮，如图 8-31 所示。

STEP 02 执行操作后，将相应背景素材添加到视频轨道中，如图 8-32 所示。

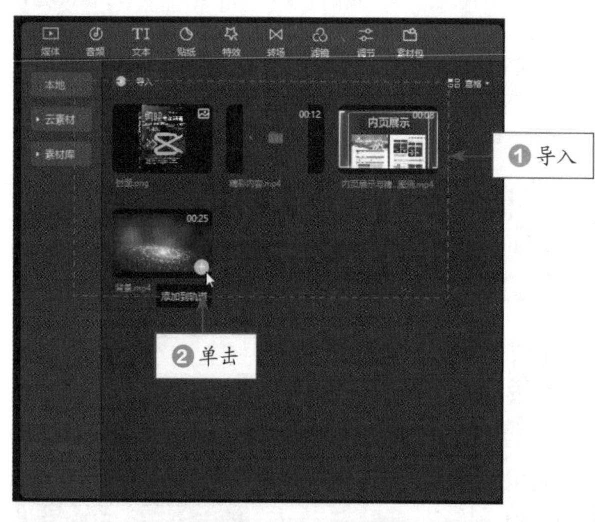

图 8-31 单击“添加到轨道”按钮

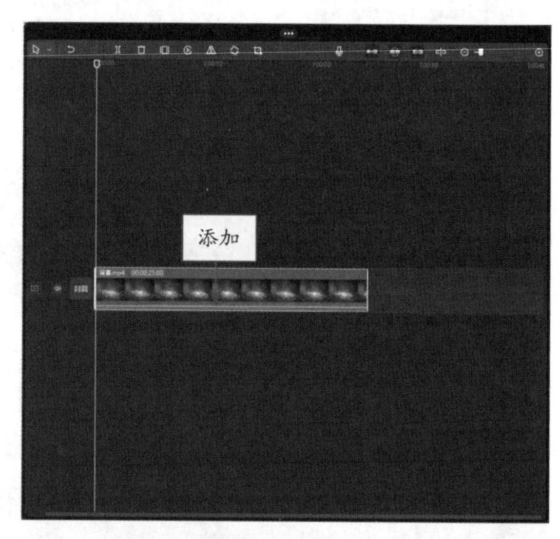

图 8-32 将素材添加到视频轨道中

STEP 03 单击“关闭原声”按钮，为视频素材设置静音效果，如图 8-33 所示。

STEP 04 拖曳相应图片素材至画中画轨道中，调整时长为 5s，如图 8-34 所示。

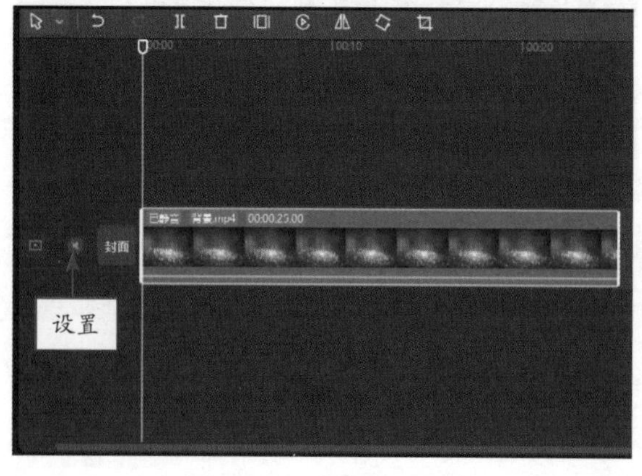

图 8-33 设置静音效果

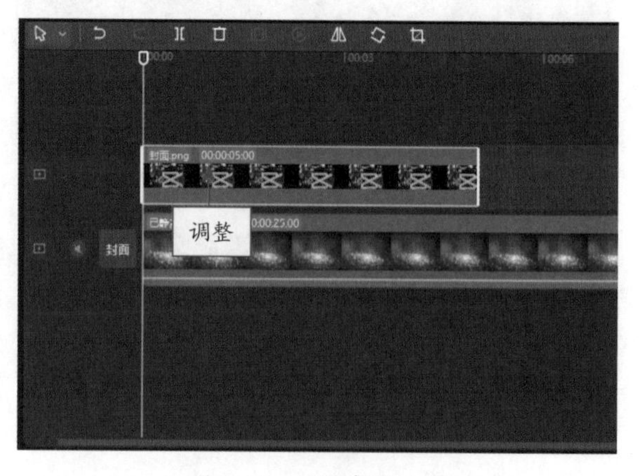

图 8-34 调整素材时长

STEP 05 ❶将其他素材分别拖曳至画中画轨道中；❷适当调整视频轨道素材的持续时间，如图 8-35 所示。

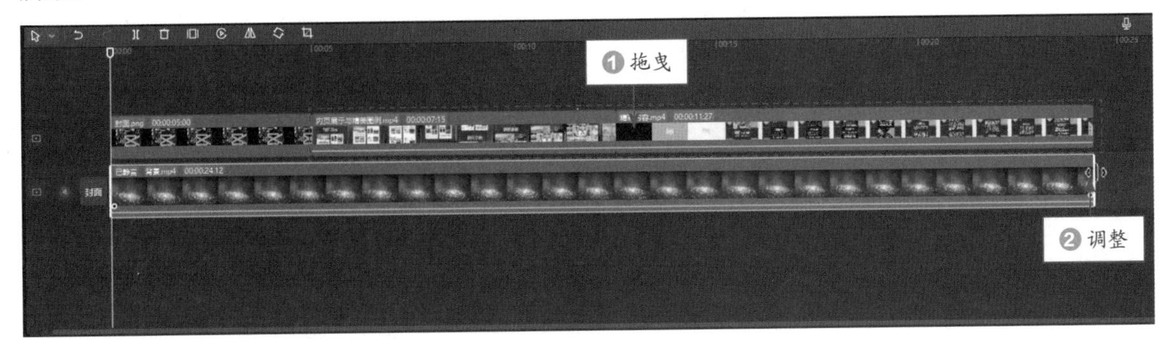

图 8-35　调整视频轨道中素材的持续时间

8.2.2　制作关键帧动画效果

为了让静止的图片素材动起来，可以在素材的“缩放”和“位置”属性中设置关键帧动画，制作动态的视频效果，具体操作方法如下。

	素材文件	无
	效果文件	无
	视频文件	扫码可直接观看视频

【操练 + 视频】
——制作关键帧动画效果

STEP 01 选中画中画轨道中的第 1 个素材，单击“位置”和“缩放”右侧的“添加关键帧”按钮◆，添加关键帧，如图 8-36 所示。

图 8-36　添加关键帧

STEP 02 拖曳时间轴至 3s 处，❶在“播放器”窗口中适当调整素材的大小和位置；❷在“位置”和“缩放”选项的右侧会自动生成关键帧，如图 8-37 所示。

图 8-37　自动生成关键帧

STEP 03 ❶切换至“动画”操作区中的“出场”选项卡；❷选择“向左滑动”动画效果；❸设置“动画时长”为1.0s，如图8-38所示。

图 8-38　设置出场动画效果

8.2.3　添加主图视频文案

在借助主图视频带货的过程中，商品文案的使用非常重要。有时候使用正确的文案，就能让主图视频的转化能力成倍增长。下面介绍在剪映中添加主图视频文案的操作方法。

	素材文件	无
	效果文件	无
	视频文件	扫码可直接观看视频

【操练+视频】
——添加主图视频文案

STEP 01 拖曳时间轴至2s处，❶单击“文本”按钮；❷在“新建文本”选项卡中单击“默认文本”选项右下角的“添加到轨道”按钮，如图8-39所示。

STEP 02 调整文字的时长，对齐第1个画中画素材的结束位置，如图8-40所示。

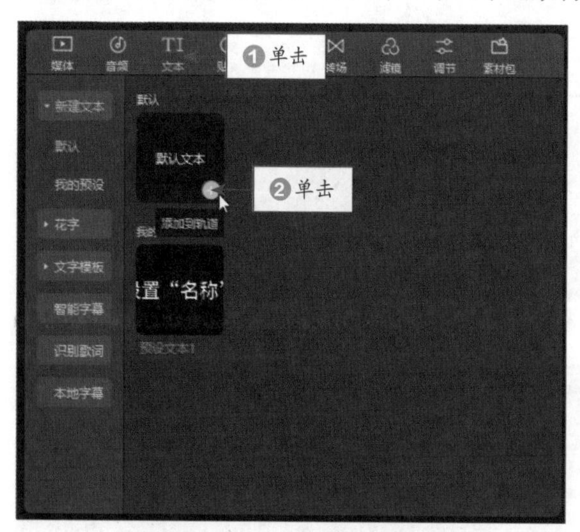

图 8-39　单击“添加到轨道”按钮

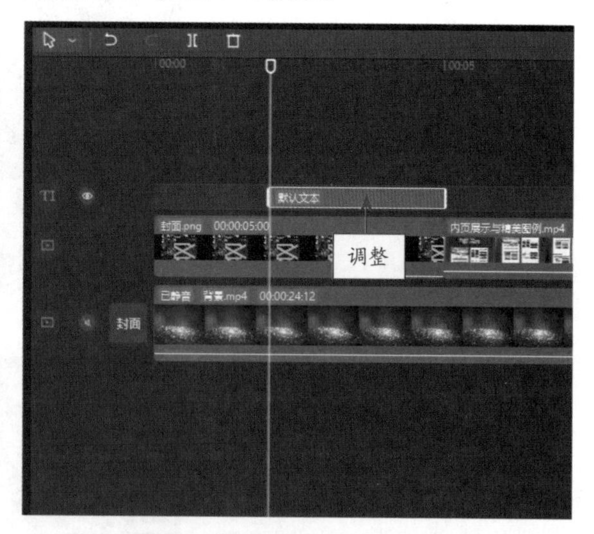

图 8-40　调整文字时长

专家指点

在“文本”操作区的右下角，单击“保存预设”按钮，可以将当前做好的文本效果存储为预设，方便下次直接套用该效果。

STEP 03 输入相应文字，❶选择合适的花字模板；❷适当调整文字的大小和位置，如图 8-41 所示。

图 8-41　调整文字的大小和位置

STEP 04 ❶单击“动画”按钮；❷选择“弹簧”入场动画；❸设置“动画时长”为 1.0s，如图 8-42 所示。

图 8-42　设置入场动画效果

STEP 05 ❶切换至“出场”选项卡；❷选择“渐隐”动画效果，如图 8-43 所示。

图 8-43　设置出场动画效果

STEP 06 再次添加一条文本轨道，并对齐上一条文本轨道的位置和时长，如图 8-44 所示。

STEP 07 在“文本”操作区的“基础”选项卡中，输入相应的文字内容，如图 8-45 所示。

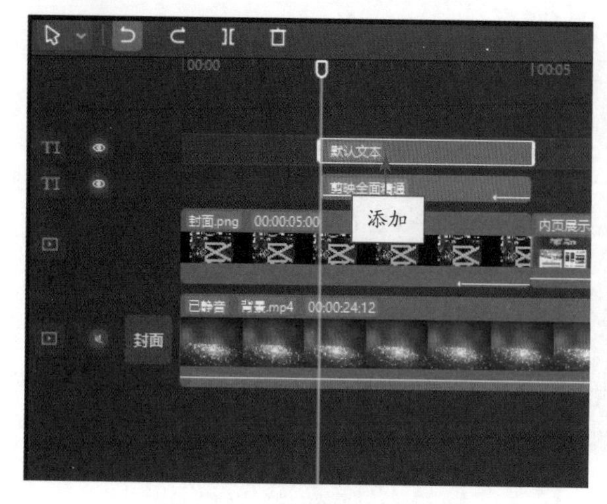

图 8-44 添加一条文本轨道

图 8-45 输入相应的文字内容

STEP 08 在“花字”选项卡中，❶选择合适的花字模板；❷适当调整文字的大小和位置，如图 8-46 所示。

图 8-46 调整文字的大小和位置

STEP 09 ❶单击“动画”按钮；❷在“循环”选项卡中选择“逐字放大”动画效果；❸设置“动画快慢”为 1.0s，如图 8-47 所示。

图 8-47 设置循环动画效果

STEP 10 调整第 2 个画中画视频素材的大小和位置，如图 8-48 所示。

STEP 11 在“文本”功能区中，❶单击“文字模板”按钮；❷选择“片头标题”选项，如图 8-49 所示。

图 8-48　调整画中画视频素材

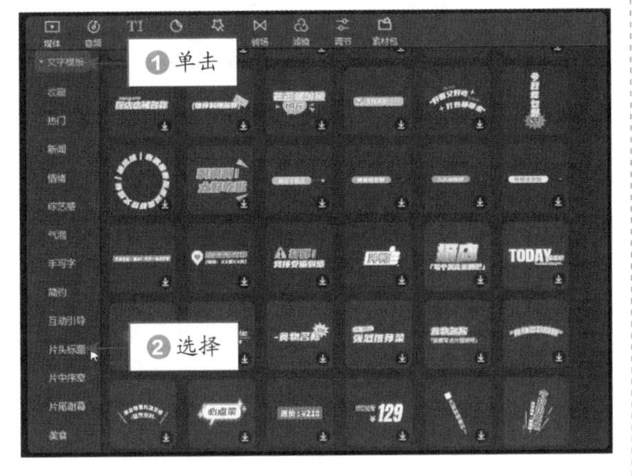

图 8-49　选择“片头标题”选项

STEP 12 选择相应的文字模板，单击“添加到轨道”按钮，如图 8-50 所示。

图 8-50　单击“添加到轨道”按钮

STEP 13 在时间线窗口中添加相应的文字模板，并调整其位置和时长，对齐第 2 个画中画视频素材，如图 8-51 所示。

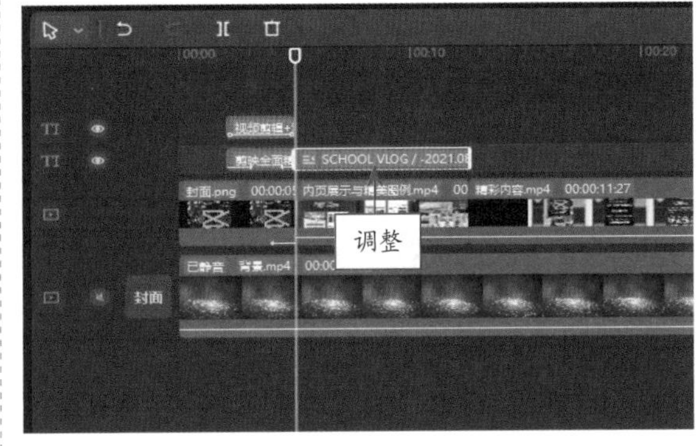

图 8-51　调整文字模板的位置和时长

STEP 14 在“文本”操作区的“基础”选项卡中，❶修改相应的文字模板内容；❷适当调整文字模板的大小和位置，如图 8-52 所示。

图 8-52　调整文字模板的大小和位置

STEP 15 使用相同的操作方法，❶调整其他画中画视频素材的大小和位置；❷添加相应的文字模板，效果如图 8-53 所示。

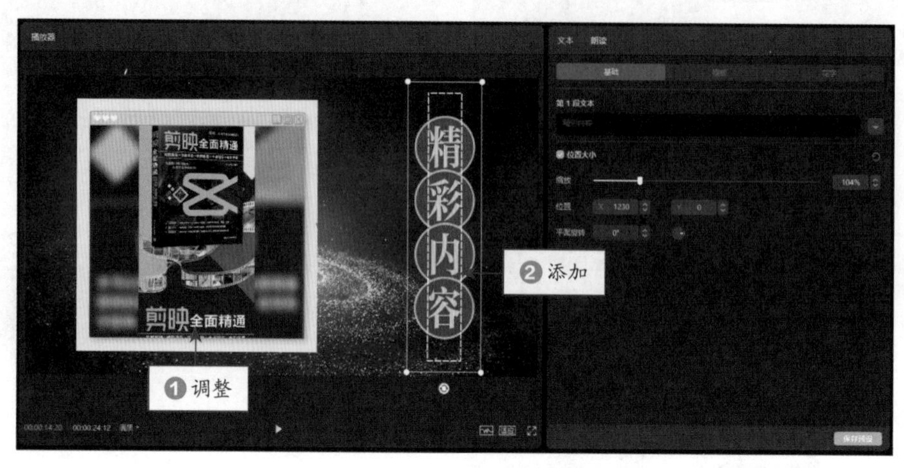

图 8-53 添加相应的文字模板效果

8.2.4 添加视频背景音乐

主图视频中的背景音乐必不可少，添加合适的背景音乐可以让视频更加有吸引力，具体操作方法如下。

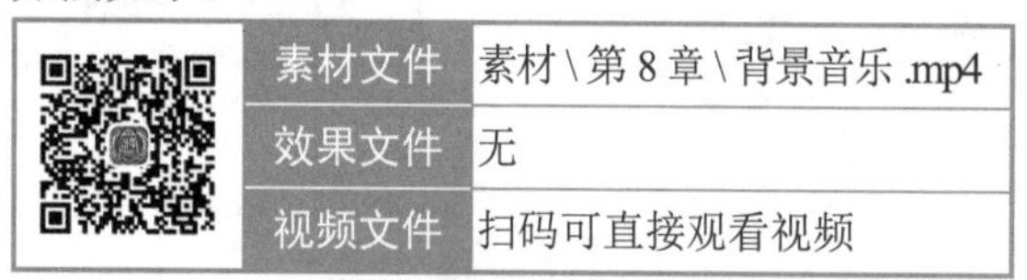

	素材文件	素材 \ 第 8 章 \ 背景音乐 .mp4
	效果文件	无
	视频文件	扫码可直接观看视频

【操练 + 视频】
——添加视频背景音乐

STEP 01 进入“音频”功能区，❶切换至“音频提取”选项卡；❷单击“导入”按钮，如图 8-54 所示。

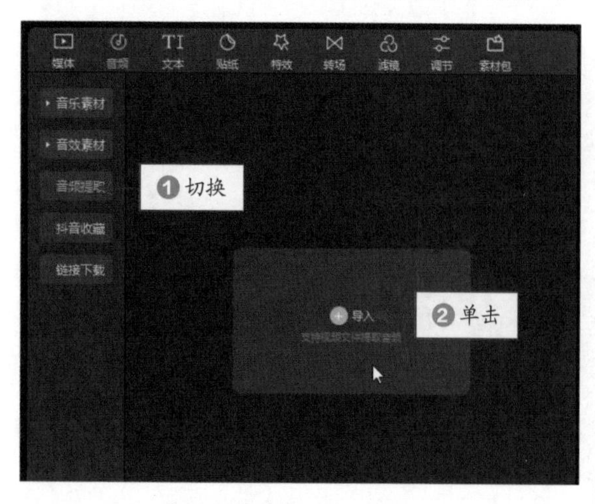

图 8-54 单击“导入”按钮

STEP 02 弹出“请选择媒体资源”对话框，❶选择要提取音乐的视频文件；❷单击“打开”按钮，如图 8-55 所示。

图 8-55 单击“打开”按钮

STEP 03 单击提取到的音频文件右下角的“添加到轨道”按钮，如图 8-56 所示，添加背景音乐。

STEP 04 调整音频素材的时长，使其与背景视频素材对齐，如图 8-57 所示。

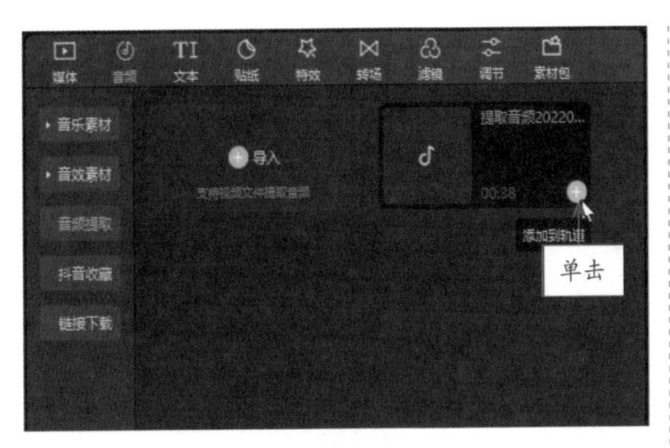

图 8-56　单击“添加到轨道”按钮

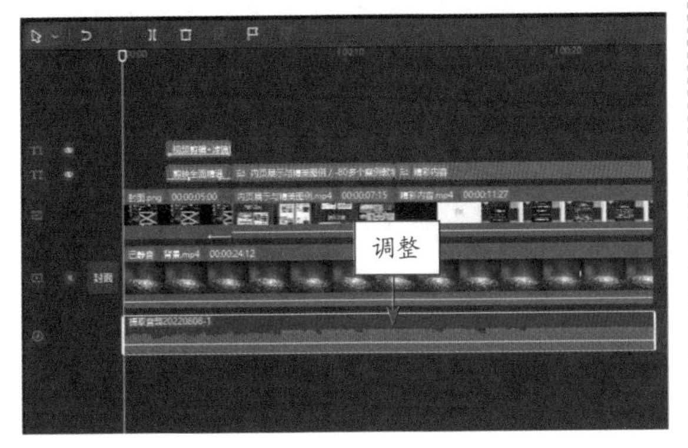

图 8-57　调整音频素材的时长

8.2.5　添加动态贴纸效果

在制作主图视频时，可以根据视频的需要添加相应的贴纸效果，让视频元素更丰富、画面更动感，具体操作方法如下。

素材文件	无
效果文件	效果 \ 第 8 章 \ 图书主图视频 .mp4
视频文件	扫码可直接观看视频

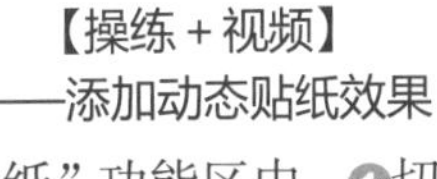

【操练 + 视频】
——添加动态贴纸效果

STEP 01 在“贴纸”功能区中，①切换至“闪闪”选项卡；②单击相应贴纸右下角的“添加到轨道”按钮，如图 8-58 所示。

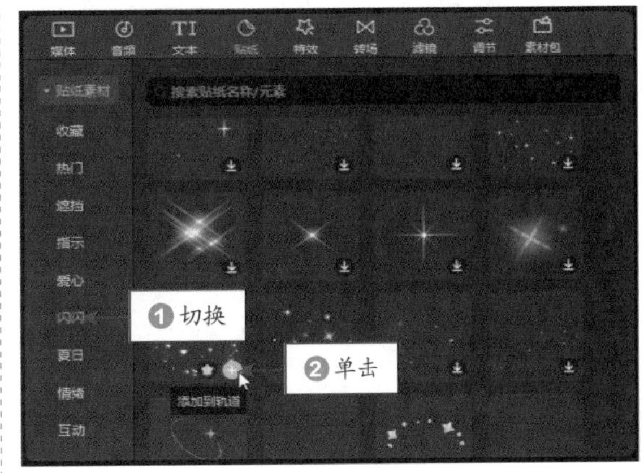

图 8-58　单击“添加到轨道”按钮

STEP 02 在“播放器”窗口中，适当调整贴纸的位置和大小，如图 8-59 所示。

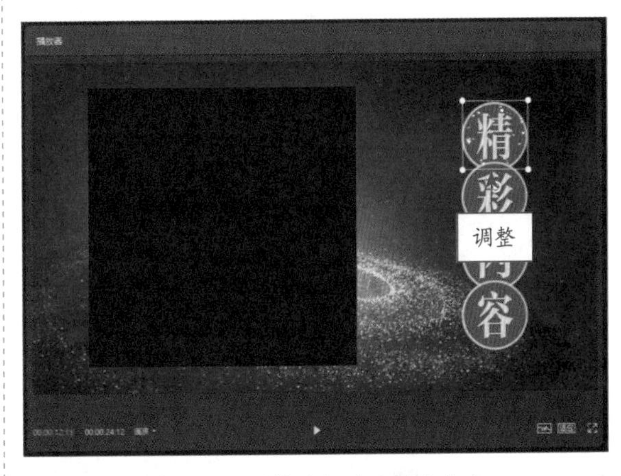

图 8-59　调整贴纸的位置和大小

STEP 03 在时间线窗口中，①适当调整贴纸轨道的出现时间和时长；②复制多个贴纸轨道，如图 8-60 所示。

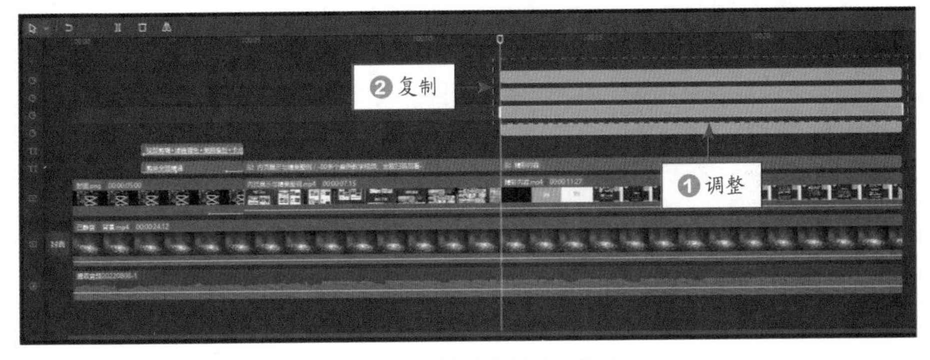

图 8-60　调整并复制贴纸轨道

STEP 04 在“播放器”窗口中，适当调整复制的贴纸素材的位置，如图 8-61 所示。

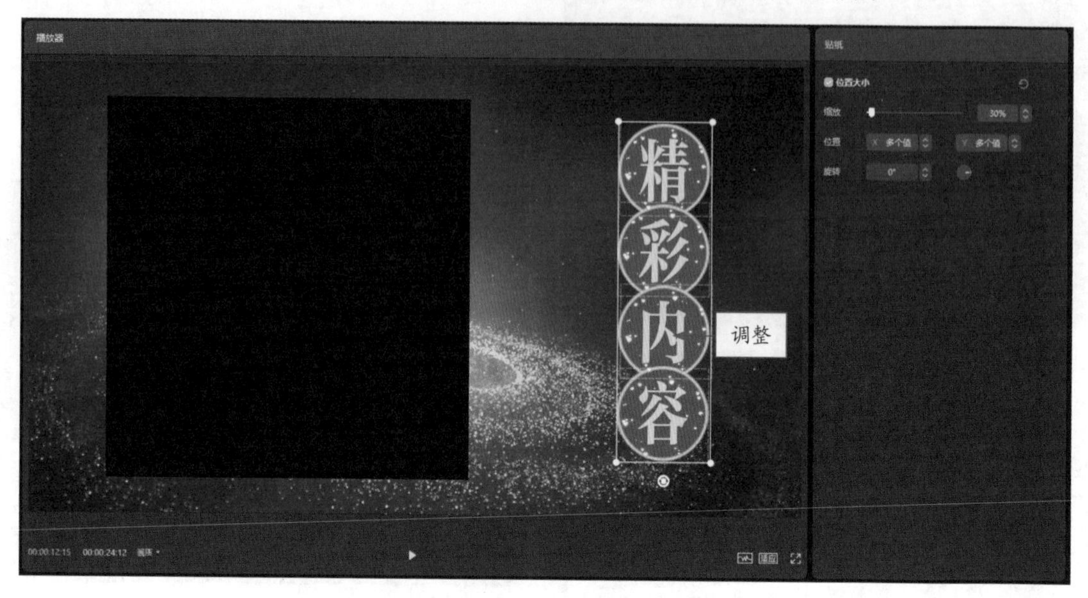

图 8-61　调整各贴纸素材的大小和位置

STEP 05 在“播放器”窗口中，预览视频效果，如图 8-62 所示。

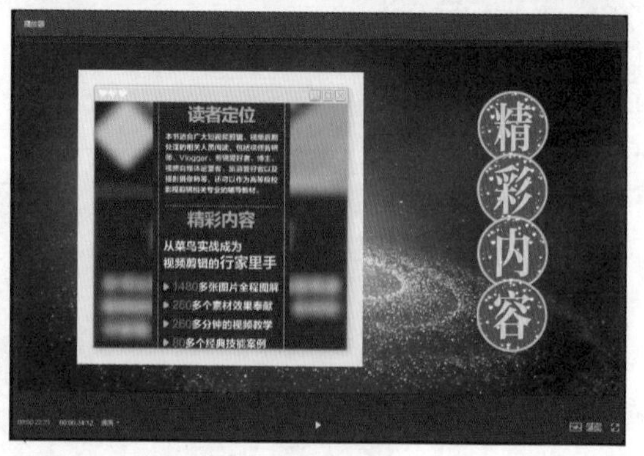

图 8-62　预览视频效果

第9章 抖音、快手的平面设计与视频制作

章前知识导读

如今，短视频不仅成为人们生活中一种常用的娱乐消遣方式，也成为很多人购物消费的电商应用，因此抖音和快手上的网店也越来越多。本章主要介绍抖音、快手的平面设计与视频制作技巧，帮助大家精通短视频电商的美工设计。

新手重点索引

- 平面设计：鞋子商品主图
- 视频制作：美食广告短片

效果图片欣赏

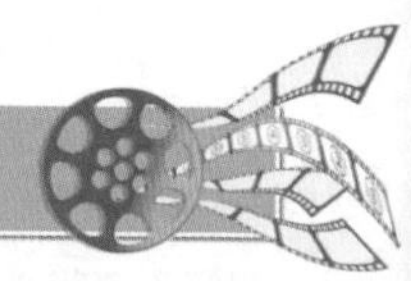

9.1 平面设计：鞋子商品主图

本实例是针对抖音小店平台上的男鞋店铺设计的商品主图，在制作过程中使用充满活力感的强对比色背景图片进行修饰，并添加相应的促销方案，以及简单的广告词，来突出该商品的优势。本实例最终效果如图 9-1 所示。

图 9-1 实例效果

9.1.1 制作商品主图背景效果

下面主要运用 Photoshop 中的裁剪工具和“亮度 / 对比度”命令，来制作商品主图的背景效果，具体操作方法如下。

	素材文件	素材 \ 第 9 章 \ 背景 .jpg
	效果文件	无
	视频文件	扫码可直接观看视频

【操练 + 视频】
——制作商品主图背景效果

STEP 01 选择“文件”|“打开”命令，打开一幅素材图像，如图 9-2 所示。

图 9-2 打开素材图像

STEP 02 在工具箱中选取裁剪工具，如图 9-3 所示。

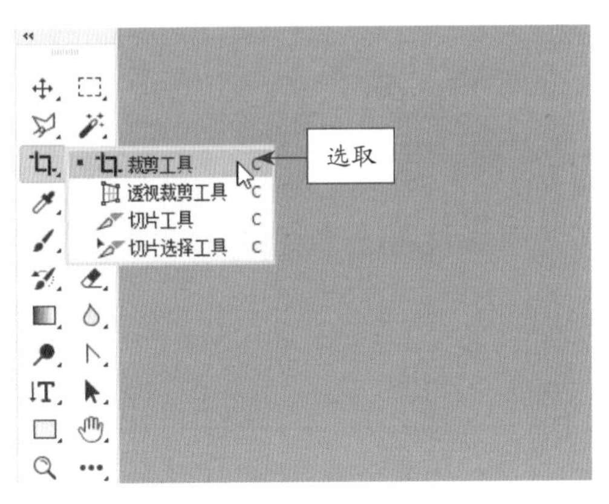

图 9-3　选取裁剪工具

STEP 03 在工具属性栏的“选择预设长宽比或裁剪尺寸”列表框中选择“1:1（方形）”选项，如图 9-4 所示。

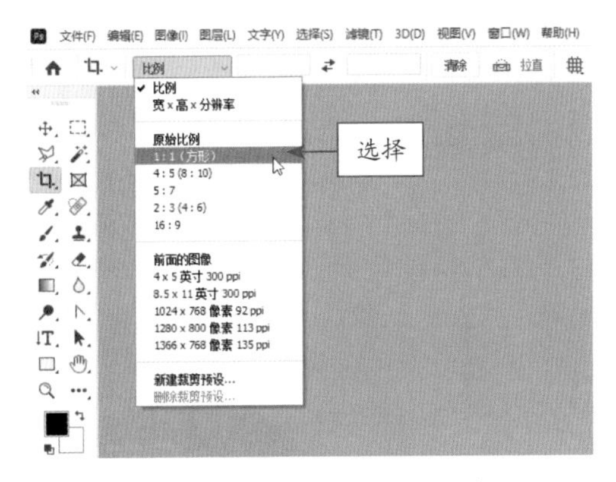

图 9-4　选择“1:1（方形）”选项

STEP 04 执行操作后，在图像中会显示 1:1 的方形裁剪框，如图 9-5 所示。

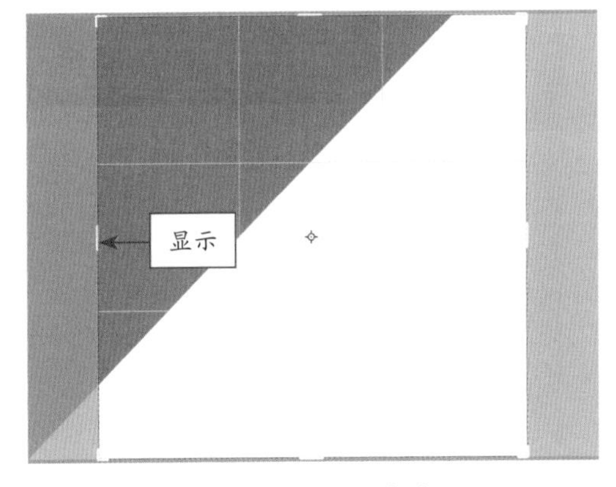

图 9-5　显示方形裁剪框

STEP 05 调整裁剪的区域，按 Enter 键，确认裁剪图像，如图 9-6 所示。

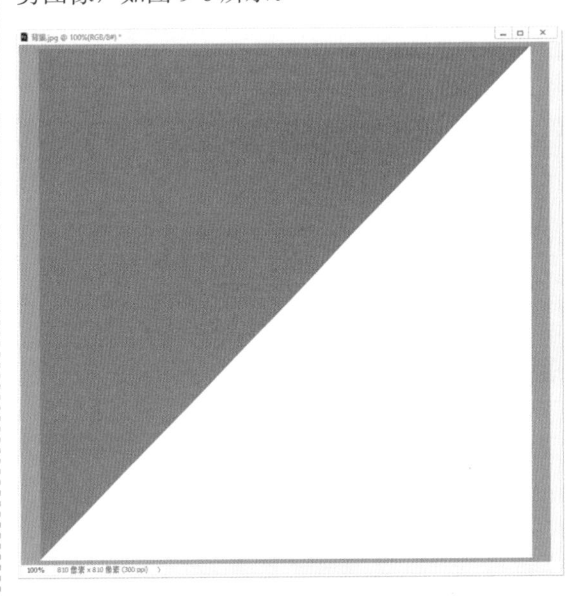

图 9-6　裁剪图像

STEP 06 选择“图像”|“调整”|“亮度 / 对比度”命令，弹出“亮度 / 对比度”对话框，设置“亮度”为 10、“对比度”为 15，单击“确定”按钮，即可增强主图背景的对比效果，如图 9-7 所示。

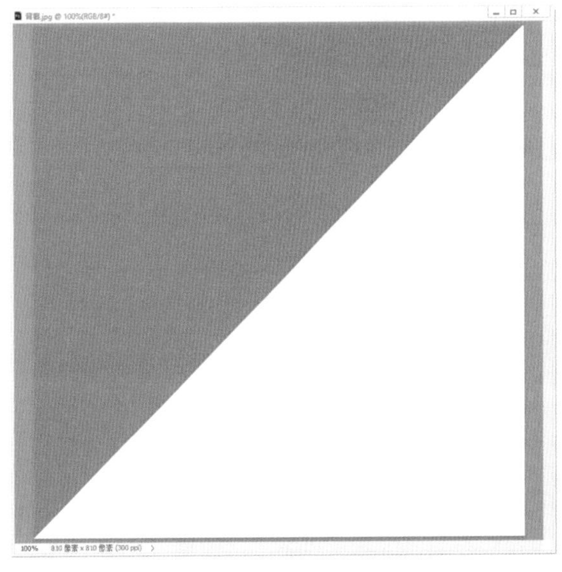

图 9-7　增强对比效果

9.1.2 制作商品主图主体效果

下面主要将鞋子商品从图片中抠出来，然后将其放入主图背景中，并适当调整其角度，具体操作方法如下。

	素材文件	素材 \ 第 9 章 \ 鞋子 .jpg
	效果文件	无
	视频文件	扫码可直接观看视频

【操练 + 视频】
——制作商品主图主体效果

STEP 01 选择“文件”|“打开”命令，打开“鞋子 .jpg”素材图像，如图 9-8 所示。

图 9-8 打开素材图像

STEP 02 按 Ctrl ＋ J 组合键，❶复制一个新图层；❷隐藏“背景”图层，如图 9-9 所示。

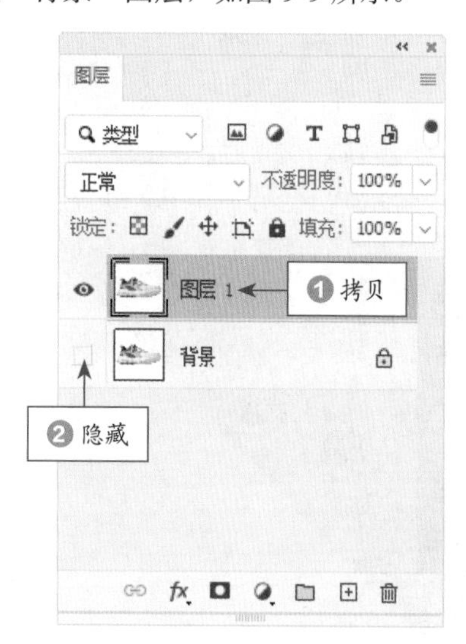

图 9-9 隐藏“背景”图层

STEP 03 在工具箱中选取魔棒工具，在工具属性栏中设置“容差”为 6，在图像的白色区域单击鼠标左键，即可创建选区，如图 9-10 所示。

STEP 04 按 Delete 键，删除选区内的部分图像，并取消选区，如图 9-11 所示。

图 9-10 创建选区

图 9-11 删除选区

STEP 05 在工具箱中选取移动工具，将抠取的鞋子图像拖曳至背景图像编辑窗口中，如图 9-12 所示。

图 9-12 拖曳图像

STEP 06 按 Ctrl ＋ T 组合键，调出变换控制框，将鼠标指针移动至变换控制框的右侧，当鼠标指针呈现形状时，即可旋转图像，如图 9-13 所示。

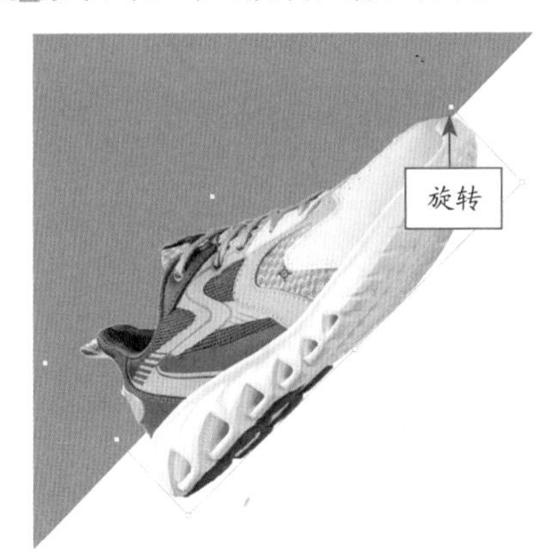

图 9-13　旋转图像

STEP 07 旋转图像至合适角度并调整图像的大小和位置，如图 9-14 所示。

图 9-14　调整图像

STEP 08 按 Enter 键确认旋转操作，效果如图 9-15 所示。

图 9-15　确认旋转操作

9.1.3　制作商品主图文案效果

下面主要通过矩形工具□、横排文字工具 T 以及图层样式的设置，来制作商品主图的文案效果，具体操作方法如下。

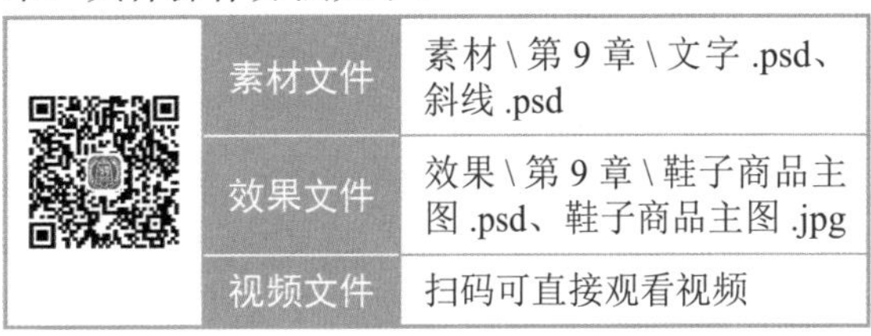

	素材文件	素材 \ 第 9 章 \ 文字 .psd、斜线 .psd
	效果文件	效果 \ 第 9 章 \ 鞋子商品主图 .psd、鞋子商品主图 .jpg
	视频文件	扫码可直接观看视频

【操练 + 视频】
——制作商品主图文案效果

STEP 01 在“图层”面板下方，单击“创建新图层”按钮⊞，新建“图层 2”图层，如图 9-16 所示。

图 9-16　新建“图层 2”图层

STEP 02 在工具箱中选取矩形工具□，在工具属性栏中设置“拾色器（填充颜色）”为黄色（RGB 参数值分别为 247、227、53），如图 9-17 所示。

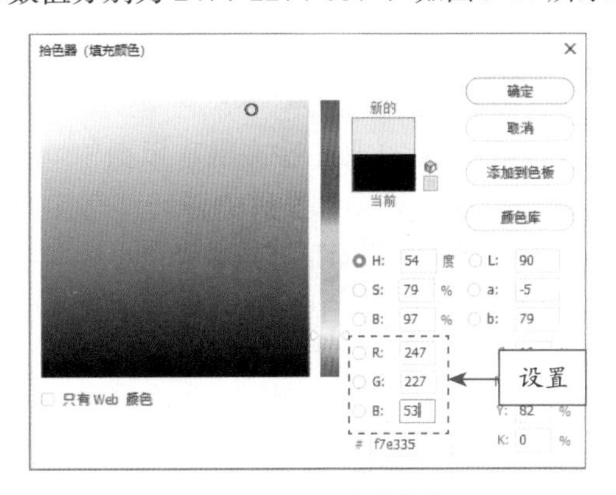

图 9-17　设置填充颜色

STEP 03 在绿色背景部分的合适位置，绘制一个矩形图像，如图 9-18 所示。

图 9-18　绘制矩形

STEP 04 在“图层”面板中，使用鼠标左键双击“矩形 1”图层，弹出“图层样式”对话框，❶选中“投影”复选框；❷设置“不透明度”为 29%、“距离”为 3 像素、“大小”为 3 像素，如图 9-19 所示。

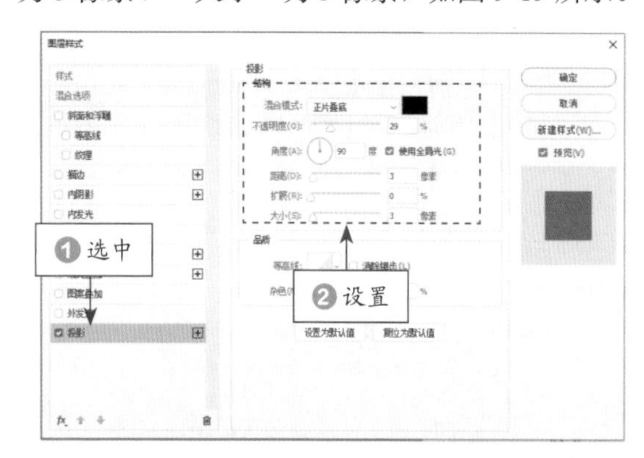

图 9-19　设置“投影”参数

STEP 05 单击“确定”按钮，即可为矩形添加投影效果，如图 9-20 所示。

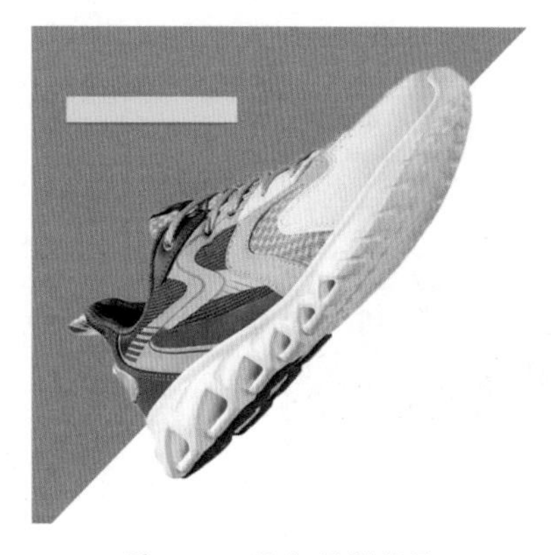

图 9-20　添加投影效果

STEP 06 在工具箱中选取横排文字工具 **T**，在“字符”面板中设置“字体”为“黑体”、“字体大小”为 7 点、“颜色”为深绿色（RGB 参数值分别为 71、139、76），并激活仿粗体图标 **T**，如图 9-21 所示。

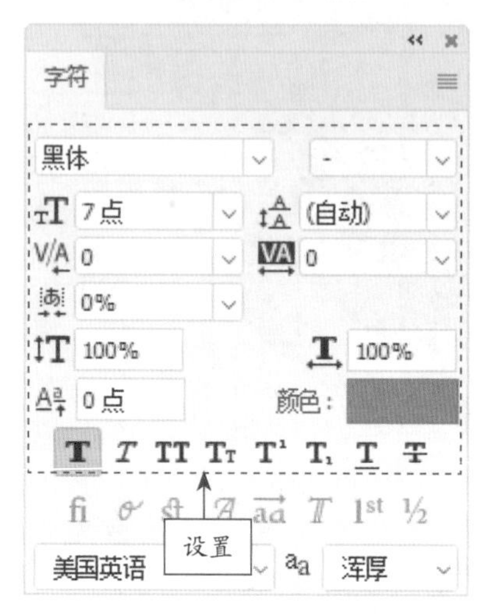

图 9-21　设置字符参数

STEP 07 输入文字，按 Ctrl + Enter 组合键确认输入，再选取移动工具 ✥，根据需要适当地调整文字的位置，效果如图 9-22 所示。

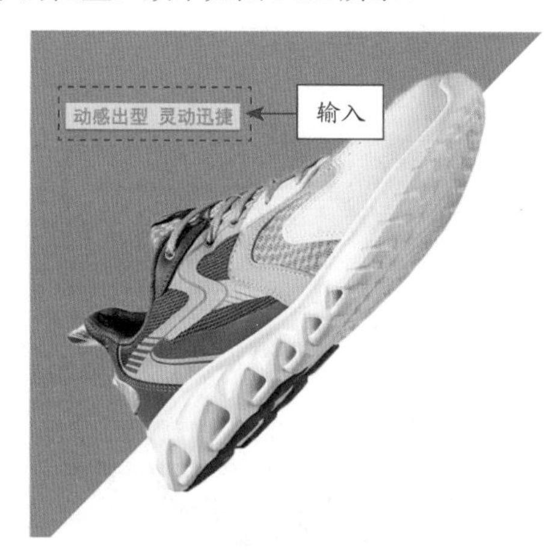

图 9-22　输入并调整文字

STEP 08 新建一个图层，在工具箱中选取横排文字工具 **T**，设置“字体”为“隶书”、“字体大小”为 16 点、“颜色”为白色（RGB 参数值均为 255），并激活仿粗体图标 **T**，如图 9-23 所示。

STEP 09 输入文字“全国包邮”，按 Ctrl + Enter 组合键确认输入，再选取移动工具 ✥，根据需要适当地调整文字的位置，效果如图 9-24 所示。

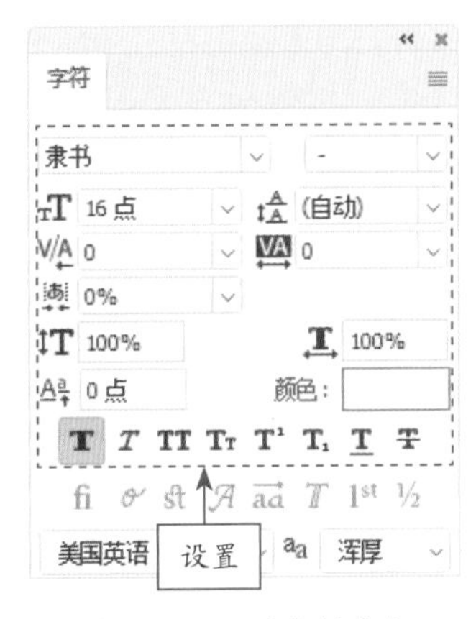

图 9-23 设置字符参数

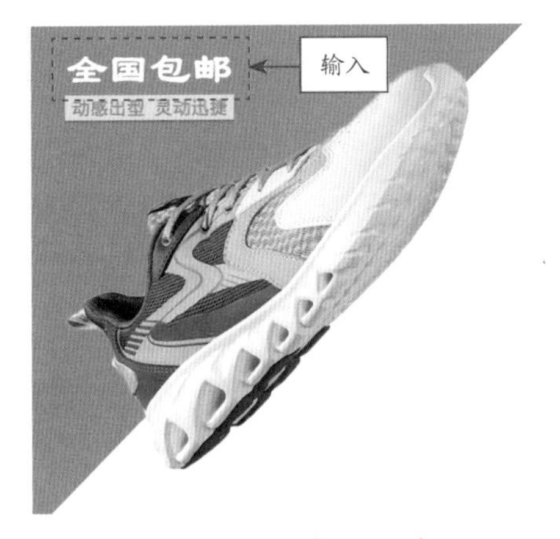

图 9-24 输入并调整文字

STEP 10 双击“全国包邮”文字图层，弹出“图层样式”对话框，❶选中“图案叠加”复选框；❷选择相应的叠加图案，如图 9-25 所示。

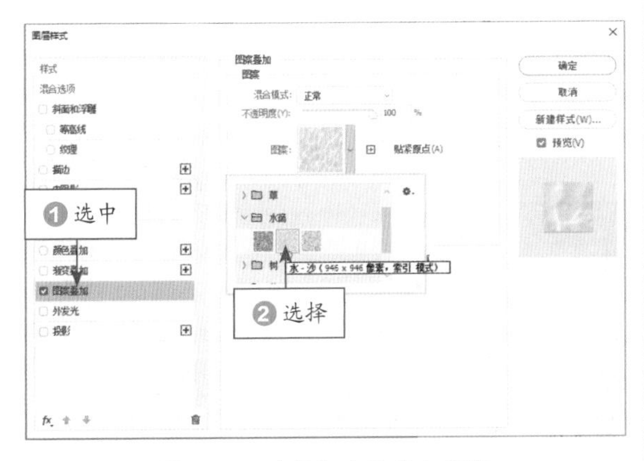

图 9-25 选择相应的叠加图案

STEP 11 ❶选中“投影”复选框；❷设置“不透明度”为 37%、“距离”为 5 像素、“大小”为 5 像素，如图 9-26 所示。

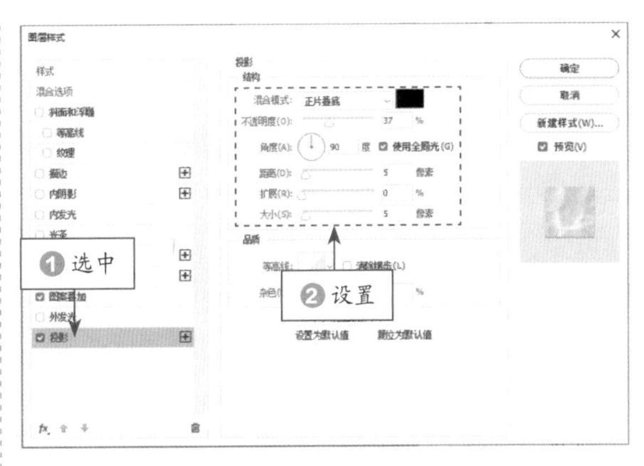

图 9-26 设置“投影”参数

STEP 12 单击“确定”按钮，即可完成对文字的设置，效果如图 9-27 所示。

图 9-27 文字效果

STEP 13 打开“文字 .psd”素材图像，运用移动工具✥将其拖曳至背景图像编辑窗口中的合适位置处，效果如图 9-28 所示。

图 9-28 拖曳文字素材

STEP 14 打开“斜线 .psd”素材图像，运用移动工具✥将其拖曳至背景图像编辑窗口中的合适位置处，效果如图 9-29 所示。

图 9-29　拖曳斜线素材

9.2 视频制作：美食广告短片

随着人们的经济条件越来越好，对于美食的追求也越来越强烈，美食的意义不再是填饱肚子，更重要的是让人们发现新的生活方式。相对美食图片和文字描述来说，美食视频更能引起人们的食欲，因此美食广告短片是线下门店推广菜品、宣传品牌的重要手段。

美食广告短片可以展现饭店的招牌菜、食材、烹饪方法、细节处理、美食文化、特色风味以及门店的服务宗旨等内容，美食广告视频不仅可以放在线下门店播放，还可以放在美团、饿了么等平台播放。除此以外，在抖音、快手等大众所熟知的短视频平台上美食广告视频也可以进行投放，加强宣传力度，吸引更多的客源。

本实例最终效果如图 9-30 所示。

图 9-30　美食广告短片效果展示

图 9-30　美食广告短片效果展示（续）

9.2.1　制作广告短片的片头效果

首先需要制作的是美食广告短片的片头效果，主要通过一个视频来展现菜肴的制作过程，具体操作方法如下。

	素材文件	素材 \ 第 9 章 \1.jpg ～ 12.jpg、背景音乐 .mp3、美食视频 .mp4
	效果文件	无
	视频文件	扫码可直接观看视频

【操练 + 视频】
——制作广告短片的片头效果

STEP 01 在“媒体”功能区的“本地”选项卡中，导入多个素材文件，如图 9-31 所示。

图 9-31　导入多个素材文件

STEP 02 ❶将背景音乐添加到音频轨道；❷将美食视频添加到视频轨道，如图 9-32 所示。

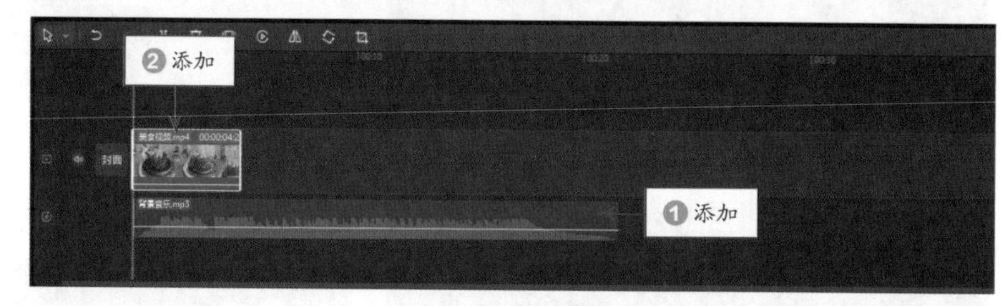

图 9-32　添加素材至对应的轨道上

STEP 03 调整背景音乐的时长为 21s，去掉不需要的部分音频，如图 9-33 所示。

图 9-33　调整背景音乐的时长

STEP 04 ❶拖曳时间轴至 1s 处；❷添加一个默认文本，并调整文本的结束位置与视频的结束位置一致，如图 9-34 所示。

STEP 05 在“文本”操作区的“基础”选项卡中，设置“对齐方式”为垂直顶对齐▥，如图 9-35 所示。

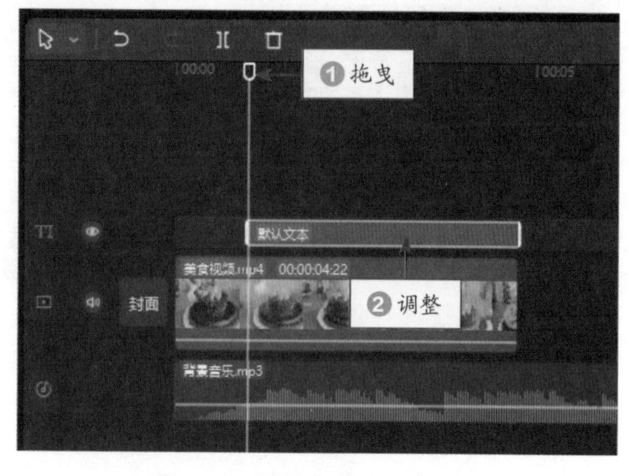

图 9-34　调整文本的结束位置

图 9-35　设置对齐方式

STEP 06 在“基础”选项卡中，❶输入相应的文本内容；❷选择一个合适的预设样式，如图 9-36 所示。

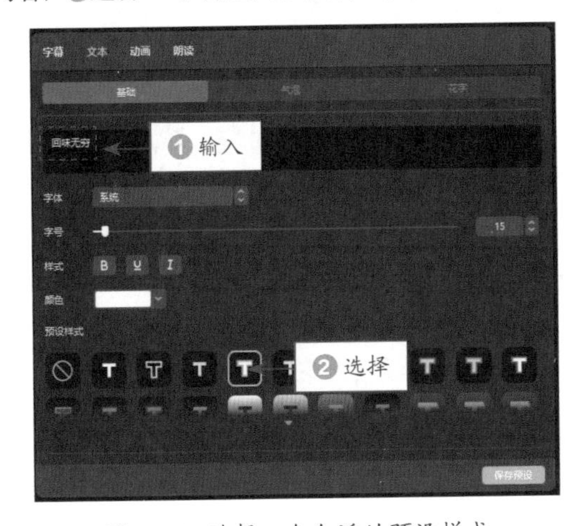

图 9-36　选择一个合适的预设样式

STEP 07 ❶切换至“气泡”选项卡；❷选择相应的文字气泡模板，如图 9-37 所示。

图 9-37　选择相应的文字气泡模板

STEP 08 在“动画”操作区中，❶切换至“入场”选项卡；❷选择“飞入”动画效果；❸设置“动画时长”为 1.5s，如图 9-38 所示。

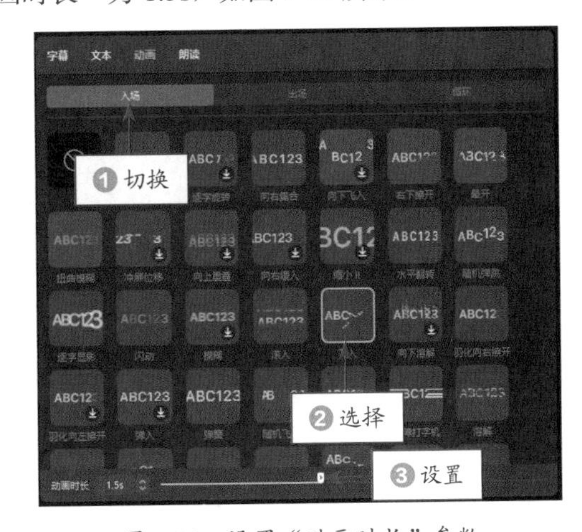

图 9-38　设置“动画时长”参数

STEP 09 在“播放器”窗口中，调整文本的大小和位置，如图 9-39 所示。

图 9-39　调整文本的大小和位置

9.2.2　为美食照片添加动画效果

下面制作的是美食广告短片的主体效果，主要由 12 张美食照片构成，并为照片添加合适的动画效果，让画面更有动感，具体操作方法如下。

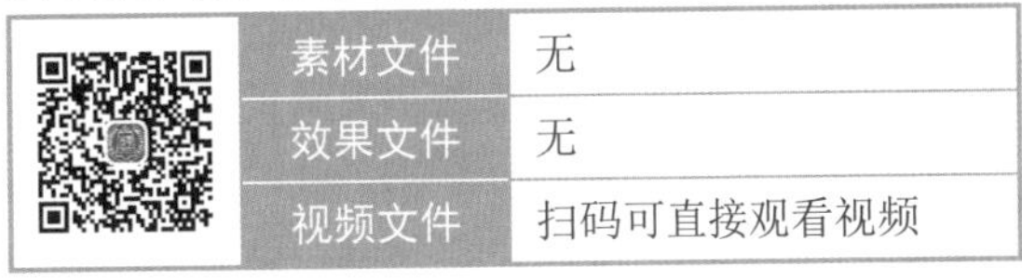

	素材文件	无
	效果文件	无
	视频文件	扫码可直接观看视频

【操练+视频】
——为美食照片添加动画效果

STEP 01 将“媒体”功能区中的12张美食照片素材依次添加到视频轨道中，并统一调整照片素材的时长为1s，如图9-40所示。

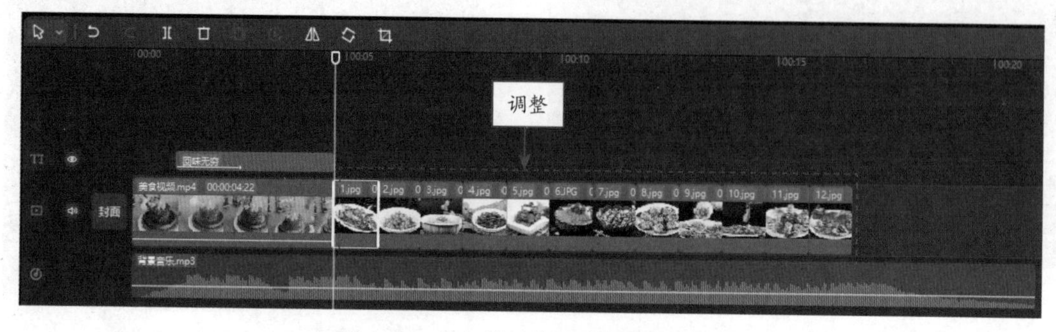

图9-40　添加并调整照片素材的时长

STEP 02 选择第1张照片，在“动画”操作区的“组合”选项卡中，选择“旋转伸缩”动画效果，如图9-41所示。

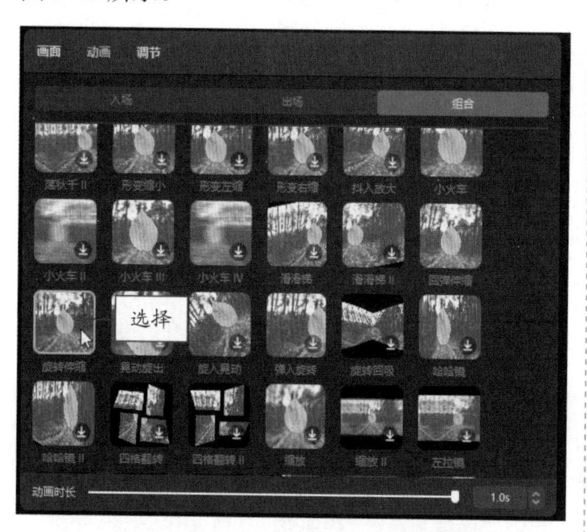

图9-41　选择“旋转伸缩”动画效果

STEP 03 为第2张和第3张照片也添加与第1张照片相同的动画效果，在“播放器”窗口中预览动画效果，如图9-42所示。

图9-42　预览“旋转伸缩”动画效果

STEP 04 选择第4张照片，在“动画”操作区的“组合”选项卡中，选择“形变右缩”动画效果，如图9-43所示。

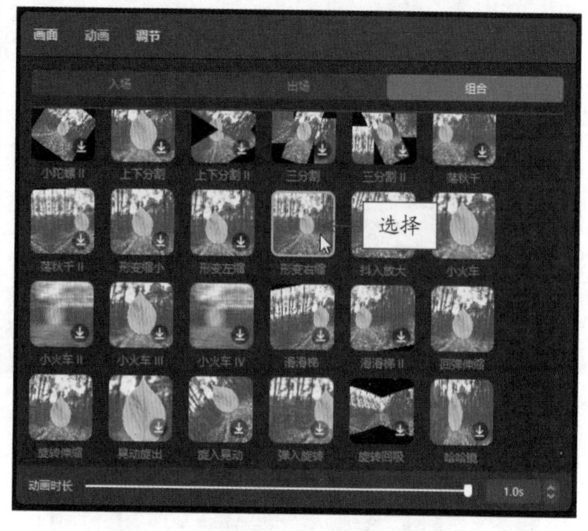

图9-43　选择“形变右缩”动画效果

STEP 05 为第5张和第6张照片也添加与第4张照片相同的动画效果，在“播放器”窗口中预览动画效果，如图9-44所示。

图 9-44　预览“形变右缩”动画效果

STEP 06 选择第 7 张照片，在“动画”操作区的“组合”选项卡中，选择“回弹伸缩”动画效果，如图 9-45 所示。

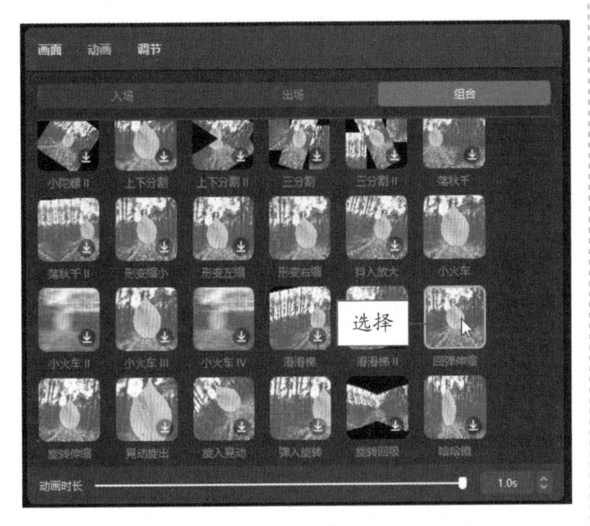

图 9-45　选择“回弹伸缩”动画效果

STEP 07 为第 8 张和第 9 张照片也添加与第 7 张照片相同的动画效果，在“播放器”窗口中预览动画效果，如图 9-46 所示。

STEP 08 选择第 10 张照片，在“动画”操作区的“组合”选项卡中，选择“小火车”动画效果，如图 9-47 所示。

STEP 09 为第 11 张和第 12 张照片也添加与第 10 张照片相同的动画效果，在“播放器”窗口中预览动画效果，如图 9-48 所示。

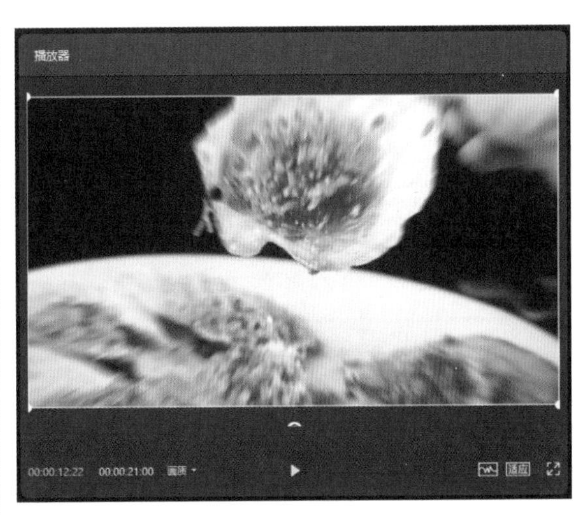

图 9-46　预览“回弹伸缩”动画效果

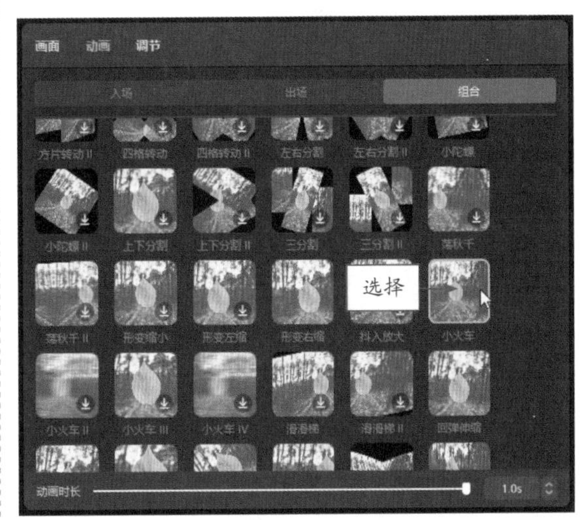

图 9-47　选择“小火车”动画效果

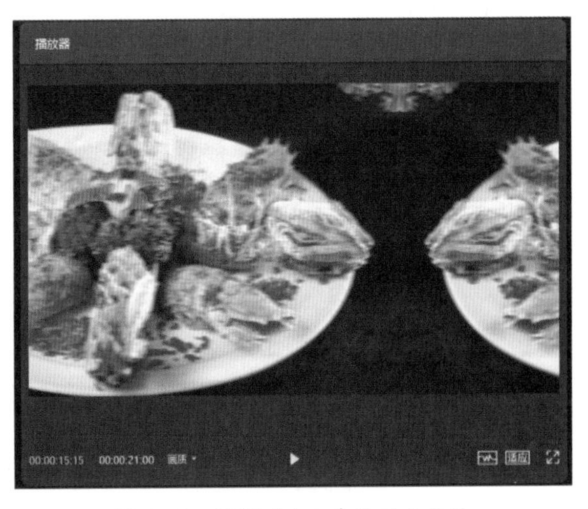

图 9-48　预览“小火车”动画效果

专家指点

在剪辑视频素材的过程中，可以同时选择视频轨道中的多个素材，单击鼠标右键，在弹出的快捷菜单中选择“新建复合片段”命令，即可将选中的多个素材合并为一个片段，便于对视频轨道中的素材进行整理以及快速添加相同的效果。

9.2.3 为视频添加广告宣传文案

下面制作的是美食广告短片主体对应的宣传文案，每 3 张照片为一组添加相同的宣传文案，具体操作方法如下。

	素材文件	无
	效果文件	无
	视频文件	扫码可直接观看视频

【操练 + 视频】
——为视频添加广告宣传文案

STEP 01 拖曳时间轴至照片素材的开始位置处，如图 9-49 所示。

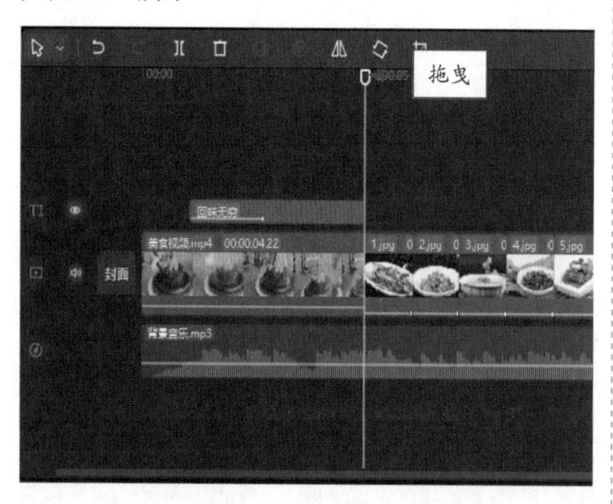

图 9-49 拖曳时间轴

STEP 02 在“文本”功能区的“文字模板”选项卡中，选择相应的美食文字模板，如图 9-50 所示。

STEP 03 单击“添加到轨道”按钮，添加一个默认的文字模板，如图 9-51 所示。

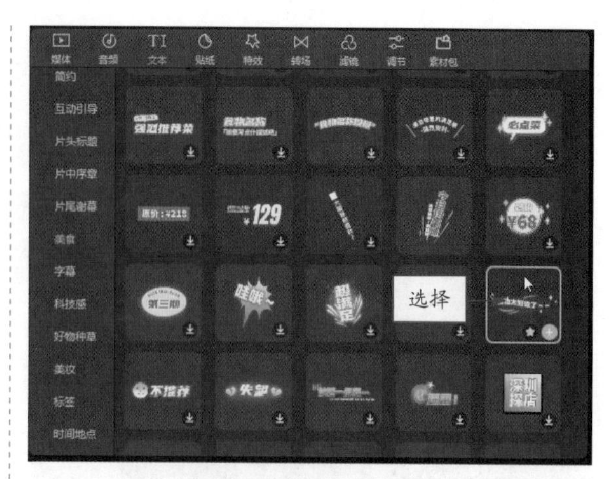

图 9-50 选择文字模板

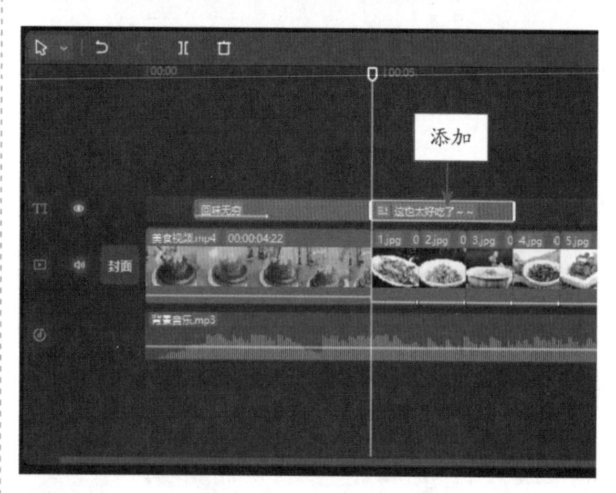

图 9-51 添加文字模板

STEP 04 在“文本”操作区的“基础”选项卡中，修改相应的文本内容，如图 9-52 所示。

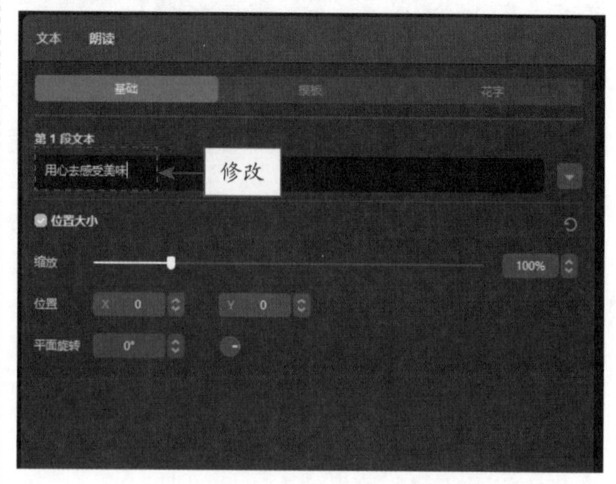

图 9-52 修改文本内容

STEP 05 在“播放器”窗口中调整文字模板的位置和大小，并预览文字模板效果，如图 9-53 所示。

图 9-53　预览文字模板效果

STEP 06 ❶拖曳时间轴至第 4 张照片的开始位置处；❷复制并粘贴制作的文字模板，如图 9-54 所示。

图 9-54　复制并粘贴文字模板

STEP 07 在“文本”操作区的“基础”选项卡中，修改相应的文本内容，如图 9-55 所示。

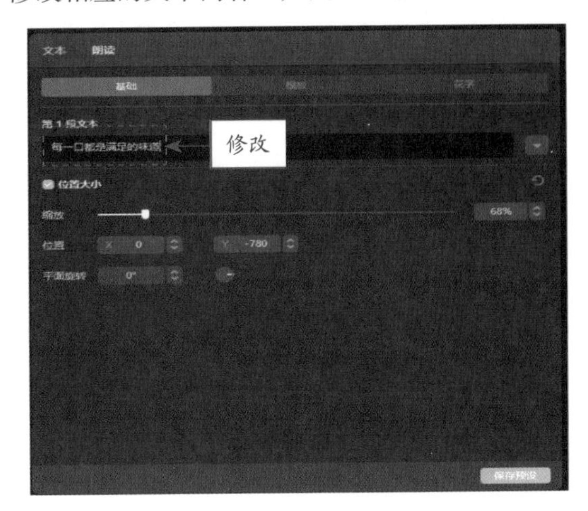

图 9-55　修改相应的文本内容

STEP 08 在“播放器”窗口中，预览文字模板效果，如图 9-56 所示。

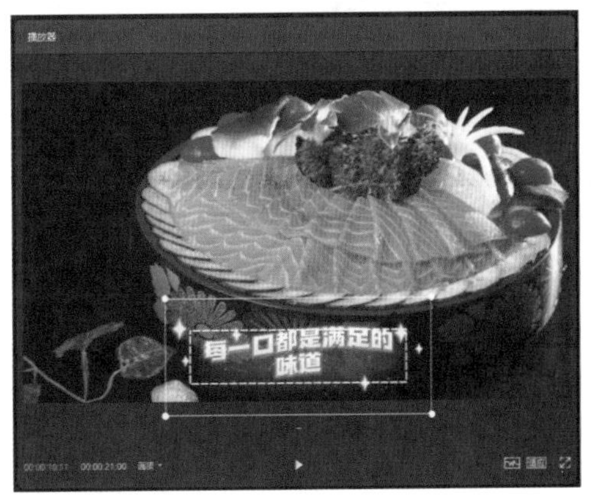

图 9-56　预览文字模板效果

STEP 09 使用相同的操作方法，制作其他的文字模板效果，如图 9-57 所示。

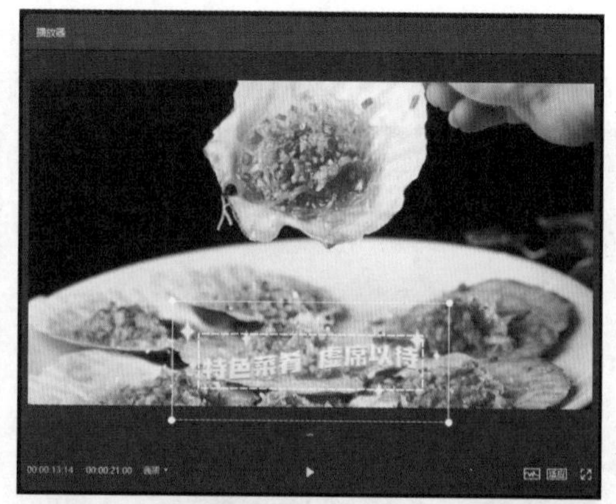

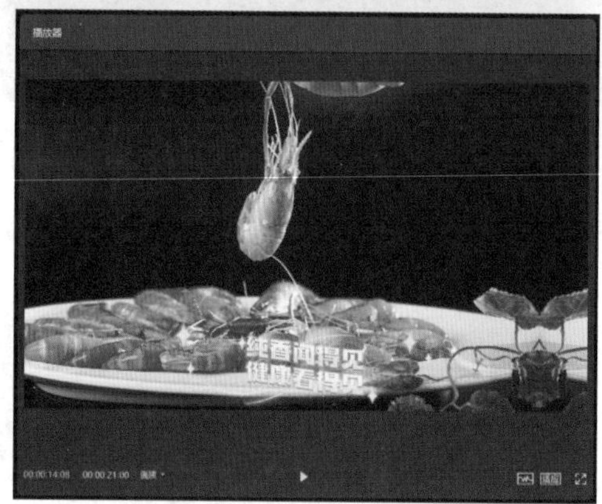

图 9-57　制作其他的文字模板效果

9.2.4　制作广告短片的片尾效果

下面制作的是美食广告短片的片尾效果，需要在片尾展示门店的名称和广告语，增强视频的引流效果，具体操作方法如下。

	素材文件	无
	效果文件	效果 \ 第 9 章 \ 美食广告短片 .mp4
	视频文件	扫码可直接观看视频

【操练 + 视频】
——制作广告短片的片尾效果

STEP 01 拖曳时间轴至第 12 张照片的结束位置处，如图 9-58 所示。

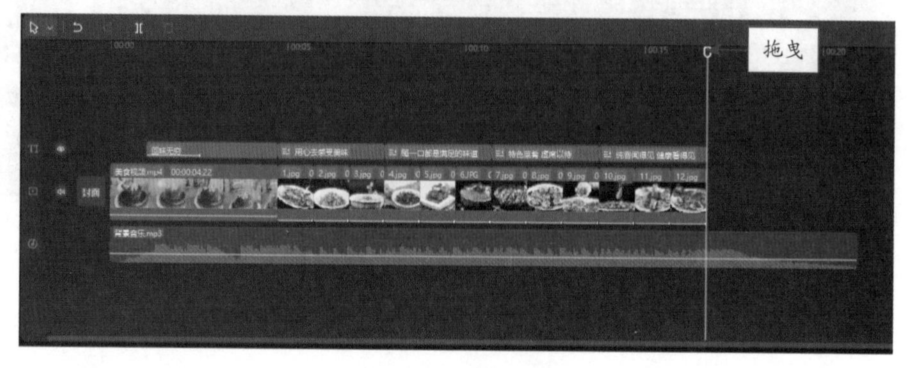

图 9-58　拖曳时间轴

STEP 02 在“文本”功能区的“文字模板”选项卡中，选择一个美食文字模板，如图 9-59 所示。

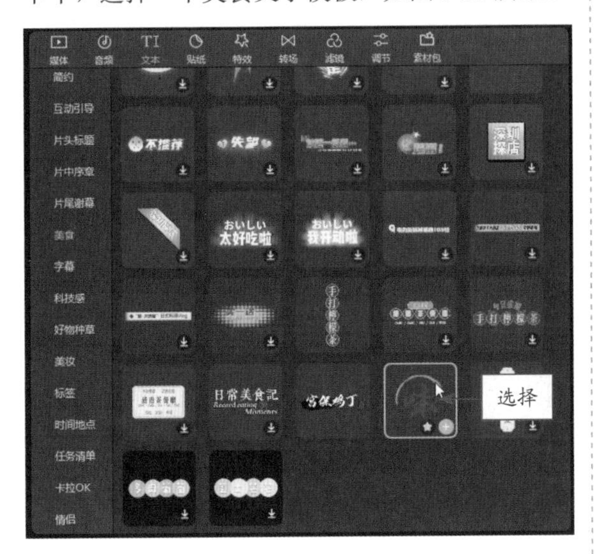

图 9-59　选择一个美食文字模板

STEP 03 单击“添加到轨道”按钮，在文本轨道中添加文字模板，并调整其结束位置与音频素材对齐，如图 9-60 所示。

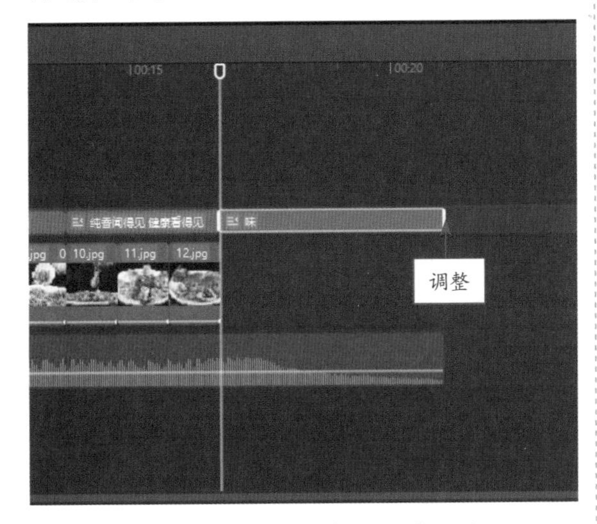

图 9-60　调整文字模板的结束位置

STEP 04 在“文本”操作区的“基础”选项卡中，修改文本内容，如图 9-61 所示。

STEP 05 在“播放器”窗口中，调整文字模板的大小和位置，如图 9-62 所示。

STEP 06 拖曳时间轴至 18s 位置处，在“文本”功能区的“文字模板”选项卡中，选择一个片头标题文字模板，如图 9-63 所示。

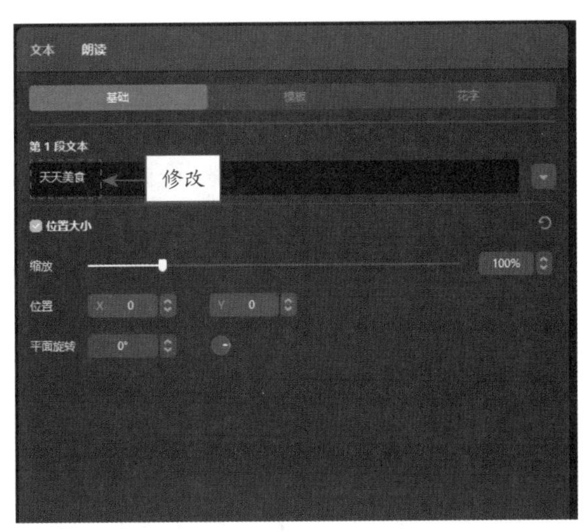

图 9-61　修改文本内容

图 9-62　调整文字模板

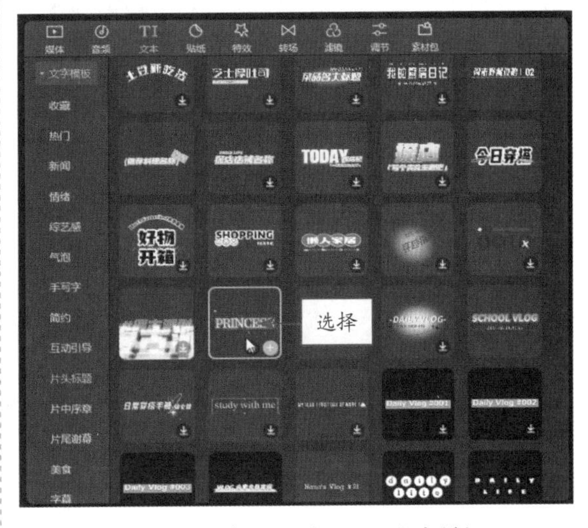

图 9-63　选择一个片头标题文字模板

STEP 07 单击“添加到轨道”按钮，添加文字模板，并调整其结束位置与音频素材对齐，如图 9-64 所示。

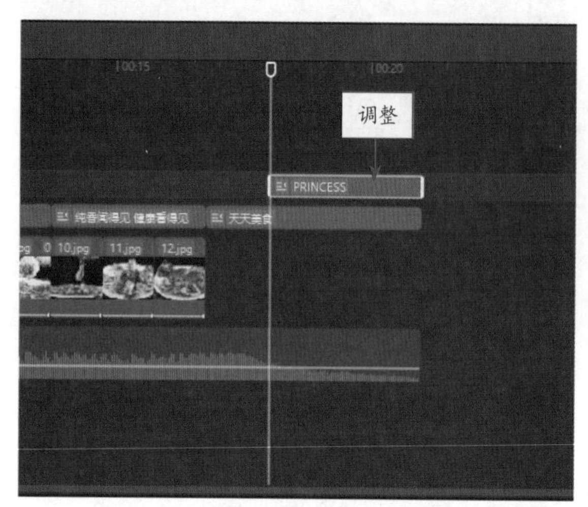

图 9-64 调整文字模板的结束位置

STEP 08 在“文本”操作区的“基础”选项卡中，修改文本内容，如图 9-65 所示。

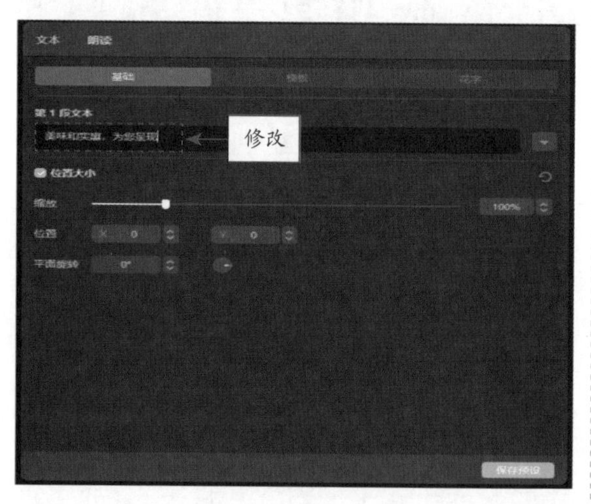

图 9-65 修改文本内容

STEP 09 在“播放器”窗口中，调整文字模板的大小和位置，如图 9-66 所示。

图 9-66 调整文字模板

第10章

视频号、B站的平面设计与视频制作

章前知识导读

视频号与B站等短视频平台的商业化道路也越来越广，同时都将电商作为重点业务来布局，并且发展空间巨大。本章主要介绍视频号、B站的平面设计与视频制作技巧，帮助大家掌握各平台的网店美工实战技能。

新手重点索引

- 平面设计：手机广告海报
- 视频制作：汉服详情视频

效果图片欣赏

10.1 平面设计：手机广告海报

本实例是针对视频号平台上的手机店铺设计的广告海报，首先调整背景图像的色彩；然后添加相应素材并模糊背景，营造出真实的拍照场景和景深效果，突出商品的特点；最后输入适当的宣传文案，即可完成广告海报的设计。

本实例最终效果如图 10-1 所示。

图 10-1 实例效果

10.1.1 制作广告海报的背景效果

下面主要运用“曲线”命令、“色彩平衡”命令和“自然饱和度”命令，对背景图像的颜色进行调整，具体操作方法如下。

	素材文件	素材 \ 第 10 章 \ 广告背景 .jpg
	效果文件	无
	视频文件	扫码可直接观看视频

【操练 + 视频】
——制作广告海报的背景效果

STEP 01 选择“文件” | “打开”命令，打开一幅素材图像，如图 10-2 所示。

STEP 02 按 Ctrl + M 组合键，弹出“曲线”对话框，❶在曲线上创建一个控制点；❷设置“输入”为 130、“输出”为 150，如图 10-3 所示。

图 10-2 打开素材图像

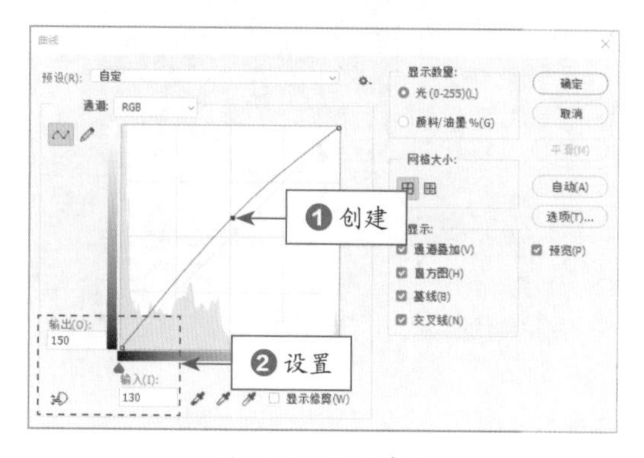

图 10-3 设置参数

STEP 03 单击“确定”按钮，即可应用“曲线”调整图像亮度，效果如图 10-4 所示。

图 10-4　调整图像亮度

▶ 专家指点

“曲线”对话框中各主要选项的含义如下。

- 预设：包含了 Photoshop 提供的各种预设调整文件，可用于调整图像。
- 通道：在该下拉列表框中可以选择要调整的通道，来改变图像的颜色。
- 编辑点以修改曲线：该按钮默认为激活状态，此时在曲线中单击可以添加新的控制点，拖曳控制点改变曲线形状即可调整图像色调。
- 通过绘制来修改曲线：单击该按钮后，可以绘制手绘效果的自由曲线。
- 输入 / 输出：“输入”色阶显示了调整前的像素值，“输出”色阶显示了调整后的像素值。
- 在图像上单击并拖动可以修改曲线：单击该按钮后，将光标放在图像上，曲线上会出现一个圆形图形，它代表光标处的色调在曲线上的位置，在画面中按住鼠标左键并拖曳，可以添加控制点并调整相应的色调。

STEP 04 按 Ctrl ＋ B 组合键，将弹出“色彩平衡”对话框，设置“色阶”各参数值分别为 20、-30、11，如图 10-5 所示。

STEP 05 单击“确定”按钮，即可应用“色彩平衡”命令调整花朵的颜色，效果如图 10-6 所示。

STEP 06 选择“图像”|“调整”|“自然饱和度”命令，弹出“自然饱和度”对话框，设置“自然饱和度”为 60，单击“确定”按钮，图像色彩的饱和度得到提高，效果如图 10-7 所示。

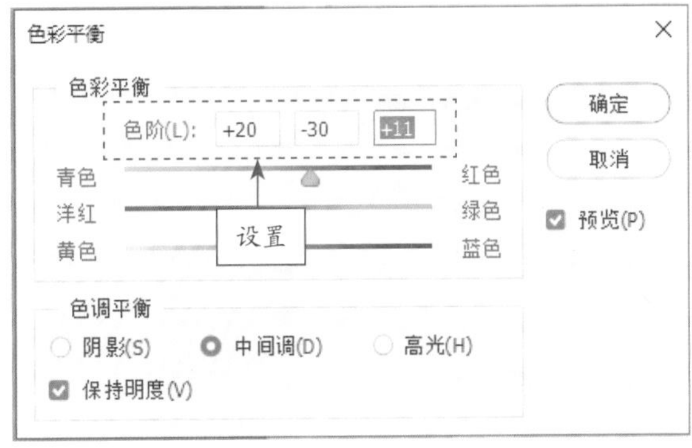

图 10-5　设置“色阶”参数

图 10-6　调整花朵的颜色

图 10-7　提高图像饱和度

10.1.2　制作广告海报的主体效果

下面主要对手机素材进行抠图处理，并做出虚实对比的效果，具体操作方法如下。

	素材文件	素材 \ 第 10 章 \ 手机素材 .jpg
	效果文件	无
	视频文件	扫码可直接观看视频

【操练+视频】
——制作广告海报的主体效果

STEP 01 选择“文件”|“打开”命令，打开“手机素材.jpg”素材图像，如图 10-8 所示。

图 10-8 打开素材图像

STEP 02 按 Ctrl + J 组合键，复制“背景”图层，❶拷贝一个新图层；❷隐藏“背景”图层，如图 10-9 所示。

图 10-9 隐藏“背景”图层

STEP 03 选取工具箱中的魔棒工具，在工具属性栏中设置“容差”为 20，在灰色区域上单击鼠标左键，选中背景图像，如图 10-10 所示。

STEP 04 在选区内单击鼠标右键，在弹出的快捷菜单中选择“选取相似”命令，如图 10-11 所示。

图 10-10 选中背景图像

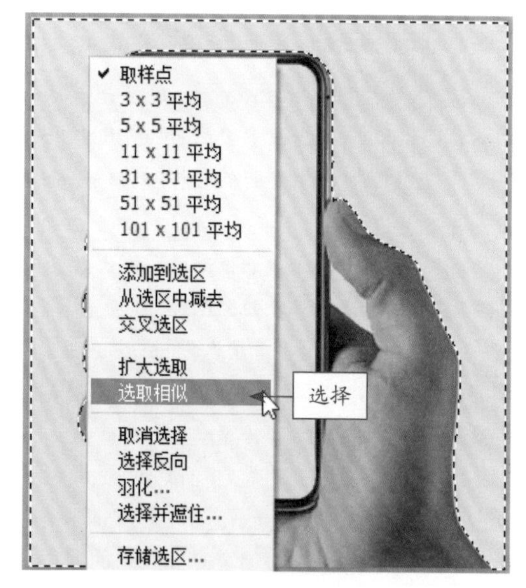

图 10-11 选择“选取相似”命令

专家指点

在移动选区的过程中，按住 Shift 键的同时，可沿水平、垂直或 45 度角方向进行移动；若使用键盘上的 4 个方向键来移动选区，按一次键移动一个像素；若按 Shift ＋方向键组合键，按一次键可以移动 10 个像素的位置；若按住 Ctrl 键的同时并拖曳选区，则会移动选区内的图像。

STEP 05 执行上述操作后，即可扩大选区，并按 Delete 键，删除选区内的图像，如图 10-12 所示。

图 10-12　删除选区内的图像

STEP 06 按 Ctrl + D 组合键取消选区，运用移动工具将手机素材图像拖曳至背景图像编辑窗口中，并适当调整图像的大小和位置，效果如图 10-13 所示。

图 10-13　调整手机素材图像

STEP 07 选取工具箱中的魔棒工具，选中手机屏幕中的部分图像，如图 10-14 所示。

STEP 08 在“图层”面板中选中“背景”图层，在选区内单击鼠标右键，从弹出的快捷菜单中选择“通过拷贝的图层”命令，如图 10-15 所示。

STEP 09 执行操作后，即可复制选区内的图像，得到“图层 2”图层，如图 10-16 所示。

图 10-14　选中部分图像

图 10-15　选择“通过拷贝的图层”命令

图 10-16　得到“图层 2”图层

STEP 10 选中“背景”图层，选择“滤镜”|“模糊”|“方框模糊”命令，弹出“方框模糊”对话框，设置“半径”为10像素，单击“确定”按钮，即可模糊背景图像，效果如图10-17所示。

图 10-17　模糊背景图像

10.1.3　制作广告海报的文案效果

下面主要运用横排文字工具T和圆角矩形工具▢制作广告海报中的文字和按钮元素，具体操作方法如下。

	素材文件	素材\第10章\标志.psd
	效果文件	效果\第10章\手机广告海报.psd、手机广告海报.jpg
	视频文件	扫码可直接观看视频

【操练＋视频】
——制作广告海报的文案效果

STEP 01 选取工具箱中的横排文字工具T，在“字符”面板中设置“字体”为“楷体”、“字体大小”为16点、“颜色”为白色（RGB参数值均为255），并激活仿粗体图标T，在图像编辑窗口中输入文字，如图10-18所示。

图 10-18　输入文字

STEP 02 复制刚刚输入的文字，并移动至合适位置处，如图10-19所示。

图 10-19　复制并移动文字

STEP 03 运用横排文字工具T选择并删除第2排的文字，如图10-20所示。

图 10-20　删除第2排的文字

STEP 04 运用横排文字工具T修改第1排的文字内容，如图10-21所示。

图 10-21　修改文字内容

STEP 05 选中相应文字，在“字符”面板中设置“字体”为 Century Gothic，按 Ctrl + Enter 组合键确认输入，如图 10-22 所示。

图 10-22　设置文字字体效果

STEP 06 选中“系列”文字，在“字符”面板中设置“字体大小”为 12 点，确认输入并适当调整文字的位置，效果如图 10-23 所示。

图 10-23　调整文字的位置

STEP 07 选取工具箱中的圆角矩形工具，在工具属性栏中设置“填充”为红色（RGB 参数值为 255、0、0）、“描边”为无、“半径”为 10 像素，在图像编辑窗口中绘制一个圆角矩形形状，如图 10-24 所示。

STEP 08 选中“圆角矩形 1”形状图层，单击鼠标右键，在弹出的快捷菜单中选择“混合选项”命令，弹出“图层样式”对话框，❶选中“外发光”复选框；❷设置“混合模式”为“线性光”、“不透明度”为 32%、“扩展”为 6%、“大小”为 10 像素，如图 10-25 所示。

图 10-24　绘制圆角矩形形状

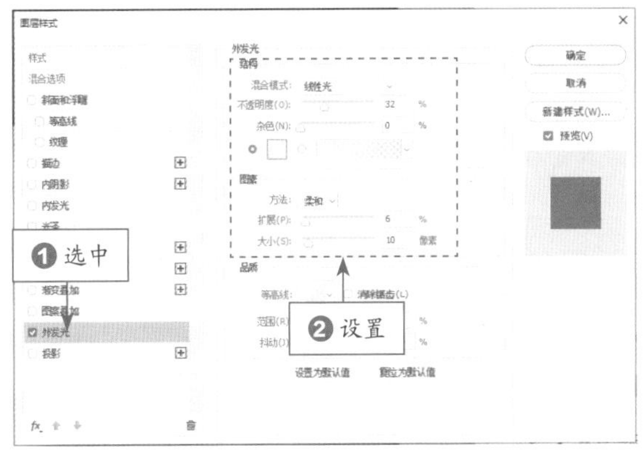

图 10-25　设置各选项

STEP 09 单击“确定”按钮，即可应用“外发光”图层样式，效果如图 10-26 所示。

图 10-26　应用图层样式效果

STEP 10 按 Ctrl + O 组合键，打开“标志 .psd”素材图像，运用移动工具将素材图像拖曳至背景图像编辑窗口中，适当调整图像的位置，效果如图 10-27 所示。

图 10-27 拖曳标志素材

10.2 视频制作：汉服详情视频

本实例是针对汉服店铺设计的商品详情页视频，同时商家也可以将该视频发布到 B 站等短视频平台进行“种草”带货，激发用户的购买欲望。如今，随着短视频的火爆，带货能力更好的“种草”视频也开始在各大新媒体和电商平台中流行起来，能够为店铺和商品带来更多的流量和销量。本实例最终效果如 10-28 所示。

图 10-28 实例效果

图 10-28　实例效果（续）

10.2.1　导入素材并进行美化处理

下面导入拍好的视频素材，并对视频中的人物进行美化处理，具体操作方法如下。

	素材文件	素材 \ 第 10 章 \1 片头 .MP4、2 正面 .MP4、3 斜侧面 .MP4、4 侧面 .MP4、5 背面 .MP4
	效果文件	无
	视频文件	扫码可直接观看视频

【操练 + 视频】　——导入素材并进行美化处理

STEP 01 在“媒体”功能区的“本地”选项卡中，导入多个视频素材，如图 10-29 所示。

STEP 02 ❶全选视频素材；❷单击第 1 个视频素材右下角的“添加到轨道”按钮，如图 10-30 所示。

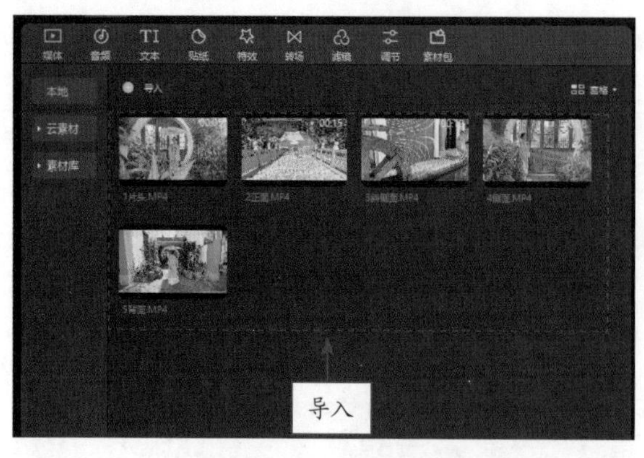

图 10-29　导入多个视频素材

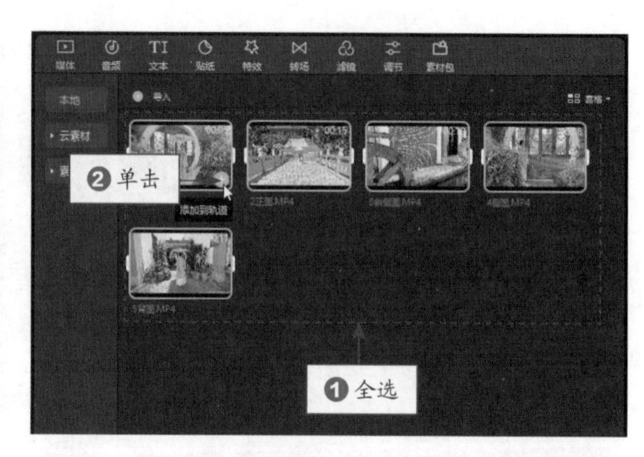

图 10-30　单击“添加到轨道”按钮

STEP 03 执行操作后，❶即可将视频素材导入到视频轨道中；❷单击“关闭原声”按钮，关闭视频原声，如图 10-31 所示。

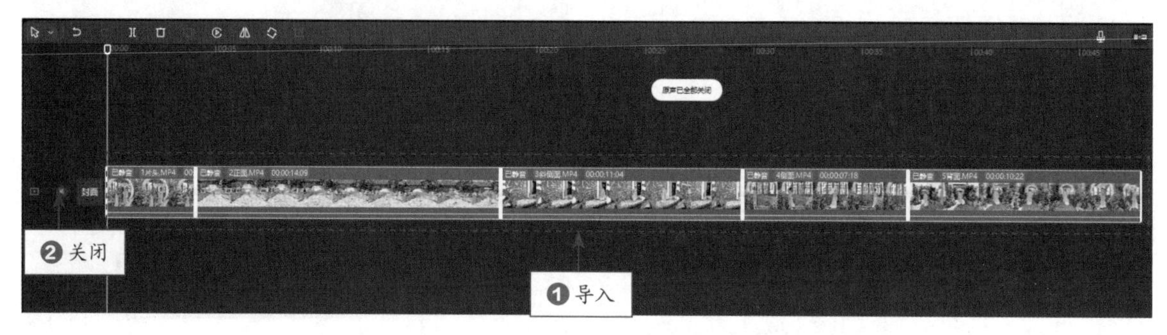

图 10-31　关闭视频原声

STEP 04 在“画面”操作区的“基础”选项卡中，同时选中“智能美颜”和“智能美体”复选框，其他保持默认设置即可，如图 10-32 所示。

STEP 05 ❶切换至“调节”操作区；❷在“基础”选项卡中开启“肤色保护”功能，如图 10-33 所示。

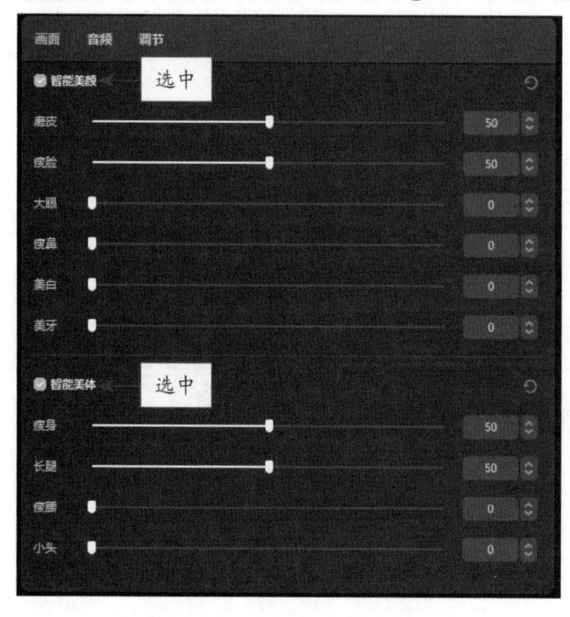

图 10-32　选中相应复选框

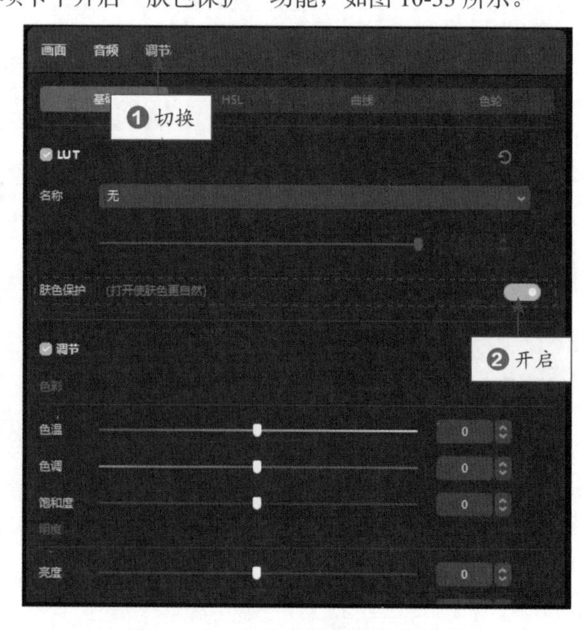

图 10-33　开启“肤色保护”功能

10.2.2　添加背景音乐和转场效果

商品详情页视频的背景音乐一定要贴合主题，而且还要根据素材之间的运镜变化来添加合适的转场效果，具体操作方法如下。

	素材文件	无
	效果文件	无
	视频文件	扫码可直接观看视频

【操练 + 视频】
——添加背景音乐和转场效果

STEP 01 ❶单击“音频”按钮，切换至“音频”功能区；❷在“音乐素材”选项卡的搜索框中输入相应的音乐名称，如图 10-34 所示。

图 10-34　输入相应的音乐名称

STEP 02 按 Enter 键确认，在搜索结果中，选择相应的音乐素材，如图 10-35 所示。

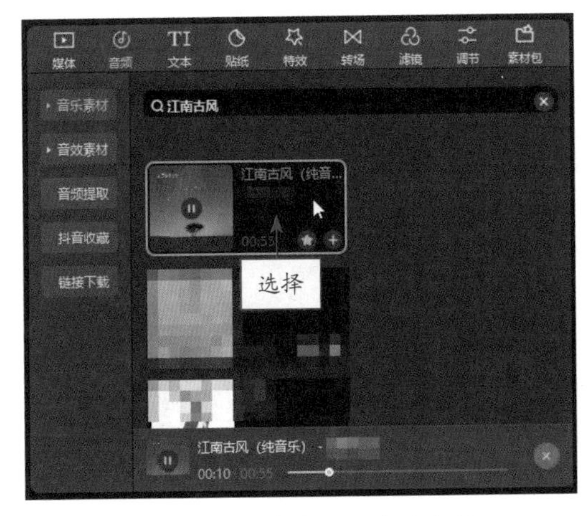

图 10-35　选择相应的音乐素材

STEP 03 单击“添加到轨道”按钮，即可添加背景音乐，如图 10-36 所示。

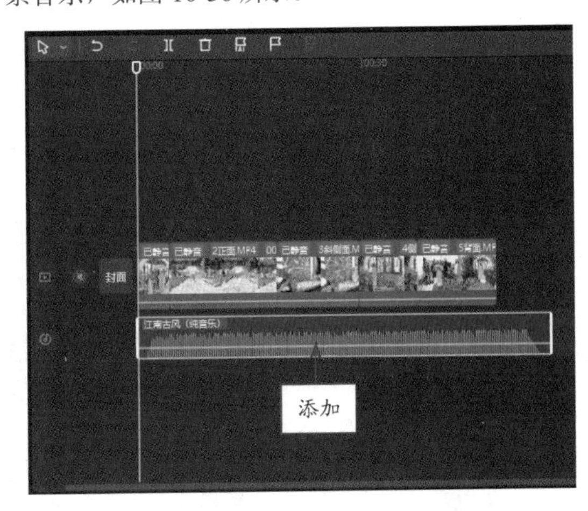

图 10-36　添加背景音乐到视频轨道

STEP 04 将时间轴拖曳至前两个视频素材中间的连接处，如图 10-37 所示。

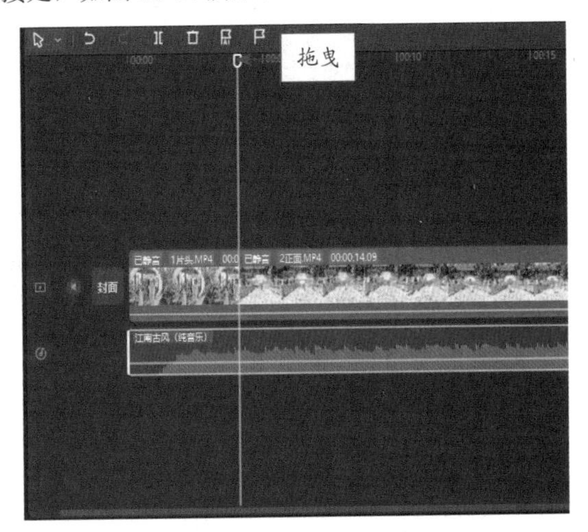

图 10-37　拖曳时间轴

专家指点

在设置视频的转场效果时，也可以用空镜头（又称“景物镜头”）来进行转场过渡。空镜头是指画面中只有景物而没有人物的镜头，具有非常明显的间隔效果，不仅可以渲染气氛、抒发感情、推进故事情节和刻画人物的心理状态，而且还能够交代时间、地点和季节的变化等。

STEP 05 在“转场”功能区中，❶切换至“基础”选项卡；❷选择“叠化”转场效果，如图 10-38 所示。

STEP 06 单击“添加到轨道”按钮，即可添加转场效果，在“转场”操作区中将“时长”设置为最长，如图 10-39 所示。

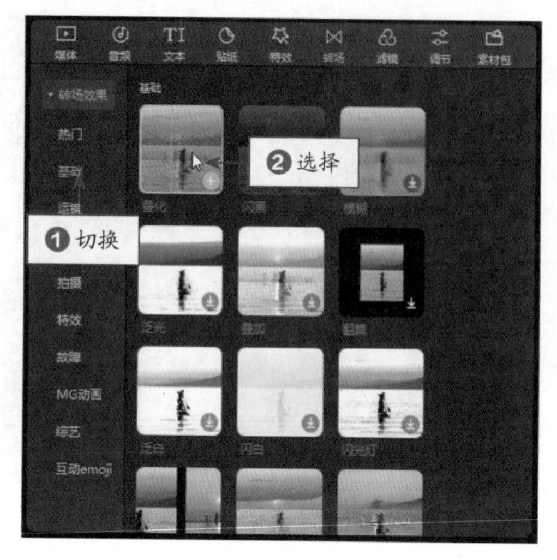

图 10-38 选择“叠化”转场效果

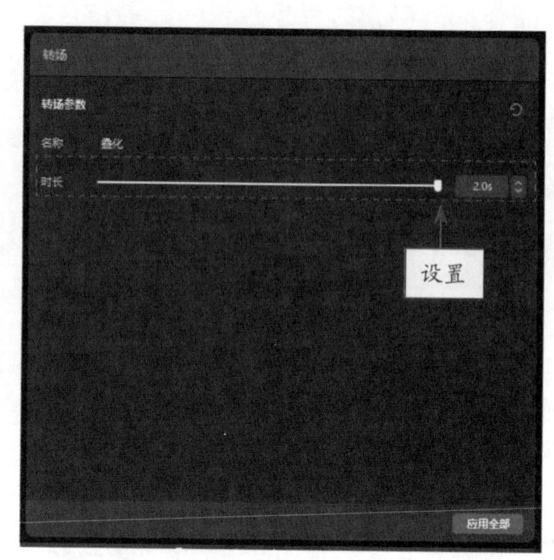

图 10-39 将“时长”设置为最长

STEP 07 在“播放器”窗口中，预览“叠化”转场效果，如图 10-40 所示。

图 10-40 预览“叠化”转场效果

STEP 08 在“转场”操作区中，单击“应用全部”按钮，即可将“叠化”转场效果添加到所有视频素材中间的连接处，如图 10-41 所示。

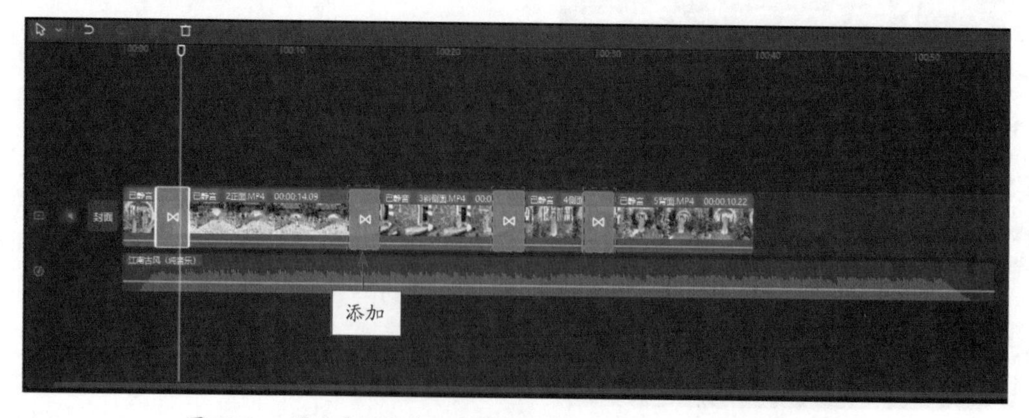

图 10-41 将“叠化”转场效果添加到所有视频素材中间的连接处

STEP 09 剪掉多余的音频素材，使音频素材与视频素材的结束位置对齐，如图 10-42 所示。

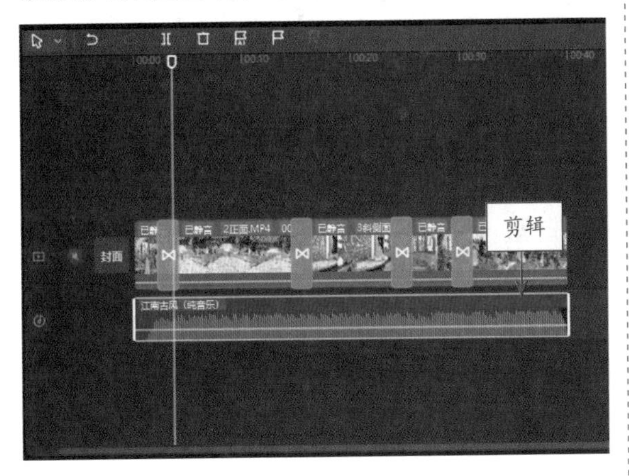

图 10-42 剪掉多余的音频素材

STEP 10 在“音频”操作区的“基本”选项卡中，设置“淡出时长”为 1.0s，添加音频淡出效果，如图 10-43 所示。

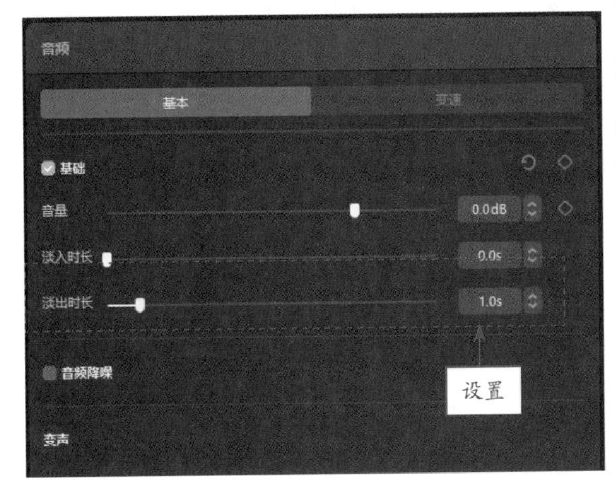

图 10-43 设置“淡出时长”参数

10.2.3 添加滤镜效果和画面特效

给视频添加合适的滤镜和特效，能让画面变得更加精美，更吸引用户的眼球。下面介绍添加滤镜效果和画面特效的具体操作方法。

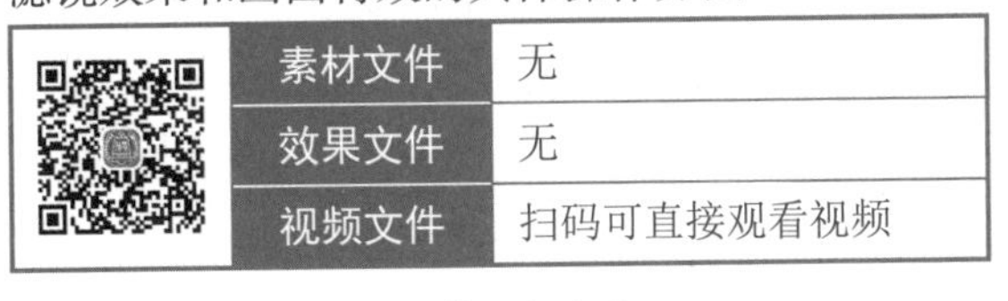

素材文件	无
效果文件	无
视频文件	扫码可直接观看视频

【操练 + 视频】
——添加滤镜效果和画面特效

STEP 01 将时间轴拖曳至起始位置处，❶在“滤镜”功能区中切换至“风景”选项卡；❷选择“樱粉”滤镜，如图 10-44 所示。

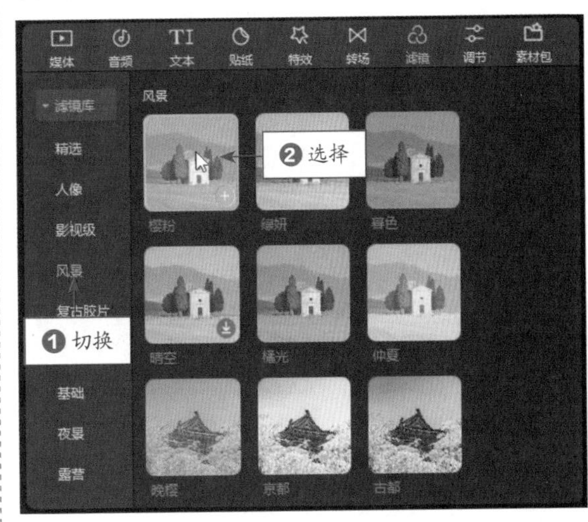

图 10-44 选择“樱粉”滤镜

STEP 02 单击“添加到轨道”按钮，添加“樱粉”滤镜到轨道中，并将其时长调整为与视频素材一致，如图 10-45 所示。

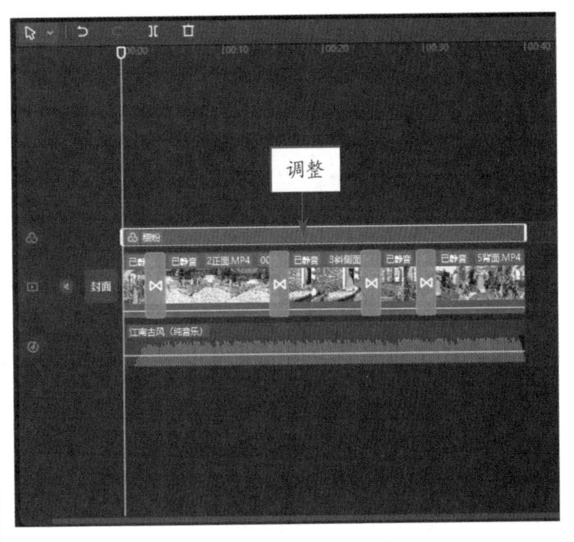

图 10-45 调整“樱粉”滤镜的时长

STEP 03 在“特效”功能区中，❶切换至“氛围”选项卡；❷选择“ktv 灯光 Ⅱ”特效，如图 10-46 所示。

STEP 04 单击“添加到轨道”按钮，添加“ktv 灯光 Ⅱ”特效到轨道中，如图 10-47 所示。

STEP 05 在“特效”功能区中，❶切换至“自然”选项卡；❷选择“落樱”特效，如图 10-48 所示。

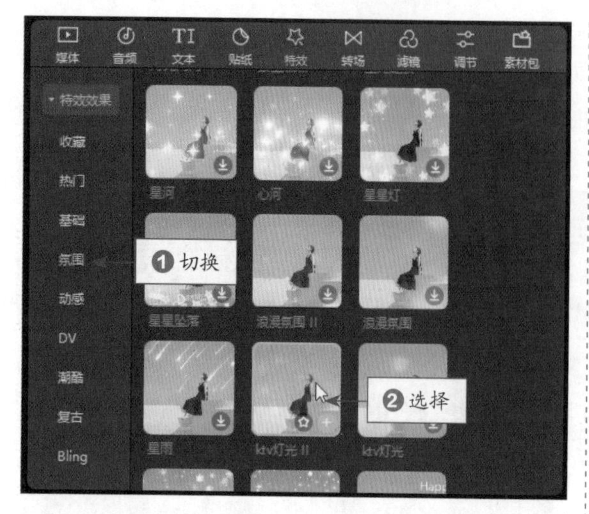

图 10-46　选择“ktv 灯光Ⅱ”特效

图 10-48　选择“落樱”特效

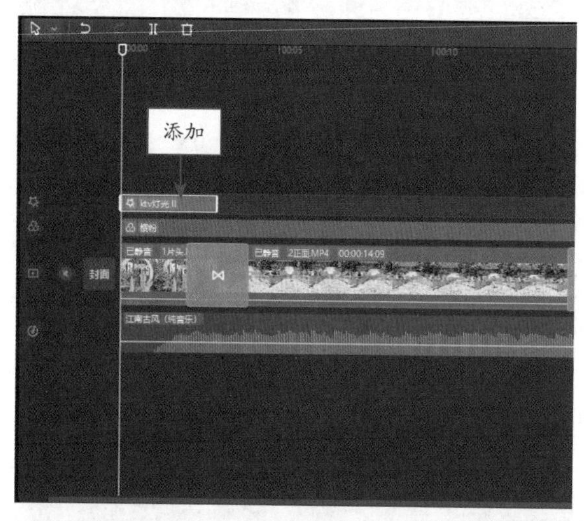

图 10-47　添加“ktv 灯光Ⅱ”特效

STEP 06 单击“添加到轨道”按钮，在“ktv 灯光Ⅱ”特效后方添加“落樱”特效，如图 10-49 所示。

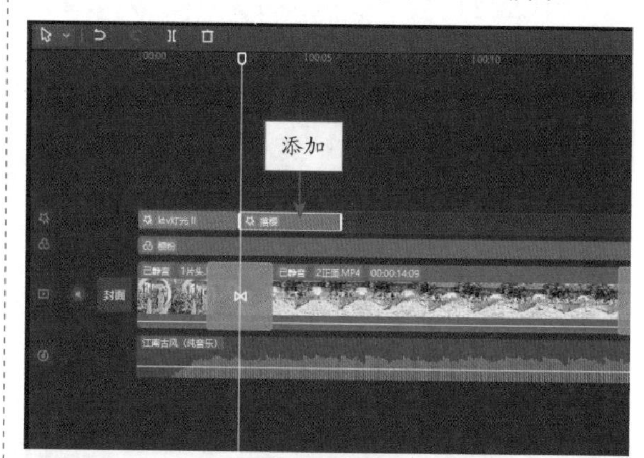

图 10-49　添加“落樱”特效

STEP 07 调整“落樱”特效的时长，使其结束位置处与视频素材对齐，如图 10-50 所示。

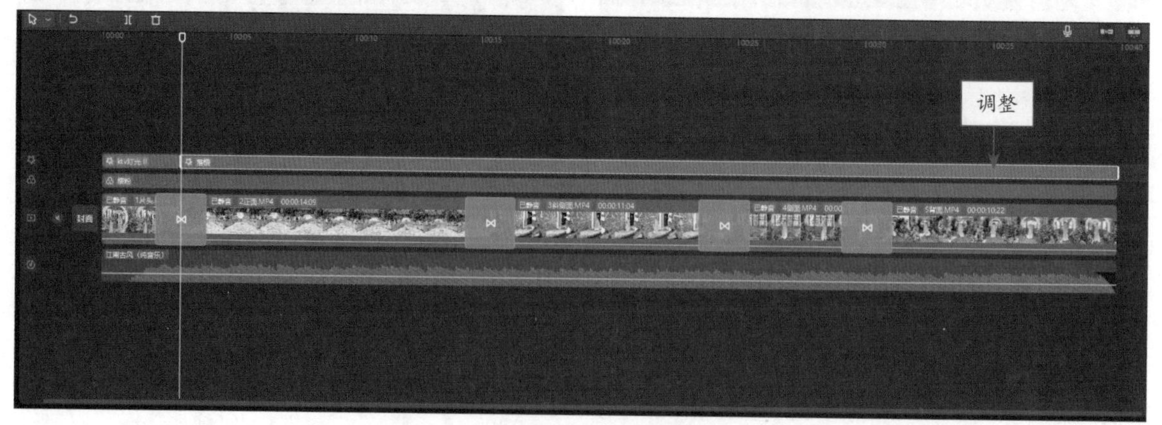

图 10-50　调整“落樱”特效的时长

STEP 08 将时间轴拖曳至最后一个视频素材的起始位置处，如图 10-51 所示。

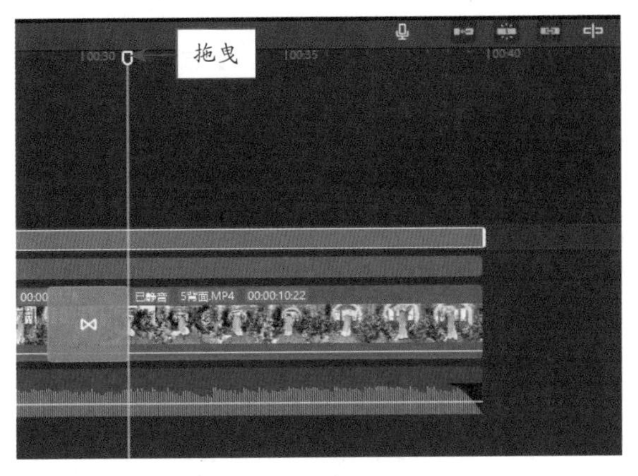

图 10-51　拖曳时间轴

STEP 09 在“自然”选项卡中，选择“晴天光线”特效，如图 10-52 所示。

图 10-52　选择“晴天光线”特效

STEP 10 单击“添加到轨道”按钮，添加“晴天光线”特效，如图 10-53 所示。

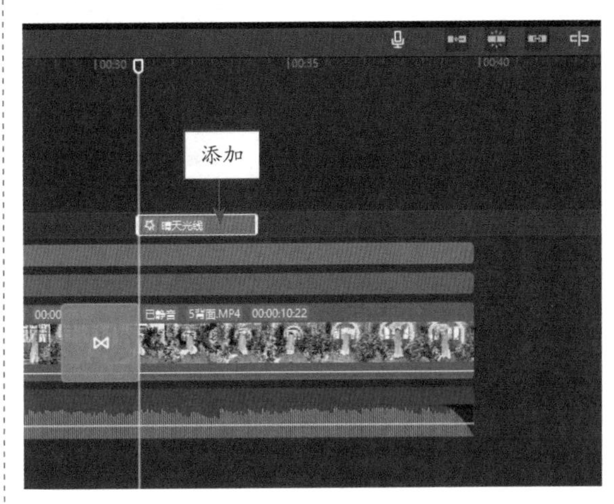

图 10-53　添加“晴天光线”特效

STEP 11 适当调整“晴天光线”特效的时长，使其结束位置处与视频素材对齐，如图 10-54 所示。

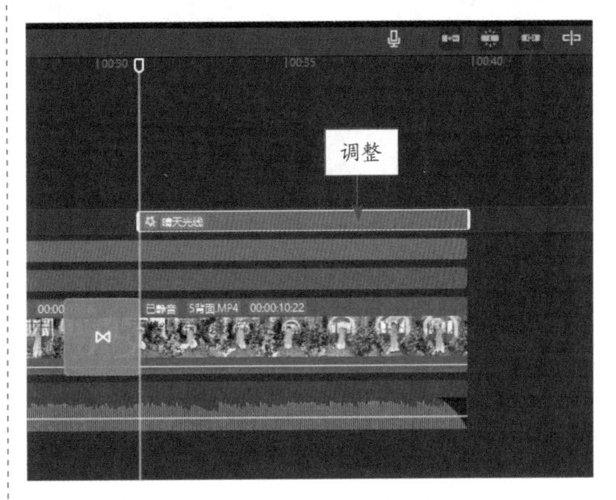

图 10-54　调整“晴天光线”特效的时长

STEP 12 在“播放器”窗口中，预览“晴天光线”特效，如图 10-55 所示。

图 10-55　预览“晴天光线”特效

10.2.4 为视频添加解说文字效果

商品详情页视频少不了文字的介绍，有助于用户更好地理解视频内容和商品特色。下面介绍为视频添加解说文字效果的具体操作方法。

	素材文件	无
	效果文件	无
	视频文件	扫码可直接观看视频

【操练+视频】
——为视频添加解说文字效果

STEP 01 将时间轴拖曳至起始位置处，❶单击“文本”按钮；❷在“文字模板”选项卡中选择一个合适的手写字模板，如图 10-56 所示。

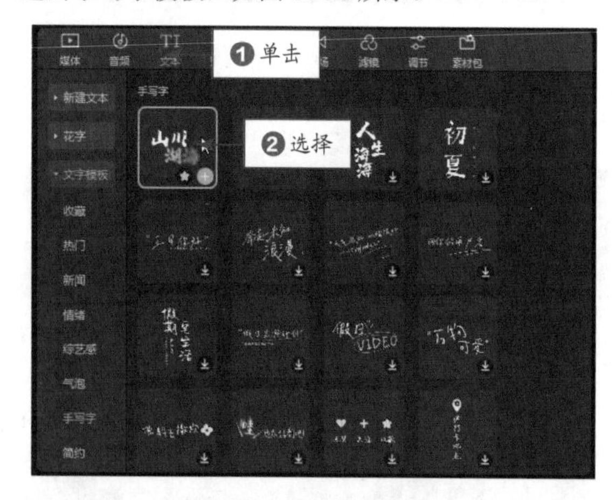

图 10-56 选择手写字模板

STEP 02 单击“添加到轨道”按钮，添加文字模板，并适当调整时长，将其与第 1 个视频素材对齐，如图 10-57 所示。

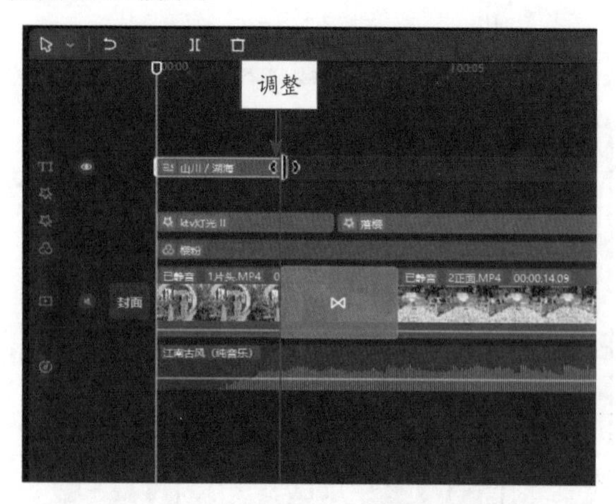

图 10-57 调整文字模板的时长

STEP 03 在“文本”操作区的“基础”选项卡中，修改相应的文本内容，如图 10-58 所示。

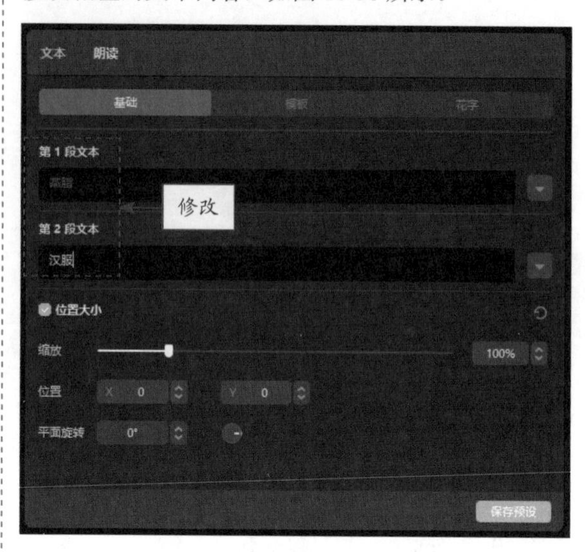

图 10-58 修改相应的文本内容

STEP 04 展开文本设置区，选择相应的字体和预设样式，如图 10-59 所示。

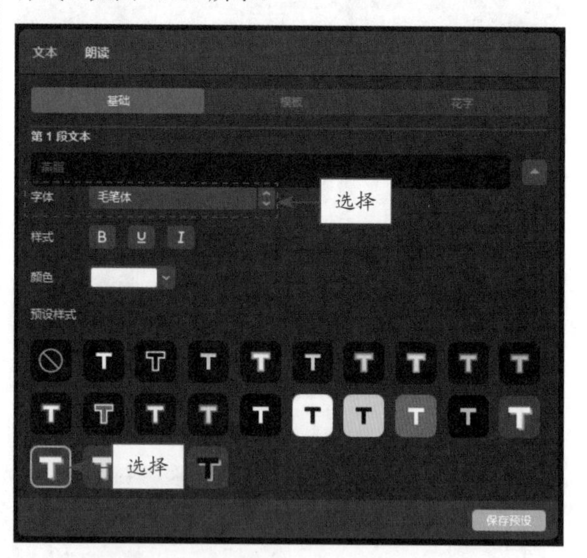

图 10-59 选择相应的字体和预设样式

STEP 05 用同样的操作方法，设置第 2 段文本的字体效果，如图 10-60 所示。

STEP 06 在“播放器”窗口中，预览文字模板效果，如图 10-61 所示。

STEP 07 将时间轴拖曳至第 2 个视频素材的起始位置处，如图 10-62 所示。

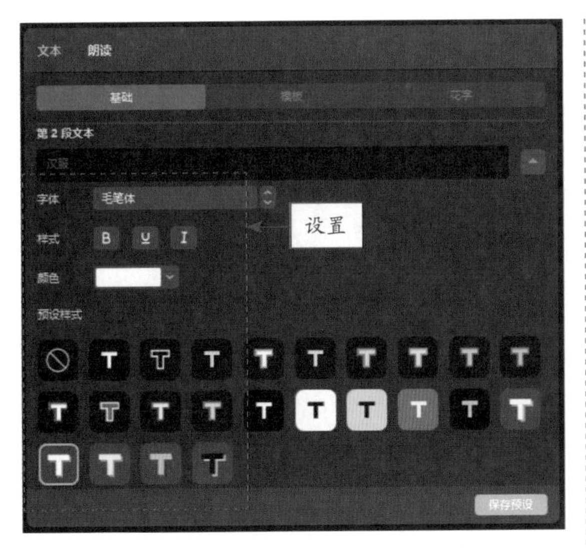

图 10-60　设置第 2 段文本的字体效果

图 10-61　预览文字模板效果

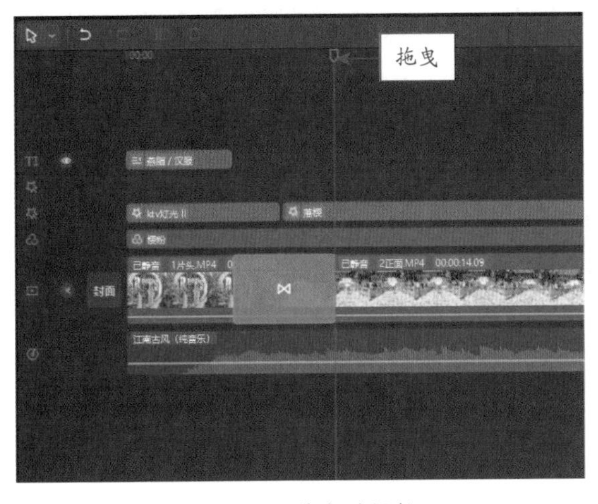

图 10-62　拖曳时间轴

STEP 08 在“文本”功能区的“文字模板”选项卡中，选择一个合适的标签文字模板，如图 10-63 所示。

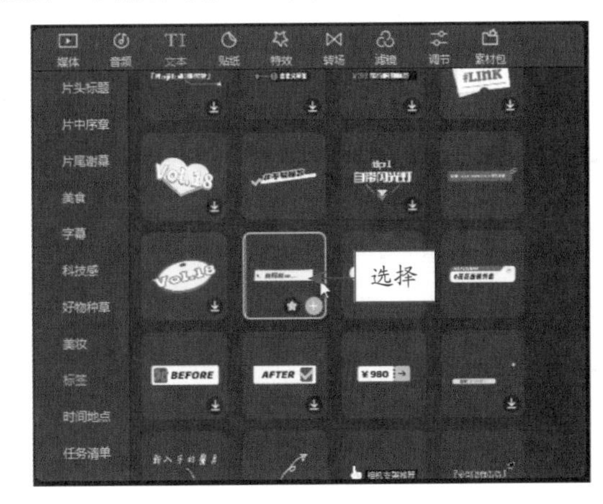

图 10-63　选择标签文字模板

STEP 09 单击“添加到轨道”按钮，添加文字模板，并适当调整时长，将其与第 2 个视频素材对齐，如图 10-64 所示。

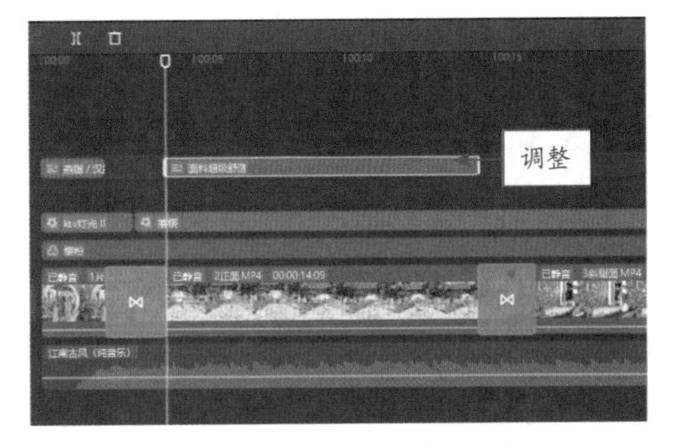

图 10-64　调整文字模板的时长

STEP 10 在“文本”操作区的“基础”选项卡中，修改相应的文本内容，如图 10-65 所示。

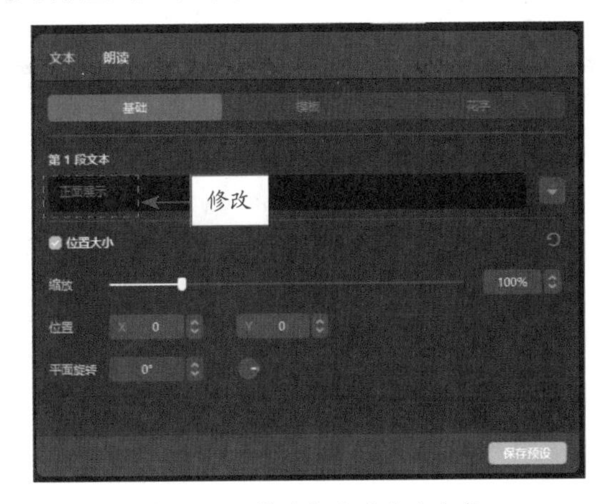

图 10-65　修改相应的文本内容

STEP 11 在“播放器”窗口中，适当调整文字模板的位置和大小，如图 10-66 所示。

图 10-66 调整文字模板的位置和大小

STEP 12 在时间线窗口中，复制上一个文字模板，将其粘贴到第 3 个视频素材的上方，并适当调整其时长，如图 10-67 所示。

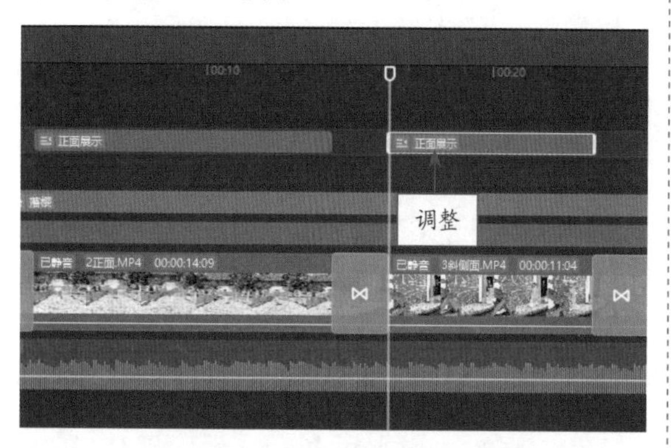

图 10-67 复制并调整文字模板

STEP 13 在“文本”操作区的“基础”选项卡中，修改相应的文本内容，如图 10-68 所示。

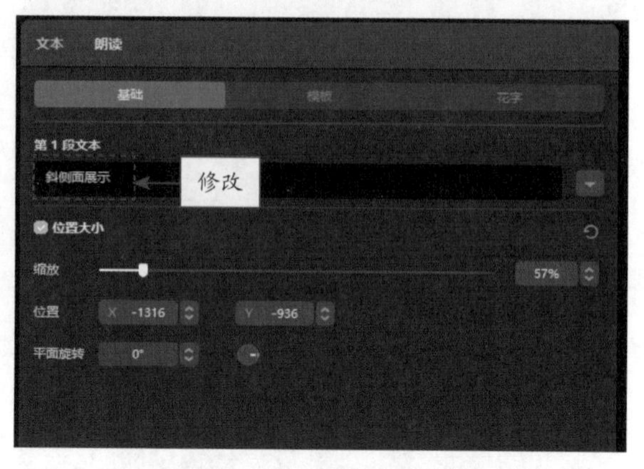

图 10-68 修改相应的文本内容

STEP 14 在“播放器”窗口中，预览文字模板效果，如图 10-69 所示。

图 10-69 预览文字模板效果

STEP 15 使用相同的操作方法，为其他视频素材添加文字模板效果，如图 10-70 所示。

图 10-70 为其他视频素材添加文字模板效果

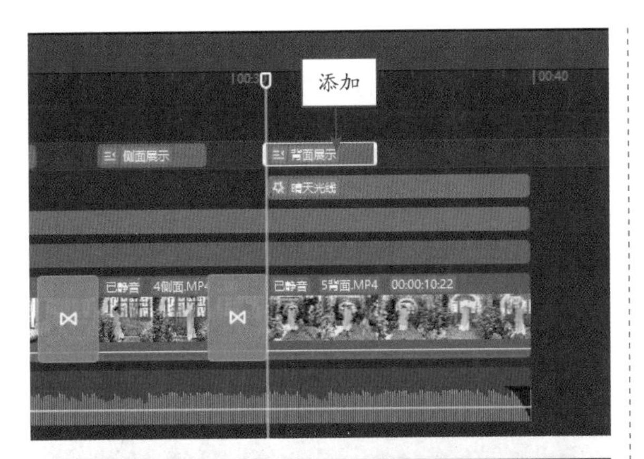

图 10-70　为其他视频素材添加文字模板效果（续）

10.2.5　添加贴纸效果并导出视频

剪映中有各种各样的有趣贴纸，添加合适的贴纸效果能让视频画面变得更加丰富多彩。下面介绍添加贴纸效果并导出视频的具体操作方法。

	素材文件	无
	效果文件	效果 \ 第 10 章 \ 汉服详情视频 .mp4
	视频文件	扫码可直接观看视频

【操练 + 视频】
——添加贴纸效果并导出视频

STEP 01 在时间线窗口中，将时间轴拖曳至“背面展示”文字模板的结束位置处，如图 10-71 所示。

STEP 02 在“贴纸”功能区的搜索框中输入相应的关键词，如图 10-72 所示。

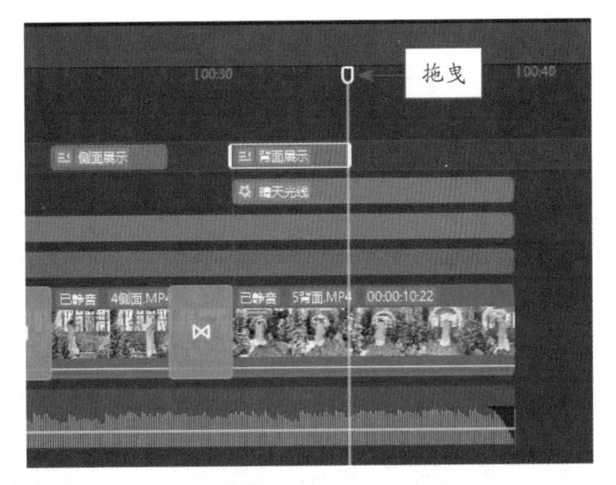

图 10-71　拖曳时间轴

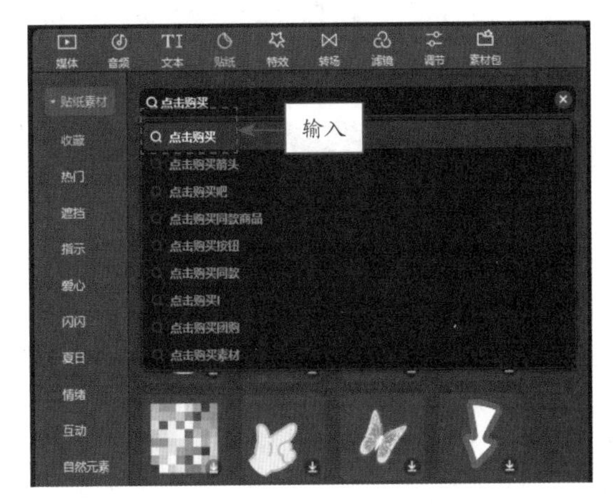

图 10-72　输入相应的关键词

STEP 03 按 Enter 键确认，显示搜索结果，选择相应的贴纸，如图 10-73 所示。

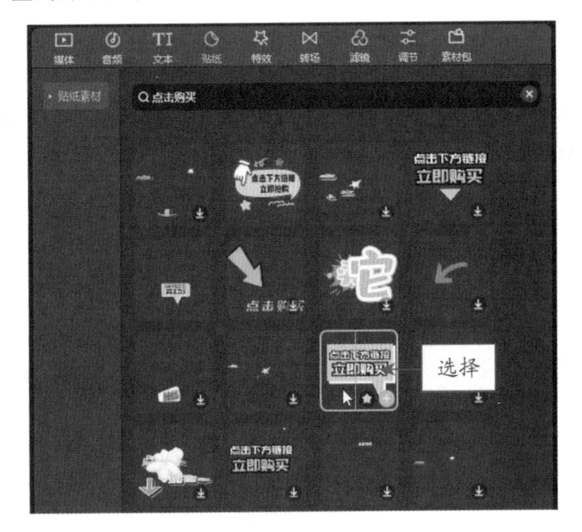

图 10-73　选择相应的贴纸

STEP 04 单击“添加到轨道”按钮，将贴纸添加到轨道中，并适当调整贴纸的时长，如图 10-74 所示。

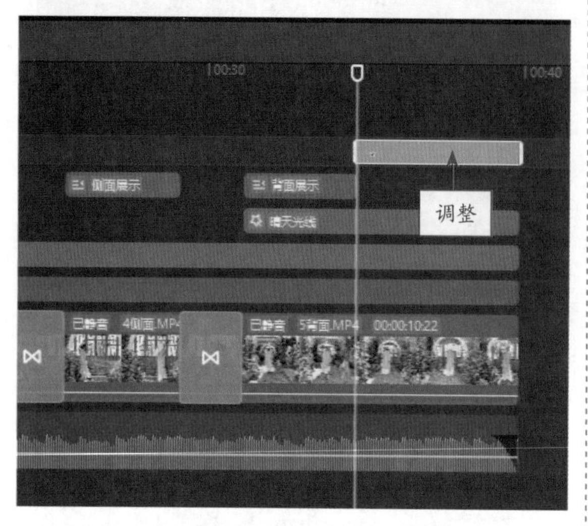

图 10-74　调整贴纸的时长

STEP 05 在“播放器”窗口中，适当调整贴纸的位置和大小，如图 10-75 所示。

图 10-75　调整贴纸的位置和大小

STEP 06 单击“导出”按钮，弹出“导出”对话框，❶设置“作品名称”和“分辨率”选项；❷单击“导出”按钮即可，如图 10-76 所示。

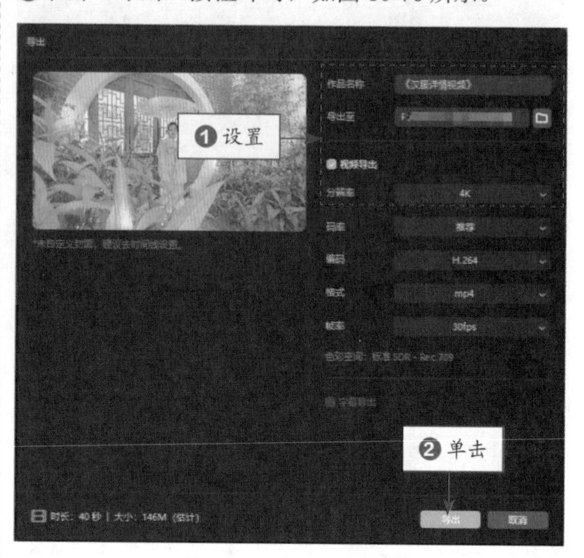

图 10-76　“导出”对话框